智能制造专业"十三五"规划教材
西门子（中国）有限公司官方指定培训教材
机械工业出版社精品教材

数控系统连接与调试
(SINUMERIK 828D)

周　兰　陈建坤　周树强　武　坤　编著
宋　松　陈少艾　主审

机械工业出版社

本书是在国家智能制造产业转型升级、《国家职业教育改革实施方案》出台的关键时期，在构建职业教育现代化，为社会培养高档数控机床连接与调试技术技能型人才的背景下编写的。全书分为数控系统初识与硬件连接、数控系统调试基础、数控系统样机调试与功能测试、智能制造新技术四个模块，共计十六个学习项目和四个拓展项目。数控系统硬件部分介绍了SINUMERIK 828D数控系统硬件配置、模块接口、硬件连接、系统供电等内容；数控系统调试基础部分介绍了数控系统常用软件的安装使用、数控系统状态监控、机床数据备份和还原、数控系统初始设定、PLC调试、驱动器调试、NC调试等；样机调试部分介绍了样机调试流程及交付验收项目。为了开拓学生视野，本书还设置了智能制造新技术模块，从数字化双胞胎、柔性制造单元集成、智能精度检测、智能远程监控四个方面给出了解决方案。全书内容循序渐进、层次分明，将数控系统连接与调试基础技术与智能制造先进技术完美结合，可满足学生多层次学习需要。

　　本书既可作为职业技术学校和技师学院智能制造专业教材，也可作为数控机床装调维修技术人员的培训教材。

　　教材配套资源

　　1.机工教育服务网（http://www.cmpedu.com/books/book/5600877.htm）

　　2.SIEMENS工业支持中心教育培训平台（http://www.ad.siemens.com.cn/CNC4YOU/Home/Document/1051）

图书在版编目（CIP）数据

　　数控系统连接与调试：SINUMERIK 828D / 周兰等编著 . —北京：机械工业出版社，2019.9（2024.8 重印）
　　智能制造专业"十三五"规划教材
　　ISBN 978-7-111-62966-5

　　Ⅰ.①数… Ⅱ.①周… Ⅲ.①数控机床—数字控制系统—高等学校—教材 Ⅳ.① TG659

　　中国版本图书馆 CIP 数据核字（2019）第 205226 号

机械工业出版社（北京市百万庄大街 22 号　邮政编码 100037）
策划编辑：赵磊磊　　侯宪国　　责任编辑：赵磊磊
责任校对：王　欣　　　　　　　责任印制：孙　炜
北京中科印刷有限公司印刷
2024 年 8 月第 1 版第 3 次印刷
184mm×260mm ·15.75 印张 ·417 千字
标准书号：ISBN 978-7-111-62966-5
定价：49.80 元

电话服务　　　　　　　　　　网络服务
客服电话：010-88361066　　机　工　官　网：www.cmpbook.com
　　　　　010-88379833　　机　工　官　博：weibo.com/cmp1952
　　　　　010-68326294　　金　书　网：www.golden-book.com
封底无防伪标均为盗版　　机工教育服务网：www.cmpedu.com

序

INTRODUCTION

　　第一代SINUMERIK数控系统的样机，今天还静静地躺在德意志博物馆里，仿佛在诉说着历史的变迁和技术的发展。SINUMERIK数控系统作为德国近现代工业发展历史的一部分，被来自世界各地的广大用户信任、依赖，并且成为制造业现代化和大国崛起的重要支撑力量。

　　SINUMERIK平台采用统一的模块化结构、统一的人机界面和统一的指令集，使得学习SINUMERIK数控系统的效率很高。读者通过对本书的学习就可以大大简化对西门子数控系统的学习过程。

　　零件加工过程，本质上是一个工程任务。作为完成这样一个工程任务的载体，SINUMERIK数控系统本身也凝结了很多严谨的工程思维和近乎苛刻的工程实施方法与步骤。所以说，SINUMERIK数控系统完美地展示了德国式的工程思维逻辑和过程方法论。

　　在数字化浪潮席卷各个行业、诸多领域的今天，工业领域比以往任何时候都更需要具有工匠精神的工程师和技工。他们受过良好的操作训练，掌握扎实的基础理论知识，有着敏感的互联网思维，深谙严谨的工程思维和方法论。

　　期待本书和其他西门子公司支持的书籍一样，能够为培养中国制造领域的创新型人才尽一份力，同时也为广大工程技术人员提供更多技术参考。

西门子（中国）有限公司

数字化工业集团运动控制部

机床数控系统总经理

杨大汉

前言
PREFACE

2019 年年初，国务院连续印发了《国家职业教育改革实施方案》《中国教育现代化 2035》《加快推进教育现代化实施方案（2018—2022 年）》等重要文件，提出了构建产业人才培养培训体系，推动教育教学改革与产业转型升级衔接配套，优化专业结构设置，大力推进产教融合、校企合作、社会多元办学建设等目标。职业教育迎来了自己的春天，从此步入快速发展轨道。

正是在这样的背景下，西门子（中国）有限公司以服务航空航天、船舶、汽车等领域智能制造为宗旨，以强有力的技术和资源支持为手段，组建了由高职院校专业教师和西门子工程师组成的专家团队，联合打造了《数控系统连接与调试（SINUMERIK 828D）》项目式教材，以满足高端数控系统连接与调试技术技能型人才培养需要，满足行业技术人员专业提升需要。

本书面向校企合作，依托产业升级，基于数控工程师能力模型，以 SINUMERIK828D 系统连接与调试为主线，基于一套新的数控系统，采用循序渐进的陈述方式，从单一到综合，从基本技能训练到综合技能训练，完成数控系统硬件与软件调试全部内容，同时将前沿技术引入学习内容，为学生及时推送智能制造最新技术。

本书基于专业内容，深入挖掘思政元素，围绕 3 个专题开发了 12 个主题内容，构建"价值塑造精准滴灌、工程素质培养浸润润物无声"课程思政架构相关内容可在"机工教育服务网"（www.cmpedu.com）下载。

本书分为数控系统初识与硬件连接、数控系统调试基础、数控系统样机调试与功能测试、智能制造新技术四个模块，共计十六个学习项目和四个拓展项目，主要内容包括数控系统硬件结构、接口与连接，数控系统初始设定，数控系统 PLC 调试，数控系统驱动器调试，数控系统 NC 调试，数控系统综合调试与功能测试，数字在双胞胎，柔性制造单元集成，智能精度检测，智能远程监控等。每个学习项目均配套有实训任务，使学生真正做到学、练结合。

本书由西门子公司组织编写，西门子数控教育行业培训师、武汉船舶职业技术学院周兰，全国比赛获奖选手北京市工业技师学院陈建坤，成都航空职业技术学院周树强，西门子公司数控技术中心武坤联合编著。项目 1-1、1-2、1-3 由周树强老师编著，项目 2-1、2-3、2-4、2-5、2-7、2-8 和拓展项目 4-4 由陈建坤老师编著，项目 1-4、2-2、2-6、2-9、2-10、3-1、3-2 由周兰老师编著，拓展项目 4-1、4-2、4-3 由武坤工程师编著，全书由周兰老师统稿。在本书编写过程中得到了西门子公司数控工程师李展、徐超、皇甫雨亮，教育经理李建华，泰之（上海）自动化科技有限公司陈先锋博士等专家的支持，在此一并致谢。

对于书中可能存在的疏漏之处，恳请读者批评指正。

周兰

目录
CONTENTS

模块1
CHAPTER 1
数控系统初识与硬件连接

项目 1-1 认识数控机床

项目导读

在完成本项目学习之后，掌握数控机床工艺特点和工艺用途，同时学习：
◆ 数控机床组成
◆ 常见数控机床类型
◆ 典型数控机床结构

一、数控机床的作用与组成

1. 数控机床的作用

数控机床是数字控制机床（Computer Numerical Control Machine Tools）的简称，是一种装有程序控制系统的自动化机床。该控制系统能够逻辑地处理具有控制编码或其他符号指令规定的程序，并将其译码，用代码化的数字表示，通过信息载体输入数控装置，经运算处理由数控装置发出各种控制信号，控制机床的动作，按零件图样要求的形状和尺寸，自动地将零件加工出来。简单地说，配置了数控系统的机床称为数控机床。图 1-1-1 所示为第 45 届世界技能大赛全国选拔赛数控车赛项所用的数控车床，数控车床本体配置了 SINUMERIK 828D 数控车系统；图 1-1-2 所示为第 45 届世界技能大赛全国选拔赛数控铣赛项、原型制作赛项所用的数控铣床，配置了 SINUMERIK 828D 数控铣系统。

图 1-1-1 配置 SINUMERIK 828D 系统的数控车床

图 1-1-2 配置 SINUMERIK 828D 系统的数控铣床

2. 数控机床的组成

（1）数控机床基本组成　数控机床基本组成框图如图 1-1-3 所示，一般由输入输出设备、CNC 装置（或称 CNC 单元）、伺服单元、驱动装置（或称执行机构）、可编程序控制器 PLC、电气控制装置、辅助装置、机床本体及测量反馈装置组成。

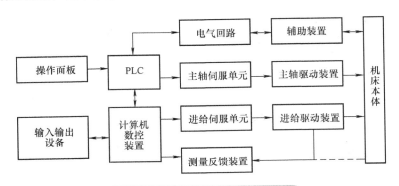

图 1-1-3　数控机床基本组成框图

（2）各部分主要功能　数控机床各部分主要功能如下。

1）机床本体。与传统的机床相比较，数控机床本体仍然由主传动装置、进给传动装置、床身、工作台，以及辅助运动装置、液压气动系统、润滑系统、冷却装置等组成。但数控机床本体的整体布局、外观造型、传动系统、刀具系统等的结构以及操纵机构发生了很大的改变，这种变化的目的是满足数控机床高精度、高速度、高效率及高柔性的要求。具体体现在以下几个方面。

① 机床刚性大大提高，抗振性能大为改善。通过合理设计结构的断面形状和尺寸，合理布置结构上的筋条和筋板，改善构件连接处刚性，合理选择构件壁厚等措施提高机床结构件静刚性和固有频率；通过在机床大型型腔中充填阻尼材料，在大型结构件表面采用阻尼涂层等措施改善抗振性能。采用加宽机床导轨面、改变立柱和床身布局方式、校动平衡等措施，同时借助软件对机床整体结构进行有限元强度分析，作为改善结构的重要依据，提高机床结构性能。

图 1-1-4 所示为数控机床典型床身设计，采用有效的床身结构设计，合理设计筋板，控制开孔尺寸及合理位置布局，对大型型腔进行填充，有效提高了机床刚性。

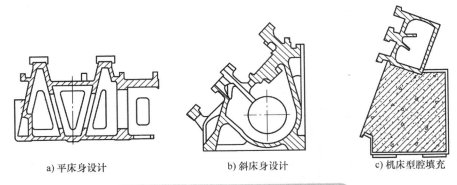

a) 平床身设计　　　　　b) 斜床身设计　　　　　c) 机床型腔填充

图 1-1-4　提高机床刚性、改善抗振性能

② 机床热变形降低。在数控机床结构设计上将电动机、主轴箱、液压装置、油箱等发热源

外置，以减少热变形对机床精度的影响，通过强制冷却、良好散热控制温升等措施减小部件热变形，通过丝杠预紧减小丝杠热变形。

③ 机床传动结构简化，数控机床通过主轴电动机、伺服电动机自动调速达到加工要求，机械传动链短，机械结构得以简化。例如，主轴电动机采用电主轴，将电动机转子和机床主轴合二为一，实现零传动链传动；进给运动采用直线电动机，电动机直接带动工作台做直线运动。图1-1-5 所示为西门子公司生产的电主轴；图1-1-6 所示为西门子公司生产的直线电动机。

图 1-1-5 西门子公司生产的电主轴

图 1-1-6 西门子生产的直线电动机

④ 机床各运动副的摩擦系数小。滚动导轨、静压导轨、磁悬浮导轨、贴塑导轨的使用能够减小摩擦系数和摩擦力。用精密滚珠丝杠副代替滑动丝杠副，能有效减小进给运动部件摩擦力。图1-1-7 所示为导轨采用滚动导轨块减小摩擦力；图1-1-8 所示为数控机床进给运动采用滚珠丝杠螺母副结构减小摩擦力。

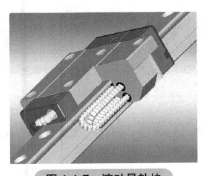

图 1-1-7 滚动导轨块

图 1-1-8 滚珠丝杠螺母副

⑤ 数控机床功能部件增多。数控机床使用了很多功能部件，如加工中心刀库、交换工作台、数控车床自动排屑装置、数控机床在线检测装置等，以提高数控机床性能和提高加工效率。

图1-1-9 所示为加工中心链式刀库，可实现加工过程中多工序、多工步自动换刀；图1-1-10 所示为工件自动加工过程中检测用的比对仪，可以就近直接检测加工出的工件，针对车间中的手动或自动测量工序提供高速、可重复及操作简单的测量解决方案。

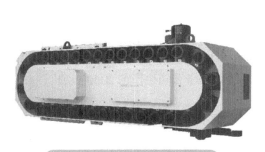

图 1-1-9　加工中心链式刀库

图 1-1-10　比对仪

2）CNC 单元。CNC 单元是数控机床的核心。CNC 单元由信息的输入、处理和输出三个部分组成。CNC 单元接收数字化信息，经过数控装置的控制软件和逻辑电路进行译码、插补、逻辑处理后，将各种指令信息输出给伺服系统，伺服系统驱动执行部件做进给运动。图 1-1-11 所示为 SINUMERIK 828D 数控单元 PPU240 垂直面板；图 1-1-12 所示为 SINUMERIK 828D 数控单元 PPU240 水平面板。

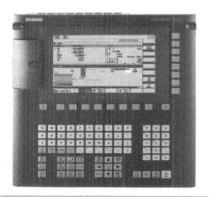

图 1-1-11　SINUMERIK 828D 数控单元
PPU240 垂直面板

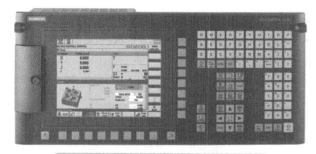

图 1-1-12　SINUMERIK 828D 数控单元
PPU240 水平面板

3）输入输出设备。输入输出设备用于数控系统与外界进行程序、信号、文件等的传递。常见的输入输出设备有网线、USB、RS232 数据线、CF 卡、键盘等。

4）伺服单元。伺服单元由驱动器、驱动电动机组成，并与机床上的执行部件和机械传动部件组成数控机床的进给系统。它的作用是把来自数控装置的脉冲信号转换成机床移动部件的运动。图 1-1-13 中方框内即为由驱动器和驱动电动机构成的伺服单元。

5）可编程序控制器。可编程序控制器（Programmable Controller，PC）是一种以微处理器为基础的通用型自动控制装置，专为在工业环境下应用而设计。由于最初研制这种装置的目的是解决生产设备的逻辑及开关控制，故把它称为可编程序逻辑控制器（Programmable Logic Controller，PLC）。当 PLC 用于控制机床顺序动作时，也可称之为可编程序机床控制器（Programmable Machine Controller，PMC）。可编程序机床控制器主要用于机床操作面板、限位开关、压力传感器等开关量的控制。PLC已成为数控机床不可缺少的控制装置。CNC和PLC协调配合，共同完成对数控机床的控制。

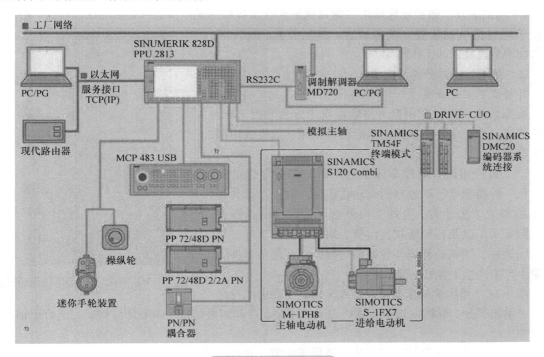

图1-1-13　伺服单元

6）测量反馈装置。测量反馈装置也称反馈元件，包括光栅、旋转编码器、激光测距仪、磁栅等，通常安装在机床的工作台或丝杠上。它把机床工作台的实际位移转变成电信号反馈给CNC装置，供CNC装置与指令值比较产生误差信号，以控制机床向消除该误差的方向移动。图1-1-14所示为西门子公司生产的主轴外置编码器，用于测量主轴旋转速度，并将测量结果反馈给数控系统。图1-1-15所示为光栅尺，用于测量工作台实际位移，并将测量结果反馈给数控系统。

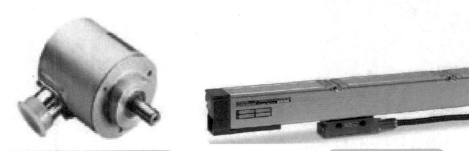

图1-1-14　主轴外置编码器　　　　　　　　**图1-1-15　光栅尺**

7）电气控制装置。电气控制装置给数控系统、伺服单元、I/O模块等提供工作电源和强电，并对整个系统提供各种短路、过载、欠电压等电气保护和系统安全保护，同时在可编程序控制器的输出接口与机床各类辅助装置的电气执行元器件之间起桥梁纽带作用，控制机床辅助装置的各种交流电动机、液压系统电磁阀或电磁离合器等。

图 1-1-16 所示为某加工中心电气控制柜，内有 SINUMERIK 828D 系统用伺服放大器、断路器、交流接触器、中间继电器、开关电源、端子排、变压器等。

8）辅助装置。数控机床辅助装置是保证充分发挥数控机床功能所必需的配套装置。常用的辅助装置包括气动装置、液压装置、排屑装置、冷却装置、润滑装置及回转工作台等。

二、数控机床的分类及应用

1. 按工艺用途分类

按照数控机床工艺用途可将数控机床分为数控车床、数控铣床、加工中心、数控三坐标测量机床、数控线切割机床等类型。

（1）数控车床　数控车床适合于回转体类零件的加工，是一种高精度、高效率的自动化机床。数控车床具有广泛的加工工艺性能，可加工内外形状的圆柱面、圆锥面、圆弧面，以及各种螺纹、沟槽、蜗杆等复杂工件，具有直线插补、圆弧插补等各种补偿功能，并在复杂零件的批量生产中产生了良好的经济效果。

图 1-1-16　某加工中心电气控制柜

图 1-1-17 所示为斜床身数控卧式车床，主要由床身部分、主轴箱部分、纵横向进给装置、刀架、尾座、冷却润滑辅助装置等部分构成，适合于轴类零件的加工。

图 1-1-18 所示为数控立式车床，适用于大型、具有回转中心的盘类零件加工。

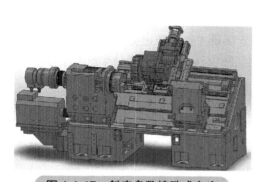

图 1-1-17　斜床身数控卧式车床

图 1-1-18　数控立式车床

（2）数控铣床　数控铣床对零件加工的适应性强、灵活性好，能加工轮廓形状特别复杂或难以控制尺寸的零件，如模具类零件、壳体类零件等。按照数控铣床主轴布局形式的不同，数控铣床分为立式铣床和卧式铣床。

图 1-1-19 所示为数控立式铣床，适合于具备平面、轮廓、孔系、沟槽等要素的盘类零件的加工。

图 1-1-20 所示为数控卧式铣床，通常具备回转工作台，适合于箱体类零件的加工。

图 1-1-19　数控立式铣床

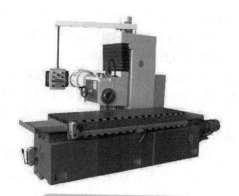

图 1-1-20　数控卧式铣床

（3）加工中心　加工中心的典型特征是具有刀库和自动换刀装置。常见加工中心类型见表 1-1-1。

表 1-1-1　数控加工中心类型

分类标准	类　　别
加工范围	车削加工中心、钻削加工中心、镗铣加工中心、磨削加工中心、电火花加工中心、车铣复合加工中心等
机床结构	立式加工中心、卧式加工中心、五面加工中心、并联加工中心（虚拟加工中心）
数控系统联动轴数	两坐标加工中心、三坐标加工中心和多坐标加工中心
加工精度	普通加工中心、精密加工中心

图 1-1-21 所示为车铣复合加工中心，用于船用柴油机曲轴零件的加工。

图 1-1-21　车铣复合加工中心

2. 按运动方式分类

（1）点位控制数控机床　点位控制数控机床的特点是机床的运动部件只能够实现从一个位置到另一个位置的精确运动，而不考虑两点之间的路径和方向，在运动和定位过程中不进行任何加工工序，如数控钻床、数控坐标镗床、数控点焊机等。

图 1-1-22 所示为在数控钻床上进行孔系加工的示例，数控钻床坐标轴移动时严格控制孔中心距，刀具在移动过程中不进行加工。

（2）直线控制数控机床　直线控制是指机床的运动部件不仅要实现一个坐标位置到另一个坐标位置的精确移动和定位，而且能实现平行于坐标轴的直线进给运动或控制两个坐标轴实现斜线进给运动。这类数控机床主要有简易数控车床、数控镗铣床和数控磨床等，相应的数控装置称为直线数控装置。

图 1-1-23 所示为直线加工示例。在数控立式铣床上用平面铣刀铣削平面时，刀具沿 X 方向、Y 方向做直线运动，直至完成整个平面的加工。

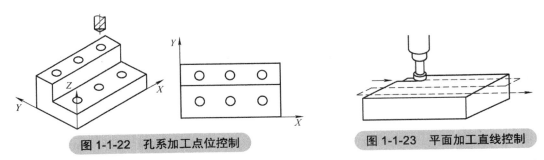

图 1-1-22　孔系加工点位控制　　　　图 1-1-23　平面加工直线控制

（3）轮廓控制数控机床　轮廓控制是指刀具与工件相对运动时，能对两个或两个以上坐标轴的运动同时进行联动控制。它不仅要求控制机床运动部件的起点与终点坐标位置，而且要求精准控制机床坐标轴运动轨迹，控制整个加工过程中每一点的速度和位移量，实现直线、曲线或在空间曲面的加工。常见的轮廓控制机床有数控车床、数控铣床、数控磨床、各种加工中心、车铣复合机床等。

图 1-1-24 所示为在数控车床上加工曲面示例；图 1-1-25 所示为在数控镗铣加工中心上进行工件三维曲面加工的示例。

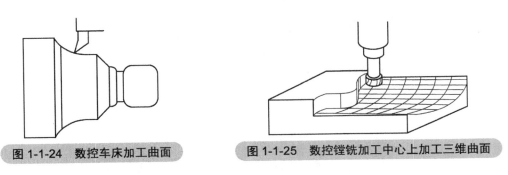

图 1-1-24　数控车床加工曲面　　　　图 1-1-25　数控镗铣加工中心上加工三维曲面

3. 按控制方式分类

（1）开环控制系统数控机床　开环控制系统数控机床中没有检测反馈装置，不检测运动的实际位置，没有位置反馈信号。指令信息在控制系统中单方向传送，不反馈。这类机床通常用步进电动机作为执行机构。输入数据经过数控系统的运算，发出脉冲指令，使步进电动机转过相应的步距角，再通过机械传动机构转换为工作台的直线移动，移动部件的移动速度和位移量由输入脉冲的频率和脉冲个数所决定。

图 1-1-26 所示为数控系统开环控制原理。这种控制方式的最大特点是控制方便、结构简单、

价格便宜、控制系统稳定，但由于机械传动的误差没有经过反馈校正，故位移精度不高。

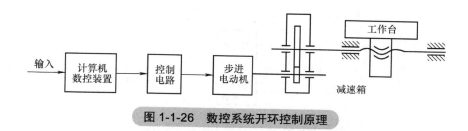

图 1-1-26　数控系统开环控制原理

（2）全闭环控制系统数控机床　在全闭环控制系统数控机床中，伺服轴的位置检测装置（一般是光栅尺）安装在机床工作台上，用以直接检测机床工作台的实际运行位置（直线位移），并将其与 CNC 装置计算出的指令位置（或位移）相比较，用差值进行控制，以使坐标轴到达准确位置。全闭环控制消除了从电动机到机床移动部件整个机械传动链中的传动误差，最终实现精确定位。

图 1-1-27 所示为数控系统全闭环控制原理。由于在整个控制环内，许多机械传动环节的摩擦特性、刚性和间隙均为非线性，并且整个机械传动链的动态响应时间与电气响应时间相差又非常大，这为整个闭环系统的稳定性校正带来很大困难，系统的设计和调整也都相当复杂。全闭环控制方式主要用于精度要求很高的超精车床、镗铣床、超精铣床、数控精密磨床和精密加工中心。

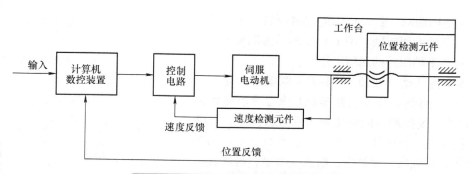

图 1-1-27　数控系统全闭环控制原理

（3）半闭环控制系统数控机床　在半闭环控制系统数控机床中，检测传感器直接安装在伺服电动机的轴端或安装在丝杠的端部，以测量电动机输出轴旋转位移角或丝杠旋转位移角。它所检测得到的不是工作台的实际位移量，而是与位移量有关的旋转轴的转角量，然后反馈到数控装置的比较器中，与输入原指令位移值进行比较，用比较后的差值进行控制，使移动部件补充位移，直到差值消除为止。其精度比全闭环系统稍差。

图 1-1-28 所示为数控系统半闭环控制原理，由于大部分机械传动环节未包括在系统闭环环路内，因此可获得较稳定的控制特性。但是丝杠等机械传动误差不能通过反馈来随时校正，可采用软件定值补偿方法来适当提高其精度。这种系统结构简单，便于调整，检测元件价格也较低，是目前广泛使用的一种数控系统。

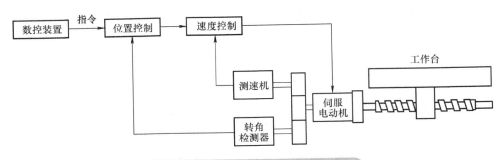

图 1-1-28　数控系统半闭环控制原理

4. 按可控制联动坐标轴数分类

数控机床可控制联动坐标轴数是指数控装置所能同时控制的移动坐标轴的数目。

（1）2 坐标联动　数控机床能同时控制 2 个坐标轴联动。如数控车床同时控制 X 轴和 Z 轴运动，可用于加工各种曲线轮廓的回转体类零件，一般的数控车床属于 2 坐标联动机床。

（2）2.5 坐标联动　数控机床本身有 3 个坐标能做 3 个方向的运动，但控制装置只能同时控制 2 个坐标联动，而第 3 个坐标只能做等距周期移动。

（3）3 坐标联动　数控机床能同时控制 3 个坐标轴联动。例如，数控铣床称为 3 坐标数控铣床，可用于加工曲面零件。

（4）4 坐标联动　数控机床能同时控制 4 个坐标轴联动，其中一个轴为回转轴。图 1-1-29 所示为四轴联动数控机床，具有绕 Y 轴回转的回转工作台。

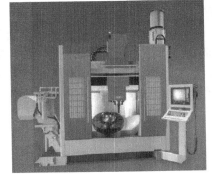

图 1-1-29　四轴联动数控机床

（5）5 坐标联动　五轴（5 坐标）联动是指在一台机床上有 5 个坐标轴（3 个直线坐标轴和 2 个旋转坐标轴），在数控系统控制下同时协调运动进行加工。五轴联动数控机床是一种科技含量高、精密度高、专门用于加工复杂曲面的机床，对航空、航天、军事、科研、精密器械、高精医疗设备等行业，有着举足轻重的影响力。

图 1-1-30 所示为五轴控制加工中心。

三、典型数控机床结构

1. 数控车床的组成、运动与结构

（1）数控车床组成　数控车床的组成包括主运动传动装置、伺服进给传动装置、液压与气压传动装置、床身部件、机床辅助装置等。

图 1-1-30　五轴控制加工中心

（2）数控车床运动　图 1-1-31 所示为数控车床传动链示意图，从图中可以看出以下几点。

1）主运动。主轴电动机的动力通过同步带传动至机床主轴，通过主轴编码器测量主轴旋转速度。

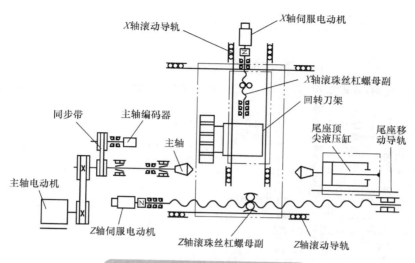

图 1-1-31 数控车床传动链示意图

2）*X/Z* 轴运动。*X/Z* 轴伺服电动机通过联轴器直接带动 *X/Z* 轴滚珠丝杠旋转，实现工作台 *X/Z* 轴方向运动，电动机端部安装有编码器，属于半闭环控制方式。

（3）数控车床结构 图 1-1-32 所示为采用斜床身布局的数控车床结构。

图 1-1-32 数控车床结构

2. 数控铣床的组成、运动与结构

（1）数控铣床组成 数控铣床主要由主轴箱、伺服进给传动装置、立柱、工作台、平衡块、床身部件、气压传动装置、液压传动装置、冷却润滑装置、机床辅助装置等部件组成。

（2）数控铣床运动 图 1-1-33 所示为数控立式铣床传动链示意图，从图中可以看出以下几点。

1）主运动。主轴电动机的动力通过同步带传动至机床主轴，通过主轴编码器测量主轴旋转速度。

2）*X/Y/Z* 轴运动。*X/Y/Z* 轴伺服电动机通过联轴器直接带动 *X/Y/Z* 轴滚珠丝杠旋转，实现工作台 *X/Y/Z* 轴方向运动。

（3）数控铣床结构 图 1-1-34 所示为数控立式铣床结构。

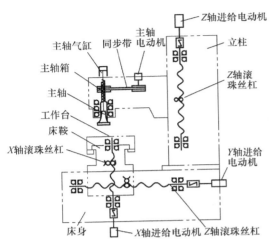

图 1-1-33 数控立式铣床传动链

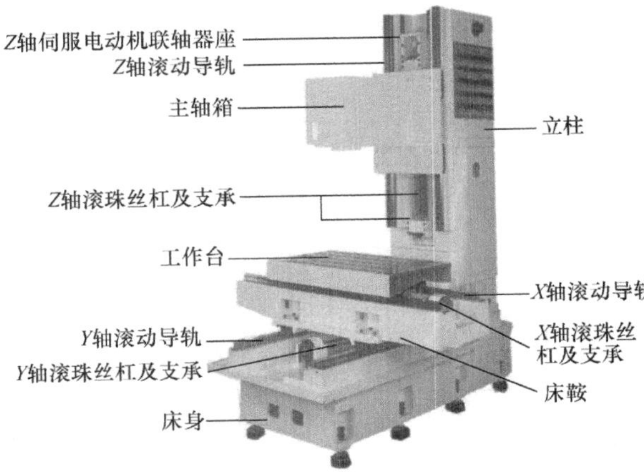

图 1-1-34 数控立式铣床结构

实训任务 1-1　认识数控机床

实训任务1-1-1　认识数控车床

根据实训室实验设备的具体配置，按照以下目标认识数控车床：

1.绘制数控车床传动链示意图，分析数控车床存在的运动。

2.绘制数控车床结构简图并在图上标明各功能部件。

实训任务1-1-2　认识数控铣床

根据实训室实验设备的具体配置，按照以下目标认知数控铣床：

1.绘制数控铣床传动链示意图，分析数控铣床存在的运动。

2.绘制数控铣床结构简图并在图上标明各功能部件。

项目 1-2　认识数控系统部件结构与接口

项目导读

在完成本项目学习之后，掌握数控系统构成和基本配置，同时学习：

◆ 西门子数控系统类型

◆ SINUMERIK 828D 数控系统特点

◆ SINUMERIK 828D 数控系统部件结构与接口

一、认识SINUMERIK 828D数控系统

1.西门子数控系统类型

西门子数控系统根据市场客户需求提供三种类型的数控系统：一种是针对经济型数控设备

提供的 SINUMERIK 808 系列控制系统，面板如图 1-2-1 所示；另一种是针对中档数控设备提供的 SINUMERIK 828 系列控制系统，面板如图 1-2-2 所示；还有一种是针对高档数控设备提供的 SINUMERIK 840D sl 系列控制系统，面板如图 1-2-3 所示。

图 1-2-1　SINUMERIK 808 系列控制系统面板

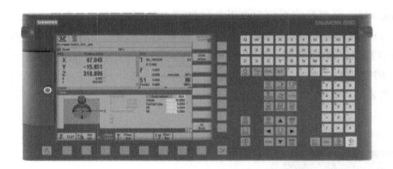

图 1-2-2　SINUMERIK 828 系列控制系统面板

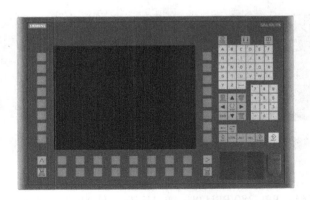

图 1-2-3　SINUMERIK 840D sl 系列控制系统面板

2.SINUMERIK 828 产品系列

SINUMERIK 828 产品系列有 3 种，分别是 SINUMERIK 828D BASIC T、SINUMERIK 828D BASIC M、SINUMERIK 828D，可以支持车、铣工艺应用，满足不同安装形式和不同性能要求的需要。

（1）SINUMERIK 828D BASIC T　SINUMERIK 828D BASIC T 是 SINUMERIK 828D 系统家族中的基本版，结合 SINAMICS 驱动和电动机的使用，是为现代标准车床量身定制的解决方案。SINUMERIK 828D BASIC T 除了可以进行车削操作外，还支持在端面和柱面上的钻削和铣削加工，可以确保机床用最短的加工时间获得最佳的加工精度。

（2）SINUMERIK 828D BASIC M　SINUMERIK 828D BASIC M 主要针对数控铣床设计，支持各种钻铣工艺，同时也能在圆柱形工件上进行加工，针对模具加工表现突出。

（3）SINUMERIK 828D　SINUMERIK 828D 是一款紧凑型数控系统，支持车、铣工艺应用，可选水平、垂直面板布局和两级性能，满足不同安装形式和不同性能要求。完全独立的车削和铣削应用系统软件，可以尽可能多地预先设定机床功能，从而最大限度减少机床调试所需时间。

SINUMERIK 828D 集 CNC、PLC、操作界面以及轴控制功能于一体，通过 Drive-CLIQ 总线与全数字驱动 SINAMICS S120 实现高速可靠通信，PLC 的 I/O 模块通过 PROFINET 连接，可自动识别，无需额外配置。

3. SINUMERIK 828D 数控系统类型

SINUMERIK 828D 系列数控系统有以下几种类型，分别是 PPU240/PPU241、PPU260/PPU261、PPU280/PPU281、PPU290 等，常用的数控系统软件有 24x、26x、28x。其中，PPU240/PPU241 为基本型，PPU260/PPU261 为标准型，PPU280/PPU281、PPU290 为高性能型。

（1）PPU240/PPU241　PPU240 为垂直版 8.4in（1in=25.4cm）彩屏，外形如图 1-2-4 所示；PPU241 为水平版 8.4in 彩屏，外形如图 1-2-5 所示。

图 1-2-4　PPU240 数控系统

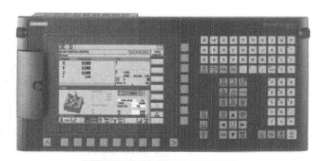

图 1-2-5　PPU241 数控系统

（2）PPU260/PPU261、PPU280/PPU281　PPU260/PPU280 为垂直版 10.4in 彩屏，外形如图 1-2-6 所示；PPU261/PPU281 为水平版 10.4in 彩屏，外形如图 1-2-7 所示。

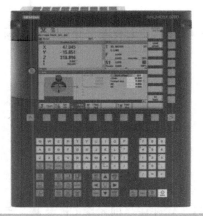

图1-2-6　PPU260/PPU280 数控系统

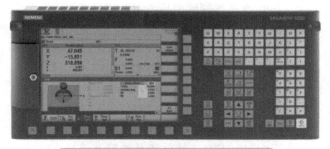

图1-2-7　PPU261/PPU281 数控系统

（3）PPU290　PPU290 数控系统为 15.6in 多点触摸彩屏，外形如图 1-2-8 所示。

4. SINUMERIK 828D 数控系统的特点

SINUMERIK 828D 系列数控系统具有紧凑、强大、简单的特点。

（1）紧凑　SINUMERIK 828D 系列数控系统结构紧凑

1）可选 10.4inTFT 彩色显示器和全尺寸 CNC 键盘，让用户拥有最佳的操作体验。

2）丰富且便捷的通信端口：前置 USB 2.0、CF 卡和以太网接口。

3）前面板采用压铸镁合金制造，精致耐用。

（2）强大　SINUMERIK 828D 系列数控系统功能强大。

1）80 位浮点数纳米计算精度（NANOFP），达到了紧凑型系统新的巅峰。

2）组织有序的刀具管理功能和强大的坐标转换功能，能满足对高级数控功能的需要。

3）"精优曲面"控制技术，可以让模具制造获得最佳表面质量和最少加工时间。

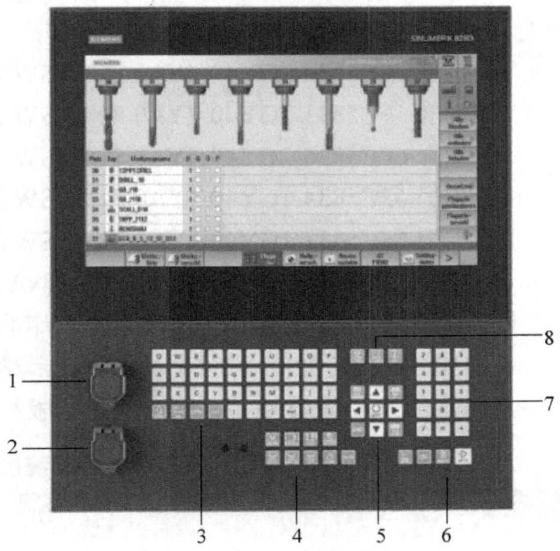

图1-2-8　PPU290 数控系统

1—USB 接口　2—X127 以太网接口　3—QWERTY 键盘
4—操作区快速选择键　5—光标键区
6、8—控制键　7—数字键

（3）简单　SINUMERIK 828D 系列数控系统使用简单。

1）SINUMERIK Operate 全新集成的人机界面集方便的操作、编程功能于一身，确保高效快捷的机床操作。

2）Easy Archive 备份管理功能，调试和维护准备充分，执行迅速。

3）Easy Extend 机床选项管理，轻触一个按键即可完成机床选件的安装。

4）摒弃了电池、硬盘和风扇这些易损部件，真正做到免维护。

5. SINUMERIK 828D数控系统软硬件型号

（1）硬件产品型号　SINUMERIK 828D数控系统可通过PPU型号了解到控制系统的分类及产品编号。PPU型号含义如图1-2-9所示。

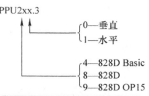

图1-2-9　PPU型号含义

（2）PPU水平型硬件产品类型及编号

1）6FC5370-3AA30-0AA0 PPU241.3 828D Basic。

2）6FC5370-7AA30-0AA0 PPU281.3 828D。

（3）PPU垂直型硬件产品类型及编号

1）6FC5370-4AA30-0AA0 PPU240.3 828D Basic。

2）6FC5370-8AA30-0AA0 PPU280.3 828D。

3）6FC5370-8AA30-0BA0 PPU290.3 828D（15in）。

（4）PPU240.3/241.3软件产品类型及编号　PPU240.3/241.3软件在当前系统CF卡上，产品类型及编号如下。

1）铣削 6FC5835-2GY40-4YA0 828D SW 24x。

2）车削 6FC5835-1GY40-4YA0 828D SW 24x。

（5）PPU280.3/281.3/290.3软件产品类型及编号　PPU280.3/281.3/290.3软件在当前系统CF卡上，产品类型及编号如下。

1）铣削 6FC5834-2GY40-4YA0 828D SW 26x。

2）铣削 6FC5833-2GY40-4YA0 828D SW 28x。

3）铣削 6FC5836-2GY40-4YA0 828D SW 28xA。

4）车削 6FC5834-1GY40-4YA0 828D SW 26x。

5）车削 6FC5833-1GY40-4YA0 828D SW 28x。

6）6FC5836-1GY40-4YA0 828D SW 28xA。

（6）空闪存（CF）卡　空闪存（CF）卡容量为2GB，型号为6FC5313-5AG00-0AA2。

6. SINUMERIK 828D数控系统主要技术指标

SINUMERIK 828D数控系统分为车床版和铣床版，主要技术指标见表1-2-1。

表1-2-1　SINUMERIK 828D数控系统技术指标（●—标配，○—选配，－—不可用）

名　称	828D BASIC				828D			
828D软件版本	24x		26x		28x		28xA	
工艺（车削/铣削）	T	M	T	M	T	M	T	M
系统性能								
标准配置的轴数量	3	4	3	4	3	4	3	4
最大轴数/主轴数/定位轴数	5	5	6	6	8	6	10	8
最大插补轴数量	4	4	4	4	4	4	4	4
最大加工通道数	1	1	1	1	1	1	2	1
最短程序段循环时间	9ms	9ms	6ms	6ms	6ms	3ms	6ms	3ms
CNC用户内存（带缓冲）	3MB	3MB	3MB	3MB	5MB	5MB	10MB	10MB
CNC功能								
A、B、C样条插补	○	○	○	○	○	○	○	○

（续）

名　称	828D BASIC				828D			
TRANSMIT 与圆周表面转换	○	○	○	○	○	○	○	○
运行到固定挡块	●	●	●	●	●	●	●	●
带力矩控制的固定点停止	○	○	○	○	○	○	○	○
非正交 Y 轴的倾斜轴	–	–	–	–	○	–	○	○
子主轴的同步主轴功能（CP 静态）	○	–	○	–	○	–	○	–
子主轴的同步主轴功能（CP Basic）	○	–	○	–	○	–	○	–
同步龙门轴组	○	○	○	○	○	○	○	○
温度补偿	●	●	●	●	●	●	●	●
双向丝杠误差补偿	○	○	○	○	○	○	○	○
多维悬垂度补偿	○	○	○	○	○	○	○	○
驱动器的主控 / 从控	○	○	○	○	○	○	○	○
内部驱动值分析	○	○	○	○	○	○	○	○

二、数控系统部件结构与接口

1. 数控系统 PPU 与 CF 卡配置

数控系统控制单元 PPU 是整个数控系统的核心，它将显示器、MDA 键盘、NC、PLC 等集于一体。SINUMERIK 828D 数控系统 PPU 硬件支持 4 个档次 3 种加工工艺，共 11 种系统 CF 卡，其中 SW28 没有磨床版。PPU 硬件与系统 CF 卡的对应关系见表 1-2-2。

表 1-2-2　PPU 硬件与系统 CF 卡的对应关系

PPU 硬件	PPU24x.3 BASIC			PPU28x.3 / PPU290.3							
系统 CF 卡	SW24			SW26			SW28		SW28 Advance		
	车	铣	磨	车	铣	磨	车	铣	车	铣	磨
标配轴数	3	4	3	3	4	3	3	4	3	4	3
最大支持轴数	5			6+2			8+2	6+2	10+2	8+2	10+2
最大通道数	1			1			2	1	2	1	2
最大支持 PP72/48	3			4		5	5		5		
扩展 NX10.3	—			—	1		1		1*		
扩展 NX15.3	—			—			—		1*	—	1*

表 1-2-2 的说明如下。

1）标注有 "+2" 的是指，该版本的系统可外接 SINAMICS S120 CU 控制器（CU310-2 PN 或 CU320-2 PN）扩展两个 PLC 辅助轴，用作定位或分度轴。

2）标注有 "*" 的是指，对于 SW28 Advance，使用 NX 板扩展轴时，NX10.3 和 NX15.3 只能选择其中一种，它们不能同时使用。

2. PPU 硬件结构与接口

（1）PPU 正面结构　PPU 正面结构及各部分名称、作用如图 1-2-10 所示。

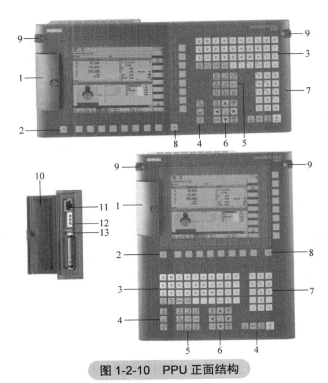

图 1-2-10　PPU 正面结构

1—前盖　2—菜单回调键　3—字母区　4—控制键区　5—热键区　6—光标区　7—数字区　8—菜单扩展键
9—3/8in 螺孔，安装辅助装置　10—前盖板　11—X127: 以太网接口
12—状态 LED 灯：RDY、NC、CF 卡　13—X125:USB 接口

（2）PPU 背面结构　PPU 背面结构及各部分名称、作用如图 1-2-11 所示。

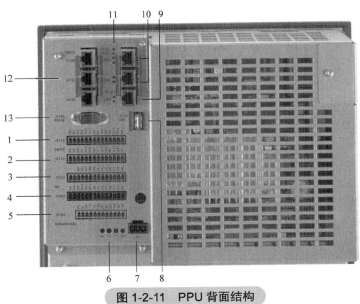

图 1-2-11　PPU 背面结构

1、2—X122、X132 数字量输入输出端，用于驱动　3、4—X242、X252 NC 的数字量输入输出端　5—X143 手轮接口
6—M、T2、T1、T0 测量插口　7—X1 电源接口　8—X135 USB 接口　9—X130 以太网 LAN　10—PN PLC I/O 接口
11—SYNC、FAULT 状态 LED 灯　12—X100、X101、X102 DriveCLIQ 接口　13—X140 串行接口 RS232

（3）PPU接口说明　PPU接口说明如下。

1）X1电源接口。数控系统控制器PPU的电源接口需输入直流24V电源作为系统工作电源，一般采用3芯端子式插座（24V、0V和PE）。

2）X100/X101/X102 DriveCLIQ接口。Drive-CLIQ是西门子的新一代驱动装置之间的通信协议，保障数控系统与伺服系统之间进行快速可靠的通信。通过Drive-CLIQ将伺服控制单元与PPU连接，实现伺服控制信号的传输。

3）PN Profinet接口。Profinet由PROFIBUS国际组织（PROFIBUS International，PI）推出，是新一代基于工业以太网技术的自动化总线标准。用于PLC外部信号的传输，主要用于MCP面板与PP72/48等I/O模块的连接。

3. 机床操作面板MCP结构与接口

数控机床操作面板MCP是数控机床的重要组成部件，是操作人员与数控机床进行交互的工具，主要由操作方式选择、程序控制、倍率选择、坐标轴手动控制、状态灯等部分组成。数控机床操作面板种类很多，各生产厂家设计的操作面板也不尽相同，但操作面板中各种旋钮、按钮和键盘基本功能与使用方法大致相同。

（1）机床操作面板MCP类型　西门子推出的数控机床操作面板根据面板尺寸不同，分为MCP310、MCP483、MCP416等规格；按照按键形式不同，分为机械按键式和薄膜键方式；按照连接方式不同，分为以太网连接和USB接口连接，见表1-2-3。

表 1-2-3　机床操作面板 MCP 结构

机械式按键	
MCP310C PN（6FC5303-0AF23-0AA1） 长 × 宽 =310mm×175mm 	MCP483C PN（6FC5303-0AF22-0AA1） 长 × 宽 =483mm×155mm 
带防护膜的薄膜键	
MCP310 USB（6FC5303-0AF33-0AA0） 长 × 宽 =310mm×230mm 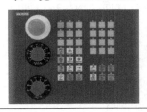	MCP483 USB（6FC5303-0AF32-0AA0） 长 × 宽 =483mm×155mm 

MCP416 USB（6FC5303-0AF34-0AA0）
长 × 宽 =416mm×155mm

　　MCP 产品型号中，PN 表示以太网接口，C 表示机械式按键，USB 表示 USB 接口。MCP USB 可以通过一根 USB 电缆将机床控制面板 MCP483/416/310 USB 连接到 PPU 上，USB 2.0 接口为机床控制面板供电和通信。

　　（2）MCP USB 结构与接口　机床操作面板 MCP USB 正面结构及各部分作用如图 1-2-12 所示，背面结构与接口如图 1-2-13 所示。

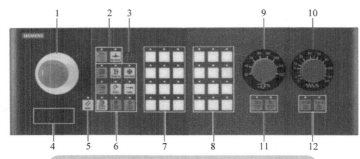

图 1-2-12　机床操作面板 MCP USB 正面结构

1—急停开关　2—JOG 和回参考点按键　3—两位 7 段数码管显示　4—预留按钮开关的安装位置（*d*=16mm）　5—复位
6—运行方式 / 机床功能 / 程序控制按键　7—用户自定义键　8—带快移倍率调整功能的方向键
9—主轴修调旋转开关　10—进给修调旋转开关　11—主轴控制按键　12—进给控制按键

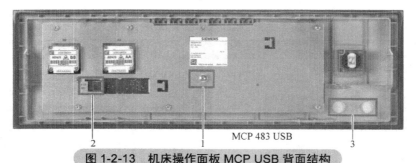

MCP 483 USB

图 1-2-13　机床操作面板 MCP USB 背面结构

1—接地端子　2—用于与 PPU 通信的 USB 接口，X10 NC　3—预留按钮开关的安装位置（*d*=16mm）

　　（3）MCP PN 结构与接口　机床操作面板 MCP PN 只需通过 PROFINET 电缆与 SINUMERIK 828D PPU 的 PN 接口相连，设置相应的参数，并在 PLC 中调用标准 MCP 子程序库即可正常使用。机床操作面板 MCP PN 正面结构及各部分作用如图 1-2-14 所示；背面结构与接口如图 1-2-15 所示。

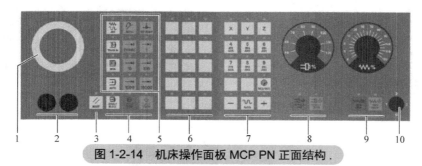

图 1-2-14　机床操作面板 MCP PN 正面结构．

1—急停开关　2—预留按钮的安装位置（*d* = 16mm）　3—复位　4—程序控制　5—操作方式选择
6—用户自定义键 T1~T15　7—手动操作键 R1~R15　8—带倍率开关的主轴控制
9—带倍率开关的进给轴控制　10—钥匙开关（4 个位置）

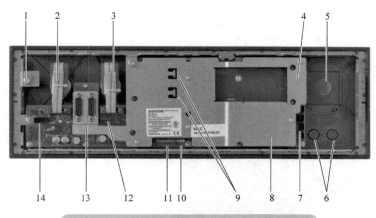

图 1-2-15 机床操作面板 MCP PN 背面结构

1—接地端子 2—进给倍率 X30 3—主轴倍率 X31 4—PROFINET 接口 X20/X21 5—急停开关的安装位置
6—预留按钮的安装位置（d=16mm） 7—用户专用的输入接口（X51、X52、X55）和输出接口（X53、X54）S2
8—盖板 9—以太网电缆固定座 10—指示灯 11—拨码开关 12、13—保留 14—X10 电源接口

（4）MCP USB 与 MCP PN 的比较 机床操作面板 MCP USB 与 MCP PN 面板布局、按键个数等不同，比较内容见表 1-2-4。

表 1-2-4 机床操作面板 MCP USB 与 MCP PN 的比较

MCP 483 C PN	MCP 483/416 USB
50 个带 LED 的按键	40 个带 LED 的按键，带防护膜的薄膜键
主轴控制，带超调主轴功能（16 挡）	主轴控制，带超调主轴功能（15 挡）
进给控制，带进给/快移倍率开关（23 挡）	进给控制，带进给/快移倍率开关（18 挡）
钥匙开关（4 个位置和 3 把不同钥匙）	12 个用户自定义按键
急停按钮	急停按钮
15 个用户自定义按键	2 个指令装置的安装孔（d=16mm）
2 个指令装置的安装孔（d=16mm）	2 位、7 段数码显示刀具号
宽度 483mm，高度 155mm	宽度 483mm，高度 155mm
PLC 信号：IB112~125，QB112~119	PLC 信号：DB1000/DB1100
MCP 310 C PN	**MCP 310 USB**
49 个带 LED 的按键，机械按键	39 个带 LED 的按键，带防护膜的薄膜键
进给控制，带进给/快移倍率开关（23 挡）	主轴控制，带超调主轴功能（15 挡）
9 路输入/6 路输出，用于 9 个指令装置	进给控制，带进给/快移倍率开关（18 挡）
16 个用户自定义按键	10 个用户自定义按键
6 个指令装置的安装孔（d=16mm）	4 个指令装置的安装孔（d=16mm）
宽度 310mm，高度 175mm	2 位、7 段数码显示刀具号
钥匙开关（4 个位置和 3 把不同钥匙）	宽度 310mm，高度 230mm
PLC 信号：IB112~125，QB112~119	PLC 信号：DB1000/DB1100

4. 输入输出模块 PP72/48 结构与接口

PP72/48D PN 是一种基于 PROFINET 网络通信的输入输出模块，可提供 72 个数字输入和 48 个数字输出。每个模块具有 3 个独立的 50 芯插槽，每个插槽中包括 24 位数字量输入和 16 位数字量输出（输出的电流最大为 0.25A），PP72/48 输入输出模块结构如图 1-2-16 所示。

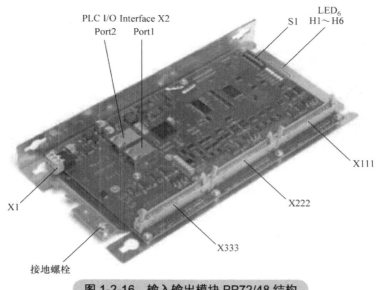

图 1-2-16　输入输出模块 PP72/48 结构

各接口作用如下：

1）X1 接口。24V DC 电源输入，采用 3 芯端子式插头（24V、0V 和 PE）。

2）X2 接口。PROFINET 接口 Port1 和 Port2，一个用于输入，一个用于输出。

3）X111/X222/X333。50 芯扁平电缆插座，用于数字量输入和输出，可与端子转换器连接。

4）S1 拨码开关。用于设置 PROFINETDE 的 IP 地址。图 1-2-17 中 PP 72/48D PN 模块 1 通过拨码开关 S1 将地址设为 9；图 1-2-18 中 PP 72/48D PN 模块 2 通过拨码开关 S1 将地址设为 8。

图 1-2-17　PP 72/48D PN 模块 1 拨码开关
S1 地址设为 9

图 1-2-18　PP 72/48D PN 模块 2 拨码开关
S1 地址设为 8

PP 72/48D PN 通过拨码开关设置不同的总线地址，对应 X111、X222、X333 输入输出信号地址不同。总线地址为 192.168.214.9 的 I/O 模块输入输出信号地址见表 1-2-5。

表 1-2-5　PP 72/48D PN（192.168.214.9）输入输出信号逻辑地址

端子	X111	X222	X333	端子	X111	X222	X333
1	数字输入公共端 0V DC			2	24V DC 输出		
3	I0.0	I3.0	I6.0	4	I0.1	I3.1	I6.1
5	I0.2	I3.2	I6.2	6	I0.3	I3.3	I6.3
7	I0.4	I3.4	I6.4	8	I0.5	I3.5	I6.5
9	I0.6	I3.6	I6.6	10	I0.7	I3.7	I6.7

（续）

端子	X111	X222	X333	端子	X111	X222	X333
11	I1.0	I4.0	I7.0	12	I1.1	I4.1	I7.1
13	I1.2	I4.2	I7.2	14	I1.3	I4.3	I7.3
15	I1.4	I4.4	I7.4	16	I1.5	I4.5	I7.5
17	I1.6	I4.6	I7.6	18	I1.7	I4.7	I7.7
19	I2.0	I5.0	I8.0	20	I2.1	I5.1	I8.1
21	I2.2	I5.2	I8.2	22	I2.3	I5.3	I8.3
23	I2.4	I5.4	I8.4	24	I2.5	I5.5	I8.5
25	I2.6	I5.6	I8.6	26	I2.7	I5.7	I8.7
27, 29	无定义			28, 30	无定义		
31	Q0.0	Q2.0	Q4.0	32	Q0.1	Q2.1	Q4.1
33	Q0.2	Q2.2	Q4.2	34	Q0.3	Q2.3	Q4.3
35	Q0.4	Q2.4	Q4.4	36	Q0.5	Q2.5	Q4.5
37	Q0.6	Q2.6	Q4.6	38	Q0.7	Q2.7	Q4.7
39	Q1.0	Q3.0	Q5.0	40	Q1.1	Q3.1	Q5.1
41	Q1.2	Q3.2	Q5.2	42	Q1.3	Q3.3	Q5.3
43	Q1.4	Q3.4	Q5.4	44	Q1.5	Q3.5	Q5.5
45	Q1.6	Q3.6	Q5.6	46	Q1.7	Q3.7	Q5.7
47, 49	数字输出公共端 24V DC			48, 50	数字输出公共端 24V DC		

总线地址为 192.168.214.8 的 I/O 模块输入输出信号地址见表 1-2-6。

表 1-2-6　PP 72/48D PN（192.168.214.8）输入输出信号逻辑地址

端子	X111	X222	X333	端子	X111	X222	X333
1	数字输入公共端 0V DC			2	24V DC 输出 *		
3	I9.0	I12.0	I15.0	4	I9.1	I12.1	I15.1
5	I9.2	I12.2	I15.2	6	I9.3	I12.3	I15.3
7	I9.4	I12.4	I15.4	8	I9.5	I12.5	I15.5
9	I9.6	I12.6	I15.6	10	I9.7	I12.7	I15.7
11	I10.0	I13.0	I16.0	12	I10.1	I13.1	I16.1
13	I10.2	I13.2	I16.2	14	I10.3	I13.3	I16.3
15	I10.4	I13.4	I16.4	16	I10.5	I13.5	I16.5
17	I10.6	I13.6	I16.6	18	I10.7	I13.7	I16.7
19	I11.0	I14.0	I17.0	20	I11.1	I14.1	I17.1

（续）

端子	X111	X222	X333	端子	X111	X222	X333
21	I11.2	I14.2	I17.2	22	I11.3	I14.3	I17.3
23	I11.4	I14.4	I17.4	24	I11.5	I14.5	I17.5
25	I11.6	I14.6	I17.6	26	I11.7	I14.7	I17.7
27, 29	无定义			28, 30	无定义		
31	Q6.0	Q8.0	Q10.0	32	Q6.1	Q8.1	Q10.1
33	Q6.2	Q8.2	Q10.2	34	Q6.3	Q8.3	Q10.3
35	Q6.4	Q8.4	Q10.4	36	Q6.5	Q8.5	Q10.5
37	Q6.6	Q8.6	Q10.6	38	Q6.7	Q8.7	Q10.7
39	Q7.0	Q9.0	Q11.0	40	Q7.1	Q9.1	Q11.1
41	Q7.2	Q9.2	Q11.2	42	Q7.3	Q9.3	Q11.3
43	Q7.4	Q9.4	Q11.4	44	Q7.5	Q9.5	Q11.5
45	Q7.6	Q9.6	Q11.6	46	Q7.7	Q9.7	Q11.7
47, 49	数字输出公共端 24V DC			48, 50	数字输出公共端 24V DC		

5. 手轮结构与接口

（1）手轮接口位置　PPU 上的手轮接口位置为 X143 接口，如图 1-2-19 所示。

图 1-2-19　PPU 手轮接口

（2）手轮连接　X143 手轮连接，各引脚说明见表 1-2-7。

表 1-2-7　X143 手轮接口引脚说明

引　脚	信号名	说　明	引　脚	信号名	说　明
1	P5	5V 手轮电源	7	P5	5V 手轮电源
2	M	信号地	8	M	信号地
3	1A	A1 相脉冲	9	2A	A2 相脉冲
4	/1A	A1 相脉冲负	10	/2A	A2 相脉冲负
5	1B	B1 相脉冲	11	2B	B2 相脉冲
6	/1B	B1 相脉冲负	12	/2B	B2 相脉冲负

（3）手轮信号　如果当前在机床坐标 MCS（DB1900.DBX5000.7=0），应激活轴信号（DB380x.DBX4.0=1）；如果当前在工件坐标 WCS（DB1900.DBX5000.7=1），应激活通道信号（DB3200.DBX100x.0=1）。

如果轴信号和通道信号同时激活，则手轮选择无效。激活增量时不区分 MCS/WCS，可同时激活轴信号（DB380x.DBX5.x=1）和通道信号（DB3200.DBX100x.x=1），同时要保证方式组信号没有激活（DB2600.DBX1.0=0 且 DB3000.DBX2.x=0）；否则手轮增量选择无效。

接口 X143 必须使用 6 线手轮（5V、0V、A、/A、B、/B），4 线手轮（5V、0V、A、B）不能使用。连接好后需确认手轮线已接好，可以监控 DB2700.DBB12，此信号记录手轮产生的脉冲数。如果手轮脉冲线连接正常，摇手轮时这个字节会有变化。

6. SINAMICS S120 书本型驱动器结构与接口

SINUMERIK 828D 数控系统使用的驱动器是 SINAMICS S120 驱动系统。它采用高速驱动接口，配套的 1FK7 永磁同步伺服电动机具有电子铭牌，系统可以自动识别所配置的驱动系统。

SINUMERIK 828D 配套使用的 SINAMICS S120 产品包括书本型驱动器和 Combi 驱动器两种类型。书本型驱动器，电源模块和电动机模块独立分开，可根据所需控制的轴数及功率大小，灵活选择电源模块和电动机模块组合使用。S120 Combi 驱动器为电源模块和几个电动机模块集成在一起的一体化驱动。

（1）SINAMICS S120 书本型驱动器　书本型驱动器不仅外形如同一本书，且模块的安装方式也如同多本书置于书架上，一本叠靠着一本排列，叠靠顺序按照电动机模块功率越大越靠近电源模块的原则进行安装。

书本型驱动器中包含两大部件，即电源模块和电动机模块。

1）电源模块。用于把三相 380V 交流电转变为直流电，通过直流汇流排提供给电动机模块动力，如图 1-2-20 所示。它分为非调节型 SLM（Smart Line Module）和调节型 ALM（Active Line Module）电源模块。两者的区别主要在于直流母线上的电压，非调节型 SLM 所提供的直流母线电压大约为 540V，并且直流母线电压还会随着进线电压变化有所波动，而调节型 ALM 提供的直流母线由于有自调节功能，可以一直保持 600V 电压，从而提供更大的动力。非调节型电源模块和调节型电源模块外形如图 1-2-21 所示。

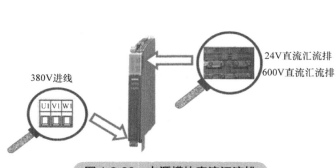

图 1-2-20　电源模块直流汇流排

a)非调节型　　b)调节型

图 1-2-21　电源模块

2）电动机模块。电动机模块将 600V 的直流母线变回可控交流电源，用于驱动伺服电动机。通过调节伺服电动机交流电源的频率和电压，可以精确控制电动机的运动。根据一个电动机模块所带的电动机数量分为单轴模块（可驱动一个电动机）和双轴模块（可驱动两个电动机）。根据机床的要求，电源模块和电动机模块可以不同形式灵活组合。如图 1-2-22 所示，电源模块与两个电动机模块，其中一个电动机模块为单轴模块，驱动主轴电动机；另一个电动机模块为双轴模块，驱动两台伺服电动机。

（2）驱动模块电源电压　驱动模块需要两个电源才能工作：一个是伺服电动机工作的 600V DC 伺服强电；另一个是电动机模块 24V DC 控制电源。

1）600V DC 伺服强电。接入电源模块底部的三相交流电源（380~480V，上下浮动 10%）用于产生 600V 直流母线。直流母线通过驱动模块正面翻盖下的汇流排系统分配到电动机模块。

2）24V DC 控制电源。由用户通过 X24 连接器从外部提供 24V DC 控制电源。该电源通过驱动模块正面翻盖下的汇流排分配。控制电源在驱动模块内部用来为电子电路等供电；在外部用它来为 Drive-CLIQ 编码器和故障、就绪和使能信号供电。

驱动模块上 600V 直流汇流排和 24V 直流汇流排如图 1-2-23 所示。

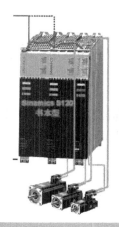

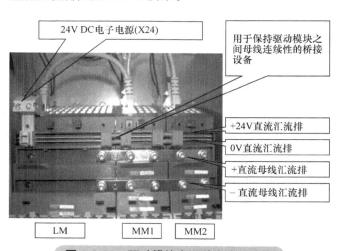

24V DC电子电源(X24)

用于保持驱动模块之间母线连续性的桥接设备

+24V直流汇流排

0V直流汇流排

+直流母线汇流排

－直流母线汇流排

LM　　MM1　　MM2

图 1-2-22　电源模块及电动机模块组合

图 1-2-23　驱动模块上两种直流汇流排

7. SINAMICS S120 Combi 驱动器结构与接口

与书本型驱动器不同，Combi 驱动器又称为一体式驱动器，其电源模块与电动机模块集成一体，并包含一个 TTL 编码器接口和一个抱闸线接口，安装接线非常方便。Combi 驱动器分为 3 轴版和 4 轴版，其中第一个电动机模块为主轴专用模块，适用于市场上常见的车床配置需求和铣床配置需求。Combi 驱动器通过 Drive-CLIQ 网络接口 X200 与 PPU 控制系统接口 X100 连接，SINAMICS S120 Combi 驱动器外形如图 1-2-24 所示。

图 1-2-25 所示为 SINAMICS S120 Combi 驱动器各个接口含义。由 SINUMERIK 828D PPU X100 的 Driver-CLIQ 接口引出的驱动控制电缆 Drive CLIQ 连接到 Combi 驱动器的 X200 接口，建立起数控系统与驱动器的连接；

图 1-2-24　SINAMICS S120 Combi 驱动器外形

各个轴的反馈依次连接到 X201~X204，具体接口说明见表 1-2-8。

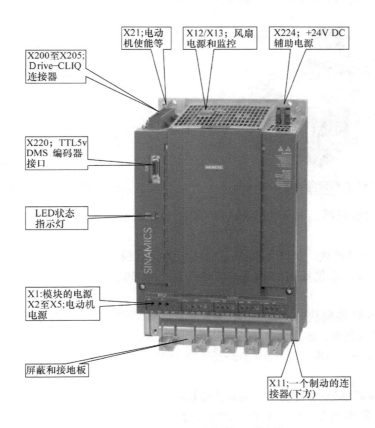

图 1-2-25　SINAMICS S120 Combi 驱动器接口

表 1-2-8　　SINAMICS S120 Combi 驱动器接口说明

驱动器 Drive CLIQ 接口	连　接　到
X200	PPU X100
X201	主轴电动机编码器反馈
X202	进给轴 1 编码器反馈
X203	进给轴 2 编码器反馈
X204	对于 4 轴版，进给轴 3 编码器反馈；对于 3 轴版，此接口不接
X205	主轴直接测量反馈为 sin/cos 编码器通过 SMC20 接入，此时 X220 接口不接
X220	主轴直接测量反馈为 TTL 编码器时，从 X220 接口接入，此时 X205 不接

注：Combi 驱动的 X205 和 X220 不能同时接入信号，只能选择其一接入。

8. 伺服电动机及编码器组件

（1）伺服电动机　SINUMERIK 828D 系统使用 1FK7 系列带 Drive-CLIQ 同步伺服电动机，电动机背后带有光电编码器，用于电动机位置和速度检测。1FK7 系列伺服电动机外形如图 1-2-26 所示。

（2）主轴电动机　SINUMERIK 828D 系统使用 1PH8 系列带 Drive-CLIQ 主轴伺服电动机，电动机背后带有光电编码器，用于速度检测；另外附带一个主轴电动机风扇，方便主轴电动机散热，图 1-2-27 所示为 1PH8 系列主轴伺服电动机外形。

图 1-2-26　1FK7 系列伺服电动机外形

图 1-2-27　1PH8 系列主轴伺服电动机外形

（3）主轴外置编码器　主轴外置编码器（TTL 或 1Vpp sin/cos）用于主轴位置检测，外形如图 1-2-28 所示。

（4）编码器接口模块　编码器信号必须利用编码器模块将非 Drive-CLIQ 编码器信号转换为 Drive-CLIQ 信号，常见编码器模块有 SMC20、SMC30、SMC40。

1）SMC20 编码器模块。SMC20 编码器模块有增量式 sin/cos 1Vpp 编码器类型、绝对值 EnDat 编码器类型、SSI 含增量信号 sin/cos 1Vpp 类型。SMC20 编码器外形如图 1-2-29 所示。

2）SMC30 编码器模块。SMC30 编码器模块有增量式含 TTL/HTL 信号编码器类型、SSI 含 TTL/HTL 增量信号编码器类型、SSI 不含增量信号编码器类型。SMC30 编码器外形如图 1-2-30 所示。

图 1-2-28　主轴外置编码器外形

图 1-2-29　SMC20 编码器外形

图 1-2-30　SMC30 编码器外形

实训任务 1-2　认识数控系统部件结构与接口

实训任务1-2-1　认识SINUMERIK 828D数控系统控制单元PPU接口

根据实训室实验设备的配置，画出 SINUMERIK 828D 数控系统控制单元 PPU 接口框图，并标注各接口的含义。

实训任务1-2-2　认识SINUMERIK 828D数控系统机床操作面板MCP接口

根据实训室实验设备的配置，画出 SINUMERIK 828D 数控系统机床操作面板 MCP 接口框图，并标注各接口的含义。

实训任务1-2-3　认识SINUMERIK 828D数控系统输入输出模块PP72/48接口

根据实训室实验设备的配置，画出 SINUMERIK 828D 数控系统输入输出模块 PP72/48 接口框图，并标注各接口的含义。

实训任务1-2-4　认识SINUMERIK 828D数控系统手轮接口

根据实训室实验设备的配置，画出 SINUMERIK 828D 数控系统手轮接口框图，并标注各接口的含义。

实训任务1-2-5　认识SINUMERIK 828D数控系统SINAMICS S120书本型驱动器接口

根据实训室实验设备的配置，画出 SINUMERIK 828D 数控系统 SINAMICS S120 书本型驱动器接口框图，并标注各接口的含义。

实训任务1-2-6　认识SINUMERIK 828D数控系统SINAMICS S120 Combi 驱动器接口

根据实训室实验设备的配置，画出 SINUMERIK 828D 数控系统 SINAMICS S120 Combi 驱动器接口框图，并标注各接口的含义。

实训任务1-2-7　认识SINUMERIK 828D数控系统伺服电动机、主轴电动机及编码器接口

根据实训室实验设备的配置，画出 SINUMERIK 828D 数控系统伺服电动机、主轴电动机及编码器接口框图，并标注各接口的含义。

项目 1-3　典型数控系统硬件连接

项目导读

在完成本项目学习之后，掌握数控系统与各个模块之间的连接方式，同时学习：

◆ SINUMERIK 828D 数控系统与 PLC I/O 模块的连接

◆ SINUMERIK 828D 数控系统与驱动器的连接

◆ 数控系统连接总成

一、SINUMERIK 828D 数控系统与 PLC I/O 模块连接

SINUMERIK 828D 数控系统通过 PN Profinet 接口与输入输出模块 PP72/48、机床操作面板 MCP 连接，传输外部输入输出信号，各模块之间通过串联的方式实现与数控系统的连接。

1. SINUMERIK 828D 数控系统与 PP72/48、MCP（USB 接口）连接

如图 1-3-1 所示，数控系统配置两块 PP72/48 输入输出模块，机床操作面板为 USB 接口。数控系统通过 PN1 接口与第一块 PP72/48 上 Port1 接口相连，由 Port2 接口连接至第 2 块 PP72/48 上 Port1 接口上，串行连接起来；机床操作面板上为 USB 接口，通过 USB 接口数据线与数控系统 PPU 背面 X135 连接。

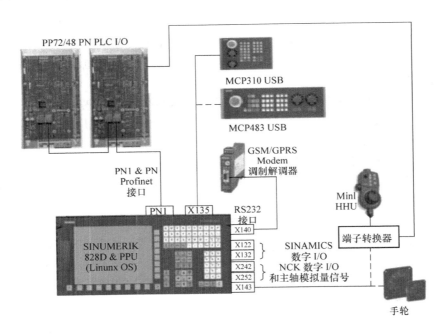

图 1-3-1　SINUMERIK 828D 数控系统与 PP72/48、MCP（USB 接口）连接

2. SINUMERIK 828D 数控系统与 PP72/48、MCP（PN 接口）连接

如图 1-3-2 所示，数控系统配置 PP72/48 输入输出模块，机床操作面板为 PN 接口。数控系统通过 PN1 接口与 PP72/48 上的 Port1 接口相连，由 Port2 接口连接至机床操作面板 PN 接口上。

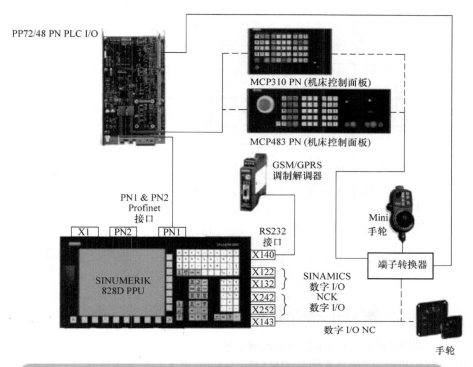

图 1-3-2　SINUMERIK 828D 数控系统与 PP72/48、MCP（PN 接口）连接

3. PP72/48 输入信号电源连接

PP72/48 输入信号可使用内部 +24V DC 电源，如图 1-3-3 所示；也可以使用外部 +24V DC 电源，如图 1-3-4 所示。

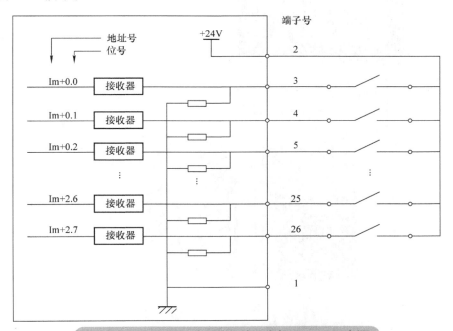

图 1-3-3　PP72/48 输入信号使用内部 +24V DC 电源

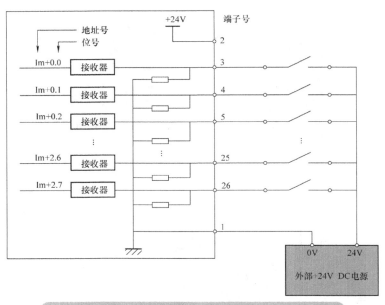

图 1-3-4　PP72/48 输入信号使用外部 +24V DC 电源

二、SINUMERIK 828D数控系统与驱动器连接

1. SINUMERIK 828D 数控系统与 SINAMICS S120 书本型驱动器连接

SINUMERIK 828D 数控系统通过 Drive-CLIQ X100 接口与 S120 书本型驱动器连接，如图 1-3-5 所示。

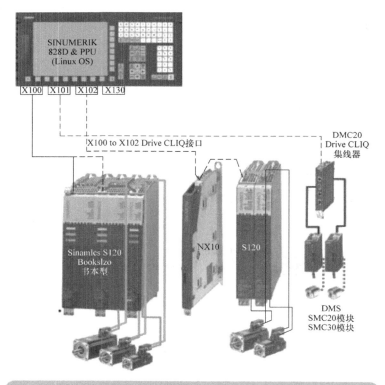

图 1-3-5　SINUMERIK 828D 数控系统与 S120 书本型驱动器连接

（1）电源模块带 Driver-CLIQ 接口驱动器连接　调节型电源模块 ALM 或功率不小于 16kW 的非调节型电源模块 SLM 带有 Driver-CLIQ 接口，SINUMERIK 828D PPU X100 的 Driver-CLIQ 接口通过驱动控制电缆连接到电源模块的 X200 Driver-CLIQ 接口上，由电源模块的 X201 接口通过驱动控制电缆连接到相邻电动机模块的 X200 接口上，再由此电动机模块的 X201 连接至下一相邻电动机模块的 X200 接口，按此规律连接所有电动机模块，如图 1-3-6 所示。

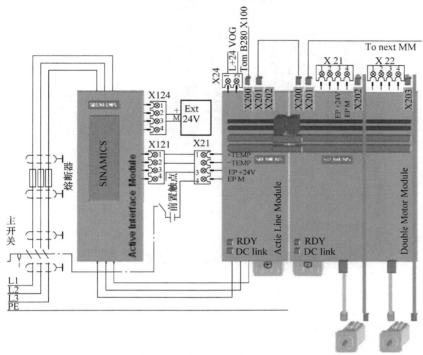

图 1-3-6　电源模块带 Driver-CLIQ 接口驱动器连接

所有调节型电源模块必须配备电源接口模块 AIM，AIM 型号需根据电源模块的功率选择。在数控系统与驱动器连接时，功率越大的电动机模块越靠近电源模块放置。

（2）电源模块不带 Driver-CLIQ 接口驱动器连接　功率小于 16kW 的非调节型电源模块 SLM 没有 Drive-CLIQ 接口，SINUMERIK 828D PPU X100 的 Driver-CLIQ 接口通过驱动控制电缆直接连接到第一个电动机模块的 X200 接口，由电动机模块的 X201 连接到下一个相邻的电动机模块的 X200，按此规律连接所有电动机模块，如图 1-3-7 所示。

所有非调节型电源模块必须配备电抗器，电抗器型号需根据电源模块的功率进行选择。在数控系统与驱动器连接时，功率越大的电动机模块越靠近电源模块放置。

2. SINUMERIK 828D 数控系统与 SINAMIECS S120 Combi 驱动器连接

SINAMIECS S120 Combi 驱动器具有 Drive-CLIQ 接口，由 SINUMERIK 828D X100 接口引出的驱动控制电缆连接到 Combi 驱动器的 X200 接口，各个轴的反馈依次连接到 X201~X205 上。如主轴电动机编码器反馈接至 X201 接口上，进给轴 1 编码器反馈接至 X202 上，进给轴 2 编码器反馈接至 X203 上，进给轴 3 编码器反馈接至 X204 上，主轴直接测量反馈 sin/cos 编码器通过 SMC20 接至 X205 上。SINUMERIK 828D 数控系统与 SINAMIECS S120 Combi 驱动器连接如图 1-3-8 所示。

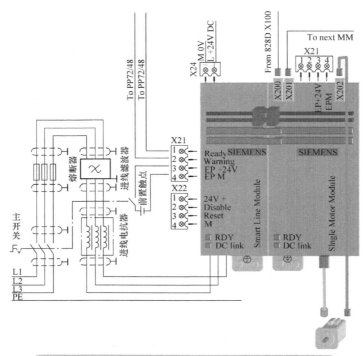

图 1-3-7　电源模块不带 Driver-CLIQ 接口驱动器连接

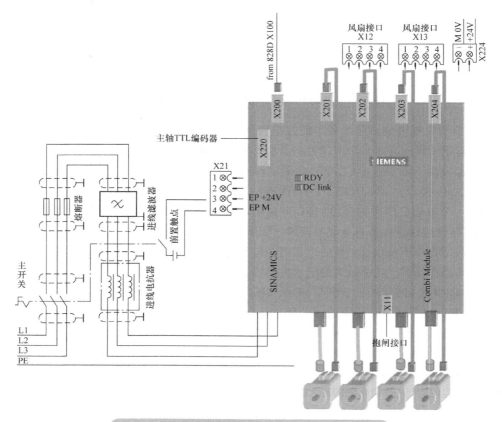

图 1-3-8　SINAMIECS S120 Combi 驱动器连接

三、数控系统连接总成

1. 配置 S120 书本型驱动的 SINUMERIK 828D 数控系统连接总成

配置 S120 书本型驱动 SINUMERIK 828D 数控系统连接总成如图 1-3-9 所示。包括以下连接。

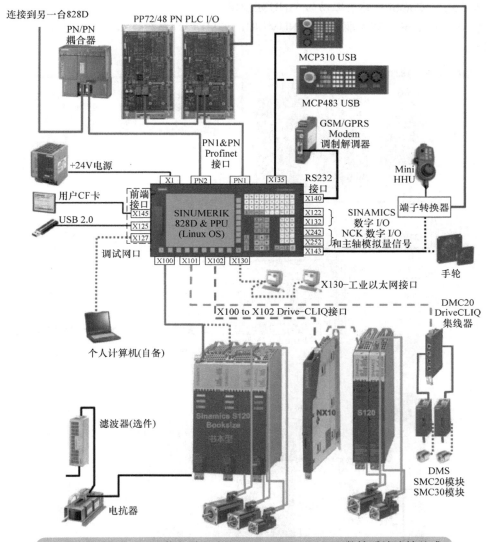

图 1-3-9　配置 S120 书本型驱动的 SINUMERIK 828D 数控系统连接总成

1）数控系统 PPU 与 S120 书本型驱动器通过 Drive-CLIQ 接口串行连接。

2）数控系统 PPU 与 PP72/48、机床操作面板通过 Profinet 接口串行连接。PPU26 和 PPU28 有两个 Profinet 接口，而 PPU24 只有一个 Profinet 接口。一个 Profinet 接口可以串联多个设备，且不分顺序。如可以从 PN1 连接 MCP 的 Port1，然后再从 MCP 的 Port2 连接 PP72/48D PN 模块。

3）数控系统 PPU 与轴控制扩展模块 NX10 通过 Drive-CLIQ 接口连接。

4）数控系统 PPU 与第二编码器连接模块 DMC20 通过 Drive-CLIQ 接口连接。

5）数控系统 PPU 通过 CF 卡、USB 接口、X127 接口与外围设备数据传送。

6）数控系统 PPU 通过 X122、X132 接口与 SINAMICS 数字 I/O 信号连接。

7）数控系统 PPU 通过 X242、X252 接口与 NCK 数字 I/O 信号连接。

8）数控系统 PPU 与 S120 书本型驱动器 24V 电源输入接口 X1、X24 连接。

9）S120 书本型驱动器配置调节型、非调节型电源模块与 380V 交流电输入接口 X1 连接。

2. 配置 S120 Combi 一体型驱动的 SINUMERIK 828D 数控系统连接总成

配置 S120 Combi 一体型驱动的 SINUMERIK 828D 数控系统连接总成如图 1-3-10 所示。包括以下连接：

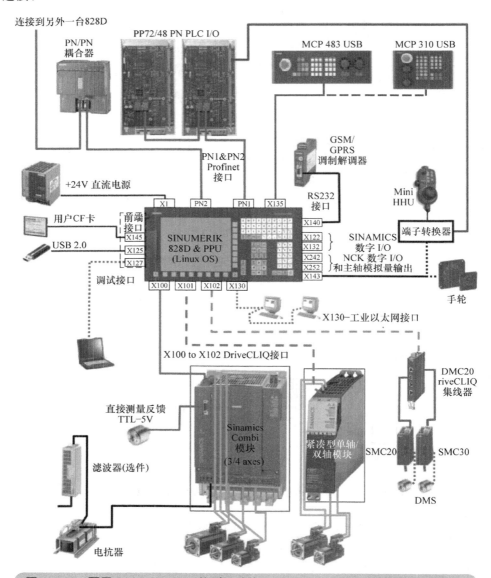

图 1-3-10　配置 S120 Combi 一体型驱动的 SINUMERIK 828D 数控系统连接总成

1）数控系统 PPU 与 S120 Combi 一体型驱动器通过 Drive-CLIQ 接口串行连接。

2）数控系统 PPU 与 PP72/48、机床操作面板通过 Profinet 接口串行连接。PPU26 和 PPU28 有两个 Profinet 接口，而 PPU24 只有一个 Profinet 接口。一个 Profinet 接口可以串联多个设备，且不分顺序。如可以从 PN1 连接 MCP 的 Port1，然后再从 MCP 的 Port2 连接 PP72/48D PN 模块。

3）数控系统 PPU 与紧凑型单轴、双轴模块通过 Drive-CLIQ 接口连接。

4）数控系统 PPU 与第二编码器连接模块 DMC20 通过 Drive-CLIQ 接口连接。

5）数控系统 PPU 通过 CF 卡、USB 接口、X127 接口与外围设备数据传送。

6）数控系统 PPU 通过 X122、X132 接口与 SINAMICS 数字 I/O 信号连接。

7）数控系统 PPU 通过 X242、X252 接口与 NCK 数字 I/O 信号、主轴模拟量输出连接。

8）数控系统 PPU、Combi 一体型驱动器与 24V 电源输入接口 X1、X224 连接。

9）S120 Combi 一体型驱动器与 380V 交流电输入接口 X1 连接。

实训任务 1-3　典型数控系统硬件连接实训

实训任务1-3-1　SINUMERIK 828D数控系统连接总成（配置S120书本型驱动）

根据实训室实验设备的配置，画出 S120 书本型驱动与 SINUMERIK 828D 系统实际连接总图，并标注各接口的符号。

实训任务1-3-2　SINUMERIK 828D数控系统连接总成（配置S120 Combi一体型驱动）

根据实训室实验设备的配置，画出 S120 Combi 一体型驱动与 SINUMERIK 828D 系统实际连接总图，并标注各接口的符号。

项目 1-4　数控系统电气控制

项目导读

在完成本项目学习之后，掌握数控系统电气控制要求，同时学习：

◆数控系统各模块所需电源电压类型

◆驱动动力电源配电

◆工作电源配电

◆数控系统部件电气连接

一、SINUMERIK 828D数控系统配电要求

1. 驱动模块电源要求

（1）驱动模块动力电源供电要求　SINUMERIK 828D 数控系统通过给主轴电动机、伺服电动机提供频率可调、电压幅值可调的三相电压，控制电动机的旋转方向和旋转速度，以达到加工要求。从驱动控制原理来讲，采用的是交—直—交的方式。电源模块输入三相 380V AC 电源，通过电源模块整流为 600V DC 电源输送至直流母线上，直流母线电压是电源模块的输出电压，也是电动机模块的输入电压；电动机模块将直流母线输入电压转换为根据加工指令进行控制的交流电压，给电动机供电。数控系统驱动模块控制原理如图 1-4-1 所示。

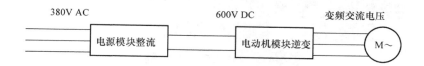

图 1-4-1　数控系统驱动模块控制原理

　　图 1-4-2 所示的驱动模块为一个电源模块 LM 带两个电动机模块 MM，380V AC 电源从电源模块底端输入，整流后的 600V DC 电源直流母线位于电源模块、电动机模块上端汇流排，电动机模块通过下端接口给电动机供电。

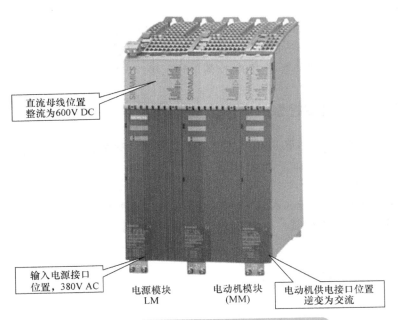

直流母线位置整流为600V DC

输入电源接口位置，380V AC

电源模块 LM　　电动机模块（MM）　　电动机供电接口位置逆变为交流

图 1-4-2　一个 LM 带两个 MM 电源输入输出

　　（2）驱动工作电源供电要求　驱动模块的电源模块、电动机模块工作还需要 24V DC 工作电源，由电源模块接口 X24 输入，通过直流母线传递给电动机模块，如图 1-4-3 所示。图中有两组直流母线，分别是 24V DC 直流母线和 600V DC 直流母线。

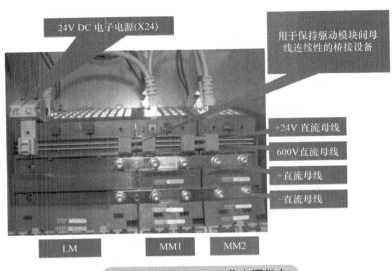

24V DC 电子电源(X24)

用于保持驱动模块间母线连续性的桥接设备

+24V 直流母线

600V 直流母线

+直流母线

-直流母线

LM　　MM1　　MM2

图 1-4-3　24V DC 工作电源供电

2. 其他模块工作电源供电要求

（1）PPU 工作电源　SINUMERIK 828D 数控系统 PPU 需要 24V DC（−15%~20%）工作电源。

为提高系统工作可靠性，用 24V 直流电源 GS 为 PPU 供电。建议选用西门子公司的 24V 直流稳压电源。PPU 24V 直流电源接口位于 PPU 背面，接口编号为 X1，如图 1-4-4 所示。

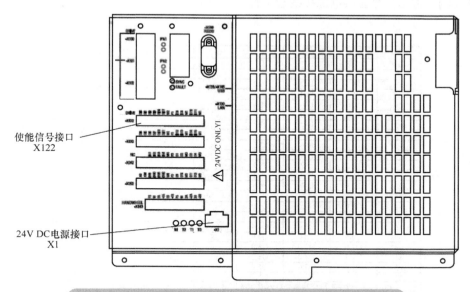

图 1-4-4　PPU 24V DC 电源接口 X1 和使能信号接口 X122

（2）PPU 使能信号　PPU 使能信号通过接口 X122.1、X122.2 输入，分别对应控制使能（OFF1）、脉冲使能输入（OFF3），X122 接线端子位于 PPU 背面，如图 1-4-4 所示。

（3）PP72/48 PN 工作电源　PP72/48 PN 工作电源为 24V DC，通过接口 X1 输入，如图 1-4-5 所示。

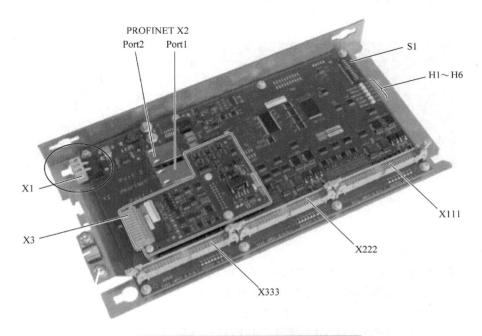

图 1-4-5　PP72/48 PN 工作电源接口 X1

（4）PP72/48 PN 输入输出信号电源　PLC 控制的输入输出信号通过插座 X111、X222、X333 连接，输入输出信号需要 24V 工作电源，如输入信号共 +24V 输入，输出信号共 0V 输出。PP72/48 PN 输入输出信号公共电源接线端子管脚如图 1-4-6 所示。

端子	X111	X222	X333	端子	X111	X222	X333
1	数字输入公共端		0V DC	2	24V DC 输出*		
3	I0.0	I3.0	I6.0	4	I0.1	I3.1	I6.1
5	I0.2	I3.2	I6.2	6	I0.3	I3.3	I6.3
7	I0.4	I3.4	I6.4	8	I0.5	I3.5	I6.5
9	I0.6	I3.6	I6.6	10	I0.7	I3.7	I6.7
11	I1.0	I4.0	I7.0	12	I1.1	I4.1	I7.1
13	I1.2	I4.2	I7.2	14	I1.3	I4.3	I7.3
15	I1.4	I4.4	I7.4	16	I1.5	I4.5	I7.5
17	I1.6	I4.6	I7.6	18	I1.7	I4.7	I7.7
19	I2.0	I5.0	I8.0	20	I2.1	I5.1	I8.1
21	I2.2	I5.2	I8.2	22	I2.3	I5.3	I8.3
23	I2.4	I5.4	I8.4	24	I2.5	I5.5	I8.5
25	I2.6	I5.6	I8.6	26	I2.7	I5.7	I8.7
27, 29	无定义			28, 30	无定义		
31	Q0.0	Q2.0	Q4.0	32	Q0.1	Q2.1	Q4.1
33	Q0.2	Q2.2	Q4.2	34	Q0.3	Q2.3	Q4.3
35	Q0.4	Q2.4	Q4.4	36	Q0.5	Q2.5	Q4.5
37	Q0.6	Q2.6	Q4.6	38	Q0.7	Q2.7	Q4.7
39	Q1.0	Q3.0	Q5.0	40	Q1.1	Q3.1	Q5.1
41	Q1.2	Q3.2	Q5.2	42	Q1.3	Q3.3	Q5.3
43	Q1.4	Q3.4	Q5.4	44	Q1.5	Q3.5	Q5.5
45	Q1.6	Q3.6	Q5.6	46	Q1.7	Q3.7	Q5.7
47, 49	数字输出公共端		24VDC	48, 50	数字输出公共端		24VDC

图 1-4-6　PP72/48 PN 输入输出信号 24V DC 接线端子管脚

（5）机床操作面板 MCP 工作电源　机床操作面板 MCP 需要 24V DC 工作电源，电源接口编号为 X10，位于机床操作面板背面，如图 1-4-7 所示。

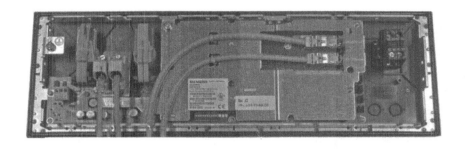

图 1-4-7　MCP 电源接口 X10

3. 数控系统电气控制示例

【示例 1-4-1】　图 1-4-8 所示为 828D 数控系统配电示意图，驱动为一个电源模块带两个电动机模块，采用非调节型电源模块。三相交流电通过主开关、熔断器、滤波器、电抗器输入至电源模块接口 X1；电源模块上 X21.3/X21.4 为 EP 使能信号，图中关联急停开关；X122.1/X122.2 为控制使能（OFF1）、脉冲使能（OFF3）信号，由 PLC 控制输出。

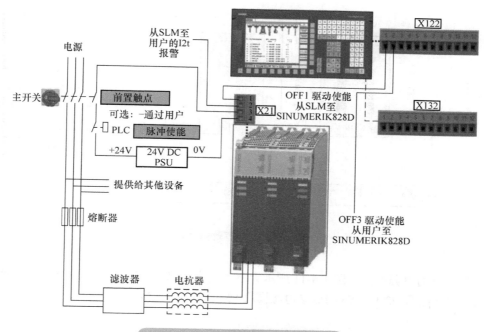

图1-4-8　828D数控系统配电示例

二、数控系统配电

1. 驱动动力电源配电

（1）主电路　数控机床用动力电源，要进行多重保护，如过载保护、短路保护、漏电保护等。图1-4-9所示为某数控机床主电路，输出380V AC电压电源，同时进行接地保护。其中接地标准及办法需遵守GB 5226.1—2008《机械电气安全　机械电气设备　第1部分:通用技术条件》；中性线不能作为保护地使用；PE接地只能集中在一点接地，接地线截面积不得小于6mm²，接地线严格禁止出现环绕。接地示意图如图1-4-10所示。

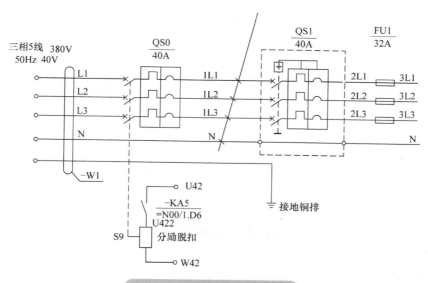

图1-4-9　某数控机床主电路

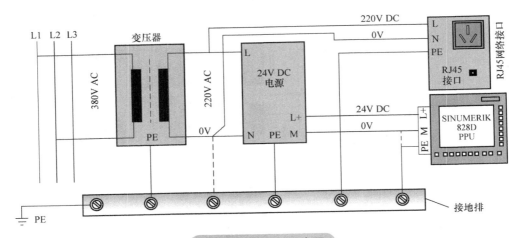

图 1-4-10　接地示意图

（2）驱动动力电源电路　图 1-4-11 所示为驱动动力电路，380V AC 电源经过驱动断路器和电抗器后，三相电源 U3/V3/W3 与驱动电源模块 LM 接口 X1 连接。

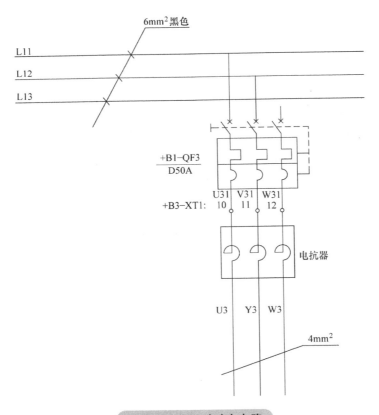

图 1-4-11　驱动动力电路

2. 工作电源配电

数控系统 PPU 24V 电源接口 X1、驱动电源模块 24V 电源接口 X24（书本型）或 X224（Combi

型）、PP72/48 24V 电源接口 X1、PP72/48 输入输出信号、系统启动回路等都需要 24V DC 工作电源。采用输入电压 220V AC，输出电压 24V DC 为开关电源供电。为提高系统可靠性，也可使用两个独立的 24V 直流电源，一个电源用于 SINUMERIK 828D 的 PPU、PP72/48D PN 和输入信号的公共端，另一个电源为驱动部件和 PP72/48D PN 的输出信号供电（接 X111、X222、X333 端子 47/48/49/50）。两个 24V DC 电源的 0V 应连通。

图 1-4-12 所示为某数控机床采用一个开关电源为数控系统各部件提供工作电源的电路。其中一组 24V 电源经中间继电器 KA9 常开触点后连接至 PPU X1 接口，当系统启动 KA9 触点闭合后，给 PPU 提供 24V DC 电源。

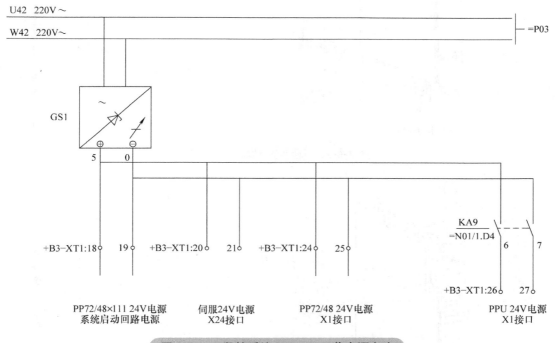

图 1-4-12 数控系统 24V DC 工作电源电路

三、数控系统部件电气连接

1. 驱动模块电气连接

（1）电源模块电气连接 根据数控系统不同配置，驱动系统电源模块分为非调节型电源模块 SLM、调节型电源模块 ALM、一体化驱动模块 Combi。图 1-4-13 所示为驱动电源模块电源接口，包括以下几个接口。

1）接线端子 X1。三相电源 380V AC U1/V1/W1 电源接口。

2）接线端子 X24。24V DC 工作电源接口。

3）接线端子 X21。X21.3/X21.4，EP 使能接口。

（2）书本型电机模块电气连接 图 1-4-14 所示为书本型电动机模块，分为单轴模块、双轴模块。24V DC 工作电源从直流短接器输入，600V DC 电源从直流母线输入，X21 接线端子连接使能信号，通过电动机接线端子 X1（单轴模块）或 X1/X2（双轴模块）给电动机供电。

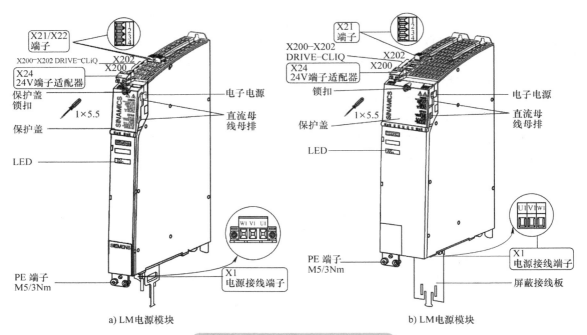

图 1-4-13　驱动电源模块电源接口

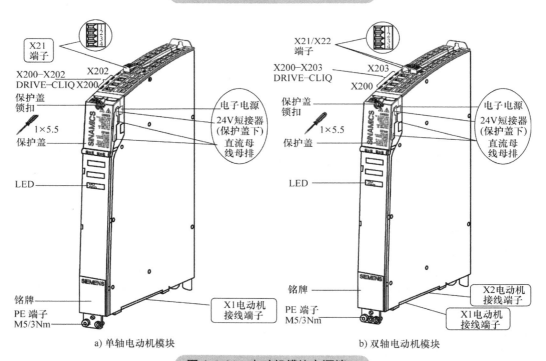

图 1-4-14　电动机模块电源接口

（3）Combi 型一体化驱动模块电气连接　图 1-4-15 所示为 Combi 型一体化驱动模块，X224 为 24V DC 工作电源输入，X21/X22 为 EP 使能信号接线端子，X1 为三相电源 380V AC U1/V1/W1 输入电源接线端子，X2~X4 为电动机接线端子。

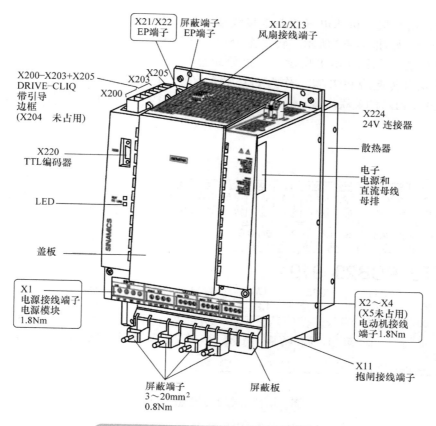

图 1-4-15　Combi 型电动机模块电源接口

2. PP72/48 PN 输入输出信号电气连接

（1）PP72/48 PN 输入信号电气连接　图 1-4-16 所示为某数控铣床输入信号接线，下面以松刀按钮（I1.0）、刀具松开（I1.1）、刀具夹紧（I1.2）输入信号为例，说明输入信号电气连接。

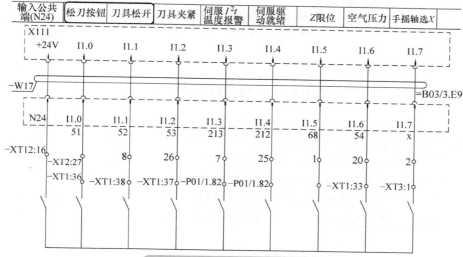

图 1-4-16　输入信号电气连接

外部输入信号接至机床电气控制柜接线端子 XT1:36/XT1:37/XT1:38，如图 1-4-17 所示。转接至分线盘 XT2:51/XT2:52/XT2:53 处，如图 1-4-18 所示。通过分线盘 XT2 上 X111 接口将信号传递给 PP72/48，作为 PLC 输入信号，建立起与数控系统 PLC 的关联。输入信号传递流程如图 1-4-19 所示。

34	35	36	37	38	39	40
17	51	53	52	49	50	
液位	急停	松刀	刀夹	刀松	排屑	冷却

图 1-4-17　XT1 接线端子排

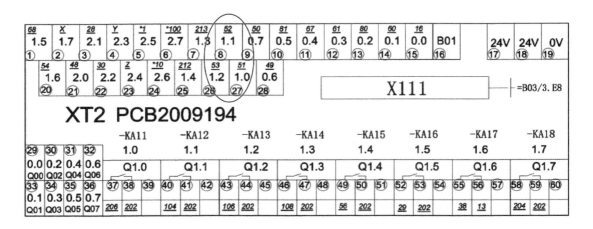

图 1-4-18　XT2 分线盘输入信号

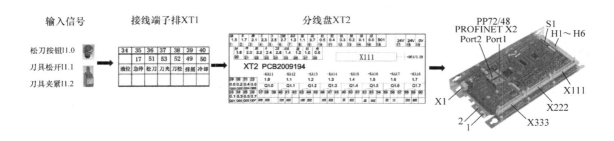

图 1-4-19　输入信号传递流程

（2）PP72/48 PN 输出信号电气连接　图 1-4-20 所示为某数控机床输出信号接线，下面以输出信号刀库前位（Q1.4）、刀库后位（Q1.5）为例，说明输出信号电气连接。

来自 PLC 的输出信号连接至 PP72/48 PN X111 地址对应的接线端子上，转接至分线盘 XT2 处，如图 1-4-21 所示；经过中间继电器 KA15、KA16 常开触点连接至数控机床电气控制柜接线端子排 XT1，然后连接至刀库气缸前位、后位电磁换向阀线圈，实现 PLC 根据程序控制刀库前后位置动作。

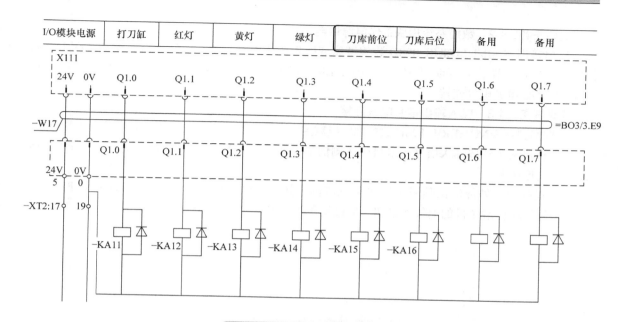

图 1-4-20　输出信号电气连接

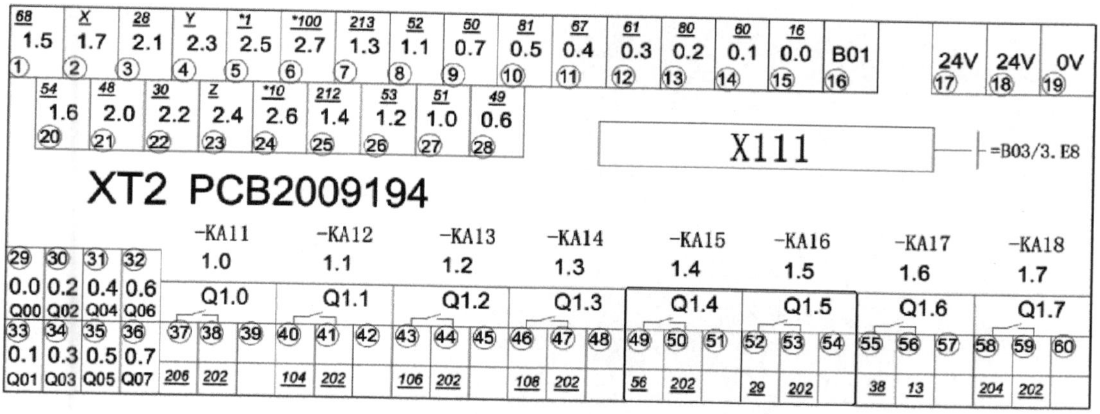

图 1-4-21　XT2 分线盘输出信号

实训任务 1-4　数控系统电气控制实训

实训任务1-4-1　驱动模块动力电源供电

根据实训室 SINUMERIK 828D 数控铣床或数控车床电气控制柜实际接线，完成以下学习任务。

1）按照电气制图规范，绘制驱动模块动力电源供电电气原理图，图中标明元器件型号规格、导线规格、导线颜色等。

2）绘制驱动模块动力电源供电电气接线图。

实训任务1-4-2　数控系统模块工作电源供电

根据实训室 SINUMERIK 828D 数控铣床或数控车床电气控制柜实际接线，绘制 24V DC 工作电源电气原理图，并标明对 PPU、MCP、LM、PP72/48 PN、PP72/48 输入输出信号、启停回路等 24V DC 电源电气连接。

实训任务1-4-3　输入输出信号电气连接

根据实训室 SINUMERIK 828D 数控铣床或数控车床电气控制柜实际接线，完成以下学习任务。

1）查找两个外部输入信号（来自机床侧信号，如限位开关信号），绘制从信号源至 PP72/48 PN 的电气连接图。

2）查找两个外部输出信号（输送至机床侧，如冷却电动机启动），绘制从信号源 PP72/48 PN 至电气控制柜端子排的电气连接图（通过端子排直接接冷却电动机）。

模块2
CHAPTER 2
数控系统调试基础

项目 2-1　数控系统调试软件安装

项目导读

在完成本项目学习之后，了解 SINUMERIK 828D 数控系统调试软件类型和功能，同时学习：

◆软件安装步骤

◆软件安装问题处理

◆ 4 款常用调试软件基础应用

一、SINUMERIK 828D数控系统调试软件功能简介

为完成 SINUMERIK 828D 数控系统和机床的调试，系统生产商提供了丰富的调试软件。在调试 SINUMERIK 828D 的过程中使用到的主要软件有以下几个。

1）Config Data 828D（选用）：提供部分 SINUMERIK 828D PLC 子程序，优化检测程序等样例文件。

2）PLC Programming Tool（必用）：PLC 编程工具，主要用于创建、编写、调试 PLC 程序。

3）Access MyMachine（选用）：用于个人计算机（PC）与 SINUMERIK 828D 系统之间的各种文件传输。

4）SINUMERIK Commissioning（选用）：驱动器调试、信号跟踪、伺服优化的工具。

5）Start-up tool（选用）：驱动器调试、信号跟踪、伺服优化的工具。

二、软件安装

1. 软件安装步骤

以上软件均需要系统生产商提供相应的软件安装包，这里以系统生产商提供的"TOOLBOX_DVD_828D_V04.07.04.00"安装包为例，讲解软件的安装过程。安装包所在计算机硬盘中的路径必须为全英文，建议将安装包放在根目录下。具体安装步骤如下。

1）在计算机中找到"TOOLBOX_DVD_828D_V04.07.04.00"文件夹，双击进入文件夹，如图 2-1-1 所示。

2）双击"Setup"图标，激活软件安装程序。

3）按照安装提示进行程序安装，单击"Next"按钮进入下一步，如图 2-1-2~ 图 2-1-4 所示。

图2-1-1　"TOOLBOX_DVD_828D_V04.07.04.00"安装包

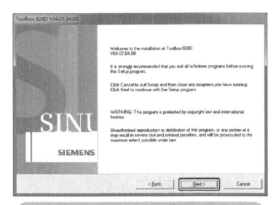

图2-1-2　单击"Next"按钮进入下一步1

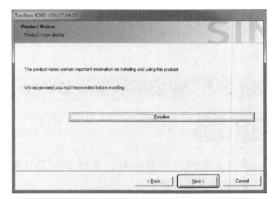

图2-1-3　单击"Next"按钮进入下一步2

4）根据安装提示，选择需要安装的语言，然后单击"Next"按钮，如图2-1-5所示。

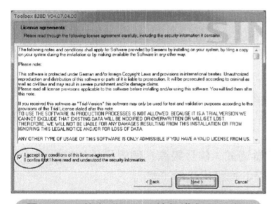

图2-1-4　单击"Next"按钮进入下一步3

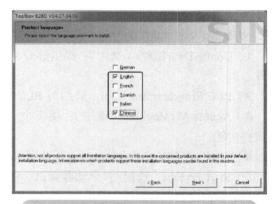

图2-1-5　选择语言后单击"Next"按钮

5）"TOOLBOX_DVD_828D_V04.07.04.00"安装包内包含了"Config Data 828D""PLC Programming Tool""Access MyMachine""SINUMERIK Commissioning""Start-up tool for drives"五款软件，勾选需要安装的软件后单击"Next"按钮进入下一步进行软件的安装，如图2-1-6所示。未包含在内的调试软件可单独安装。

6）进行"Start-up tool for drive"软件的安装时，对于SINUMERIK 828D数控系统必须选中"SolutionLine"单选按钮，如图2-1-7所示。

2. 软件安装问题处理

（1）问题现象　双击"Setup"图标后，软件安装程序弹出计算机重启请求，如图2-1-8所示。但计算机重启后，再双击"Setup"图标依然弹出计算机重启请求。

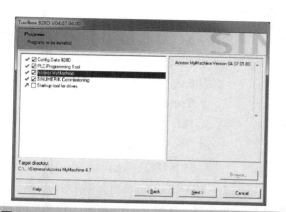

图 2-1-6 勾选需要安装的软件后单击"Next"按钮

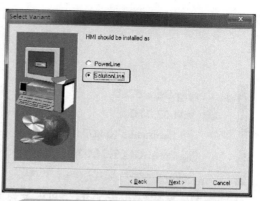

图 2-1-7 "Start-up tool for drive"软件
安装时需选中"SolutionLine"单选按钮

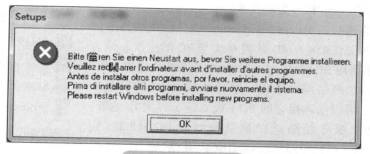

图 2-1-8 问题现象

（2）解决措施 解决措施如下。

1）在"开始"菜单搜索框中输入"REGEDIT"，启动注册表，如图 2-1-9 所示。

2）在注册表中删除"PendingFileRenameOperations"文件后继续安装。"PendingFileRename-Operations"文件路径如图 2-1-10 所示。

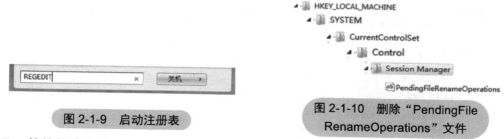

图 2-1-9 启动注册表

图 2-1-10 删除"PendingFile
RenameOperations"文件

三、软件基础应用

1. Config Data 828D 软件基础应用

"Config Data 828D"软件主要提供了一些标准的程序样例，如"自定义屏幕""拓展""标准PLC 程序""刀具管理"等样例。调试人员可借助样例进行二次开发，从而大大节省劳动强度。使用"Config Data 828D"软件具体操作如下。

1）在"开始"菜单中找到"Config Data 828D"文件夹并将其展开，如图 2-1-11 所示。

2）单击进入"Examples"文件夹，如图2-1-12所示。

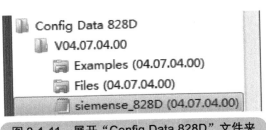

图2-1-11　展开"Config Data 828D"文件夹

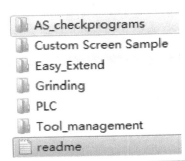

图2-1-12　"Examples"文件夹中的内容

3）根据调试需要，选择相应的文件，如选择PLC标准样例，如图2-1-13所示。标准样例程序通过"PLC Programming Tool"软件可打开使用。

2. Access MyMachine 软件基础应用

（1）建立网络连接　Access MyMachine 软件启用前需要使用以太网完成 SINUMERIK 828D 数控系统与 PC 的连接。最为常用的连接方式是使用 SINUMERIK 828D 数控系统前端的 X127 端口（网口）与 PC 网络端口连接。数控系统 X127 网口是一台 DHCP 服务器，可以给连接它的 PC（设备等）分配 IP 地址。X127 以太网 DHCP 服务器端口 IP 默认地址为 192.168.215.1，子网掩码为 255、255、255、224。DHCP 服务器自动将

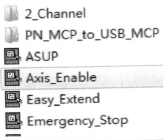

图2-1-13　标准样例程序节选

192.168.215.2~192.168.215.31 范围内的 IP 地址分配给与 X127 端口相连的 PC，PC 侧 IP 地址只需设置为自动获取即可。具体操作如下。

1）PC 端网口与 PPU 单元 X127 网口相连。

2）PC 端 IP 地址设定为自动获取，如图2-1-14所示。

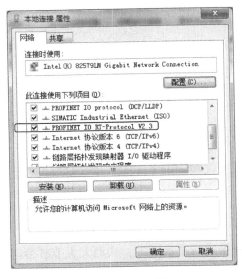

a）本地连接地址

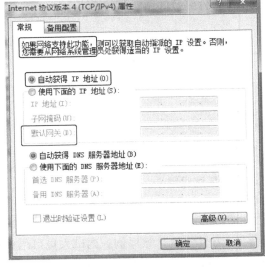

b）设置为自动获得

图2-1-14　PC 端 IP 地址设定为自动获取

3）双击桌面上的![图标]，打开 Access MyMachine 软件。

4）设置密码。首次打开软件需要设定密码，数字或字母均可，位数无限制，推荐使用"SUNRISE"作为密码。设置完成后单击"正常"按钮进入 Access MyMachine 软件主界面，"设置密码"对话框如图 2-1-15 所示，软件主界面如图 2-1-16 所示。

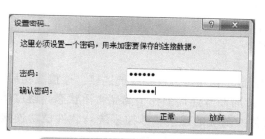

图 2-1-15 "设置密码"对话框

图 2-1-16 Access MyMachine 软件主界面

5）单击主界面左上的 ↔ 图标，打开数控系统与计算机的连接设置界面。

6）选择直接连接方式。Access MyMachine 软件提供网络连接和直接连接两种连接方式。网络连接用于使用数控系统 X130 网络端口与计算机连接时，软件默认为直接连接方式。选择直接连接方式后，右侧"编辑"按钮被激活，如图 2-1-17 所示。

图 2-1-17 选择"直接连接"方式

7）单击"编辑"按钮，进行通信参数的设定和保存，包括以下内容。

①"连接名称"的设置。SINUMERIK 840Dsl/828D 为软件默认设置，可不做修改。

②"IP/ 主机名称"的设置。192.168.215.1 为软件默认设置，可不做修改。

③"端口"的设置。22 为软件默认设置，可不做修改。

④"用户名"与"使用密码"的设置。通过展开下拉列表框，可选择"user""service""manufact"三个级别的用户，每个级别各自对应一个登录密码。访问级别的高低决定了 Access MyMachine 软件可访问的数据，对应级别及登录密码见表 2-1-1；系统侧也要设定为对应等级。

表 2-1-1　软件登录级别及密码

用户名	等级	密码
manufact	1 级（制造商级）	SUNRISE
service	2 级（服务级）	EVENING
user	3 级（用户级）	CUSTOMER

⑤远程控制"IP/ 主机名称"的设置。192.168.215.1 为软件默认设置，可不做修改。

⑥远程控制"端口"的设置。5900 为软件默认设置，可不做修改。

⑦远程控制"密码"的设置。不用设定密码。

⑧完成参数设置后单击界面下方的"保存"按钮。

用户名与使用密码设置界面如图 2-1-18 所示。

⑨单击"　连接　"按钮，进行 PC 侧 Access MyMachine 软件与数控系统的连接。连接成功后，软件主界面下方窗口显示系统数据文件夹详细信息，此时断开连接图标呈高亮激活状态，通过单击该图标完成切断 PC 侧 Access MyMachine 软件与数控系统的连接。数控系统与软件成功连接界面如图 2-1-19 所示。

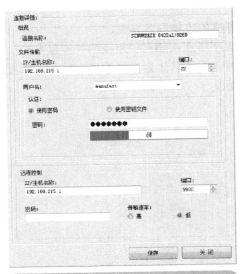

图 2-1-18　用户名与使用密码设置界面　　图 2-1-19　数控系统与软件成功连接界面

（2）系统数据的查找和复制　主要包括以下内容。

1）系统数据查找。对于系统数据的查找可通过直接存储数据的文件夹或通过展开界面右下方的"书签"下拉列表框，选择需要查找的文件，软件自动进行搜索和定位，如图 2-1-20 所示。

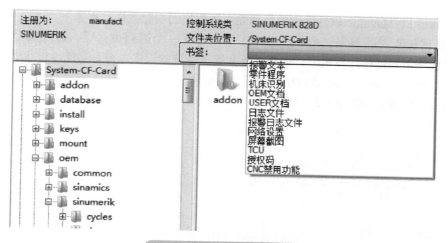

图 2-1-20　系统数据查找

2）系统数据复制。以复制系统内存储的屏幕截图为例，将系统数据复制到 PC 侧。展开的"书签"下拉列表框中选择"屏幕截图"，软件自动定位到存储屏幕截图的文件夹中。选中需要复制的截图文件，按住鼠标左键拖拽选中的图片文件到 PC 侧文件中，如图 2-1-21~ 图 2-1-23 所示。

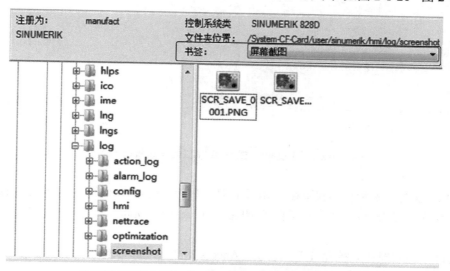

图 2-1-21　"书签"下拉列表框中选择"屏幕截图"

图 2-1-22　选择要复制的文件

（3）Access MyMachine 软件远程控制功能　远程控制功能操作过程如下。

1）设置远程查看器权限。Access MyMachine 带有一个远程查看器，通过查看器可将 PPU 屏幕显示界面映射到远程计算机上，远程查看和修改系统的设置。查看器能否进行远程访问及更改设置，需要通过 HMI 或 PLC 接口信号设置访问权限，通过图 2-1-24 所示路径进入访问权限设置界面，远程诊断界面如图 2-1-25 所示。

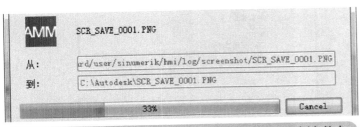

图 2-1-23　按住鼠标左键拖拽选中的图片文件到 PC 侧文件中

图 2-1-24　进入系统远程诊断界面

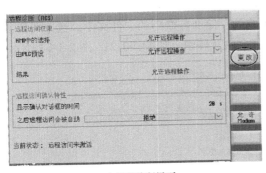

a）远程诊断界面

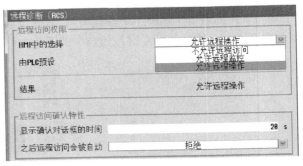

b）通过"更改"修改权限

图 2-1-25　通过 HMI 或 PLC 接口信号设置访问权限

HMI 中的选择：远程访问权限在 HMI 中选择，展开下拉列表框进行权限设置，具体如下。

① 不允许远程访问：系统不允许 PC 侧通过 Access MyMachine 软件中的查看器进行远程访问。

② 允许远程监控：系统允许 PC 侧通过 Access MyMachine 软件中的查看器进行远程访问，但只能监视查看而不能修改。

③ 允许远程操作：系统允许 PC 侧通过 Access MyMachine 软件中的查看器进行远程访问，可进行远程监视和修改设置。

由 PLC 预设：远程访问权限由 PLC 指定，不通过 HMI 设置。用户通过 PLC 接口信号来限制或阻止访问，PLC 接口信号等级优先于 HMI 中的选择设置。

显示确认对话框的时间：使用查看器进行连接时，系统侧自动弹出一个询问是否允许 PC 进行远程访问的对话框，设定对话框的显示时间。

之后自动进行远程访问，展开下拉列表框可设置为：

① 允许：即使未对弹出的对话框进行确认操作，系统自动允许远程访问请求。

② 拒绝：如果不对弹出的对话框进行确认操作，系统自动拒绝远程访问请求。

2）完成权限设置后，单击"确认"按钮，进行保存。

3）单击 Access MyMachine 软件中的  图标，激活远程查看功能（向数控系统发送远程访问请求），"远程控制"图标在软件中的位置如图 2-1-26 所示。

4）系统侧确认请求。在 Access MyMachine 软件中激活远程查看功能后，系统侧自动弹出询问是否允许 PC 进行远程访问的对话框。如果允许访问，必须在指定的时间内

图 2-1-26 "远程控制"图标

单击"YES"按钮完成请求确认。如果"是否允许此请求"远程访问自动设置中选择了"允许"选项，待对话框消失后，自动默认为允许访问请求，不用单击"是"按钮。系统侧远程访问提示框如图 2-1-27 所示。

5）连接成功。连接成功后自动将 PPU 屏幕显示界面映射到 PC 上，如图 2-1-28 所示。

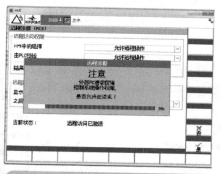

图 2-1-27 系统侧远程访问提示框

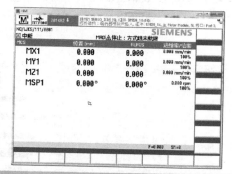

图 2-1-28 PPU 屏幕显示界面映射到 PC 上

3. SINUMERIK Commissioning 调试软件基础应用

"TOOLBOX_DVD_828D_V04.07.04.00" 安装包内新增了驱动调试软件 SINUMERIK Commissioning，用于替代原有的 StartUp-Tool 软件，StartUp-Tool 软件将不再支持 SINUMERIK 828D V4.7 版本的驱动调试。SINUMERIK Commissioning 包含调试和诊断两个主界面，可以看作安装在笔记本电脑上的简化版人机界面软件 Sinumerik Operator。基本使用操作如下。

1）建立通信。PC 侧网络端口与 PPU 单元 X127 网口相连。

2）IP 地址设定。PC 侧 IP 地址设定为"自动获得 IP 地址"，如图 2-1-29 所示。

a) IP地址属性

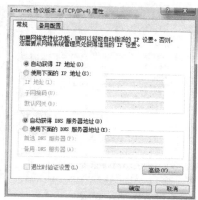

b) 设定为自动获得

图 2-1-29 IP 地址设定为自动获得

3）打开软件。在"开始"菜单中双击打开 SINUMERIK Commissioning 调试软件，如图 2-1-30 所示。

4）启动软件。SINUMERIK Commissioning 调试软件进入自启动状态，如图 2-1-31 所示。

5）进入工作界面。软件自启动结束后进入主界面及诊断、调试界面，如图 2-1-32～图 2-1-34 所示。通过单击图 2-1-33 和图 2-1-34 中左上角标识的诊断、调试图标均可返回到主界面。

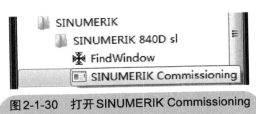

图 2-1-30　打开 SINUMERIK Commissioning 调试软件

图 2-1-31　SINUMERIK Commissioning 进入自启动状态

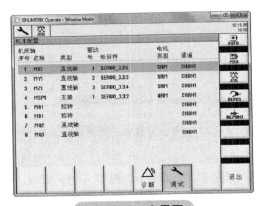

图 2-1-32　主界面

图 2-1-33　诊断版本信息界面

在软件显示的驱动界面上可以实现驱动调试（拓扑、轴分配等）、伺服优化等，如图 2-1-35 和图 2-1-36 所示。

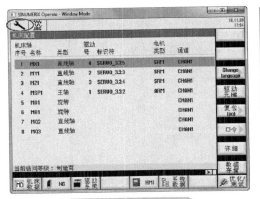

图 2-1-34　调试界面

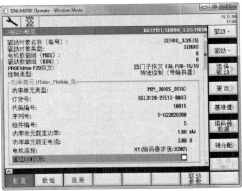

图 2-1-35　轴分配

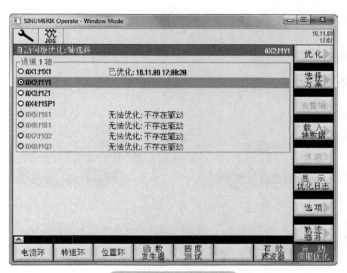

图 2-1-36　伺服优化

4. StartUp-Tool 调试软件基础应用

1）建立连接：PC 侧网口与 PPU 单元 X127 网口相连。

2）建立通信：PC 侧 IP 地址设定为"自动获得 IP 地址"，如图 2-1-37 所示。

a) IP地址属性

b) 设定为自动获得

图 2-1-37　IP 地址设定为自动获得

3）在"开始"菜单中双击打开"NC Connect Wizard"通信设置软件，完成 PC 与数控系统的通信设置。StartUp-Tool 调试软件既可用于 SINUMERIK 840D sl 数控系统的调试，也可用于 SINUMERIK 828D 数控系统的调试。软件安装完成后，自动建立的文件夹是"SINUMERIK 840D"，通信建立过程如图 2-1-38~图 2-1-41 所示。

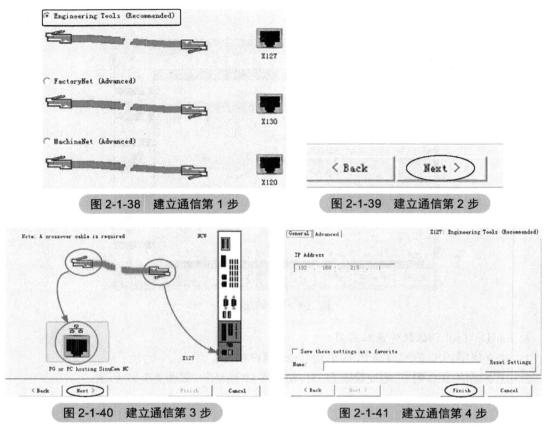

图 2-1-38　建立通信第 1 步　　　　图 2-1-39　建立通信第 2 步

图 2-1-40　建立通信第 3 步　　　　图 2-1-41　建立通信第 4 步

4）在 SINUMERIK 840D 文件夹中，双击 StartUp-Tool 图标，激活 StartUP-TooL 软件。数控系统自动弹出警告对话框，单击"确定"按钮进入正常启动界面，警告对话框如图 2-1-42 所示。

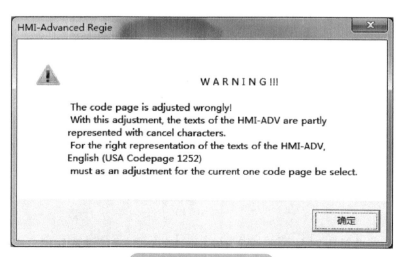

图 2-1-42　警告对话框

5）连接成功后进入主界面，如图 2-1-43 所示。

可以实现驱动调试（拓扑、轴分配等）、伺服优化、信号采集（Trace）等。图 2-1-44 所示为机床通用数据设置界面。

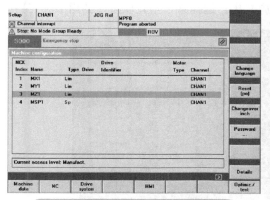

图2-1-43　软件中显示系统主界面

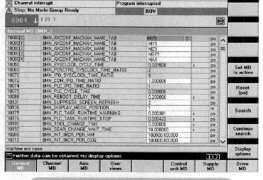

图2-1-44　机床通用数据设置界面

实训任务 2-1　数控系统调试软件安装实训

实训任务2-1-1　软件安装

根据系统开发商提供的"TOOLBOX_DVD_828D_V04.07.04.00"安装包，按照步骤进行软件安装，要求勾选并安装 Config Data 828D、PLC Programming Tool、Access MyMachine、SINUMERIK Commissioning、Start-up tool 等常用软件。

实训任务2-1-2　软件应用

建立计算机与数控系统通信连接，打开 Access MyMachine 软件，通过软件完成下面任务。

1. 系统远程监控

将数控系统显示界面映射到计算机上。

2. 数据传送

将数控系统截屏照片传送到计算机上并保存到指定的地方。

项目 2-2　数控系统基本操作

项目导读

在完成本项目学习之后，掌握 SINUMERIK 828D 数控系统基本操作，同时学习：

◆ 操作面板 OP、CNC 全键键盘、机床操作面板 MCP 基本结构

◆ HMI 界面布局及菜单结构

一、操作面板、键盘结构与操作

SINUMERIK 828D 系统的操作由操作面板（OP）、CNC 全键键盘、机床操作面板（MCP）完成。

1. 操作面板

SINUMERIK 828D 数控系统操作面板（OP）如图 2-2-1 所示，由 8+2 个水平软键 HSK（图中①处）、8 个垂直软键 VSK（图中②处）和 HMI 界面（图中③处）等部分构成。

（1）软键　操作面板（OP）有水平软键和垂直软键，其中 8 个水平软键用于访问各个操作

区域，单击水平软键能展开相应的子菜单软键；8 个垂直软键与当前选定的水平软键功能关联；选择水平软键某个子功能，垂直软键栏状态会相应变化；选择某个垂直软键即调用了选定功能。

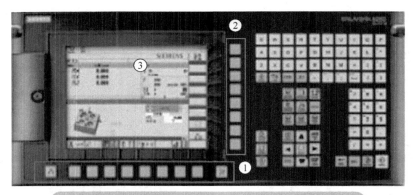

图 2-2-1　SINUMERIK 828D 数控系统操作面板（OP）

（2）HMI 界面　HMI 界面布局如图 2-2-2 所示，各部分显示内容如下。

① 操作区域。用于显示激活的操作方式和运行方式，图 2-2-3 所示加工操作方式组合 JOG 运行方式。

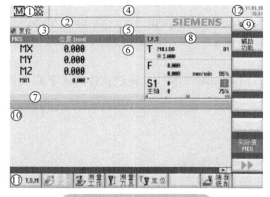

图 2-2-2　HMI 界面布局

图 2-2-3　操作区域显示加工操作方式和 JOG 运行方式

显示于操作区域的常见操作方式符号见表 2-2-1，常见运行方式符号见表 2-2-2。

表 2-2-1　常见操作方式符号

加工	参数	程序	程序管理器	诊断	调试
▣	↕▢	⊐	⧉	△	⚲

表 2-2-2　常见运行方式符号

自动	自动机床数据	手动	重新定位	回参考点
AUTO	MDA	JOG	REPOS	REF.POINT

② 程序路径和名称。该区域用于显示程序路径和名称。用户可以在数控系统 3 个目录下创

建、修改和选择加工程序，分别是"零件程序""子程序""工件"文件目录。其中，保存于"零件程序"中的文件扩展名为MPF；保存于"子程序"中的文件扩展名为SPF；保存于"工件"中的文件扩展名为WPD。系统3个程序目录路径如图2-2-4所示。从图2-2-4中可以看出，3个程序目录位于"NC数据"目录之下。

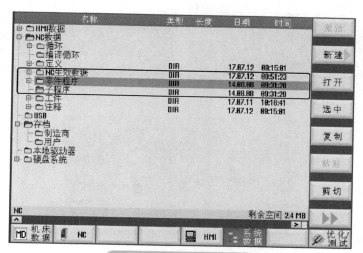

图2-2-4　系统程序目录

当从"零件程序""子程序""工件"3个目录下调用加工程序时，在程序路径和名称区域所显示的加工程序路径如图2-2-5所示。

NC/SPF/123.SPF　　NC/WKS/EXAMPLE1/EXAMPLE1　　NC/MPF/HELIX

a)"零件程序"目录下的文件　　　b)"子程序"目录下的文件　　　c)"工件"目录下的文件

图2-2-5　程序路径

③ 状态、程序作用和通道名称显示。在该区域显示系统工作状态，如复位状态、中断状态、激活状态等。系统工作状态图形符号如图2-2-6所示。

④ 报警和信息显示。如果零件加工程序代码出现语法错误或者系统硬件故障。或者数控机床不满足加工条件，如气压不足、切削液液位低等，在该区域会显示报警信息，如图2-2-7所示。图2-2-7中所显示的是PLC通信故障。当排除故障后，使用复位按钮可消除报警信息。

a)复位状态　　b)中断状态　　c)激活状态

图2-2-6　系统状态

M　　158281↓　　与/PLC/PMC的通讯故障

图2-2-7　报警与信息显示

⑤ 通道操作信息显示。用于显示通道的工作状态，当系统正常工作时，此处不显示任何信息，当系统工作出现如NC停止、语句单步执行完成、缺少轴使能信号等状态时，会出现图2-2-8所示图标及相应文字说明。

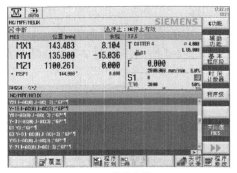
a) NC停止有效

b) 单步执行结束

c) 缺少轴使能

图 2-2-8 通道操作信息显示

⑥ 轴位置坐标。加工方式下使用垂直软键 VSK7 或机床操作面板上机床坐标系与工件坐标系切换按钮，可以进行机床坐标系 MCS 和工件坐标系 WCS 两种坐标系下轴位置坐标显示（见图 2-2-9），包括显示轴名称、轴位置坐标等。

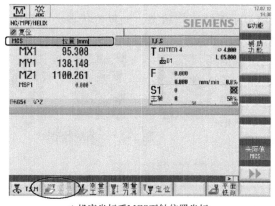
a) 机床坐标系MCS下轴位置坐标

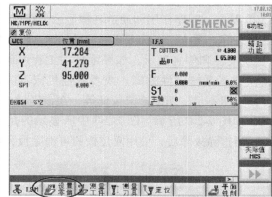
b) 工件坐标系WCS下轴位置坐标

图 2-2-9 轴位置坐标显示

⑦ 零点及旋转等显示。该区域用于显示坐标系的选择以及旋转、镜像、缩放等方式。图 2-2-10 所示为选择的两种工件坐标系 G54、G55 坐标轴的不同旋转方式。

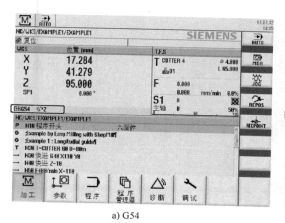

a) G54

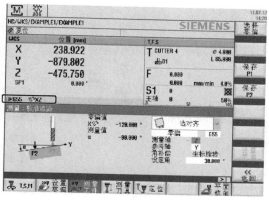

b) G55

图 2-2-10　零点及旋转显示

⑧ T、F、S 显示。T、F、S 显示如图 2-2-11 所示。该区域显示当前所激活的刀具名称、刀具半径补偿值及长度补偿值，显示当前加工实际进给速度、程序设定进给速度和进给倍率，显示主轴当前实际转速、主轴旋转方向、程序设定主轴转速和主轴倍率。

⑨ 垂直软键 VSK。垂直软键位于屏幕右侧，与水平软键功能相关联，当 8 个垂直软键无法显示全部功能时，通过 VSK 的 8 个垂直功能软键进行"向前"或"返回"切换。初始状态下垂直软键包括 3 种运行方式，即"JOG""MDA""AUTO"，两个功能选择，即"REPOS"和"REFPOINT"，如图 2-2-12 所示。

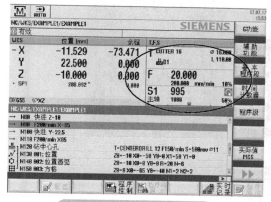

图 2-2-11　T、F、S 显示

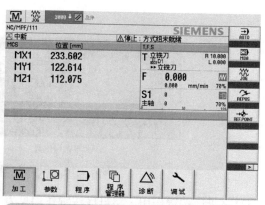

图 2-2-12　水平软键 HSK、垂直软键 VSK

⑩ 工作窗口。水平软键和垂直软键组合不同，工作窗口显示不同内容，如 JOG 方式下选择 HSK1（T、S、M 软键），则显示 T、S、M 设置界面；如 JOG 方式下选择 HSK4（测量刀具），则显示刀具长度补偿设定界面，如图 2-2-13 所示。

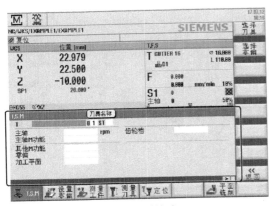

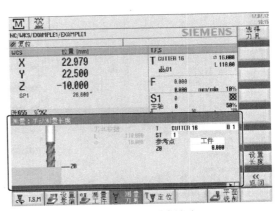

a) T、S、M设置界面   b) 刀具长度补偿设定界面

图 2-2-13　工作窗口显示

⑪ 水平软键 HSK。水平软键位于屏幕下方，用于功能选择。当 8 个水平软键无法显示所有功能时，则用右侧扩展键来回切换。水平软键 HSK 分为 6 种不同的操作功能选择，即"加工""参数""程序""程序管理器""诊断""调试"，如图 2-2-12 所示。

⑫ 日期和时间显示。位于屏幕的右上角，用于显示当前的日期和时间。

2. CNC 全键键盘

SINUMERIK 828D 数控系统键盘按照与显示器相对位置的不同，分为水平布局键盘和垂直布局键盘两种形式，如图 2-2-14 所示。无论哪种布局形式，CNC 键盘均由字母区①、热键区②、光标区③和数字区④组成。

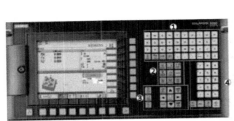

a) 水平布局键盘   b) 垂直布局键盘

图 2-2-14　SINUMERIK 828D 数控系统键盘

① 字母区按键作用。字母区按键作用见表 2-2-3。

表 2-2-3　字母区按键作用

序号	字母区按键图标	字母区按键作用
1	BACKSPACE	BACKSPACE，用于清除输入字段中的值，在编辑模式中，光标前的字符将被清除
2	TAB	TAB，用于将光标位置缩进若干字符

（续）

序号	字母区按键图标	字母区按键作用
3	SHIFT	SHIFT，如果按住 SHIFT 键，将输入双字符键的上部字符
4	CTRL	CTRL，与其他键组合使用，如 CTRL+C 表示复制、CTRL+X 表示剪切、CTRL+V 表示粘贴等
5	ALT	ALT 键，即替换键
6	INPUT	INPUT，用于接收编辑值，开、关目录，打开文件

② 热键区按键作用。热键区按键作用见表 2-2-4。

表 2-2-4　热键区按键作用

序号	热键区按键图标	热键区按键作用
1	MACHINE	MACHINE，用于打开操作区域的"加工"，在"JOG""MDA""AUTO"方式下运行
2	PROGRAM	PROGRAM，用于打开操作区域的"程序"，与水平软键 HSK3 功能相同
3	OFFSET	OFFSET，用于打开操作区域的"参数"，包括刀具清单、刀具磨损、刀库、零偏、用户变量、设定数据等，与水平软键 HSK2 功能一致
4	PROGRAM MANAGER	PROGRAM MANAGER，用于打开操作区域的"程序管理器"，与水平功能键 HSK4 功能一致
5	ALARM	ALARM，用于打开实际报警清单窗口，与水平功能键 HSK5 诊断的子菜单"报警清单"功能一致
6	CUSTOM	CUSTOM，由机床制造商自定义

③ 光标区按键作用。光标区按键作用见表 2-2-5。

表 2-2-5　光标区按键作用

序号	光标区按键图标	光标区按键作用
1	END	END，在参数窗口中，按 CTRL+END 组合键将光标置于参数的最后一个输入字段；在 G 代码编辑器中，按 CTRL+END 组合键将光标置于活动行的末尾
2	▲ ◀ ▶ ▼	光标键，用于将光标移至屏幕中各个不同的字段或行；在程序列表中，按光标向右键可打开一个目录或程序，按光标向左键可切换到当前级别的上一级
3	SELECT	SELECT，用于在多个选项中进行选择
4	ALARM CANCEL	ALARM CANCEL，用于清除报警和信息显示行中标有该符号的激活报警
5	GROUP CHANNEL	CHANNEL，用于从 1~n 选取一个通道

（续）

序号	光标区按键图标	光标区按键作用
6	ⓘ HELP	HELP，用于调用相应选项的帮助信息
7	PAGE DOWN　PAGE UP	用于在目录中上下翻页
8	NEXT WINDOW	NEXT WINDOW，用于在实际工作窗口中激活下一个子窗口。在 G 代码编辑器窗口，按 CTRL+ NEXT WINDOW 组合键，可跳转至程序代码第一行

④ 数字区按键作用。数字区按键作用见表 2-2-6。

表 2-2-6　数字区按键作用

序号	数字区按键图标	数字区按键作用
1	BACKSPACE	BACKSPACE，用于清除活动的输入字段中的值；在编辑模式中，清除光标前的字符
2	DEL	DEL，用于清除参数字段中的值；在编辑模式中，清除光标后的字符
3	INSERT	用于激活插入模式或袖珍计算器，打开输入字段中的参数菜单
4	INPUT	INPUT，用于接收编辑值，开关目录，打开文件

3. 机床操作面板 MCP

机床操作面板为用户选配项目，机床制造厂商可以使用 SIEMENS 标准面板，也可以根据用户需要选择其他面板。图 2-2-15 所示为 SINUMERIK 828 D 机床操作面板 MCP483 按键布局，由急停开关①、电源开关②、复位开关③、程序控制方式按键④、操作方式选择按键⑤、用户自定义按键⑥、手动操作按键⑦、带倍率开关的主轴控制按键⑧、带倍率开关的进给轴控制按键⑨、钥匙开关⑩等部分构成。

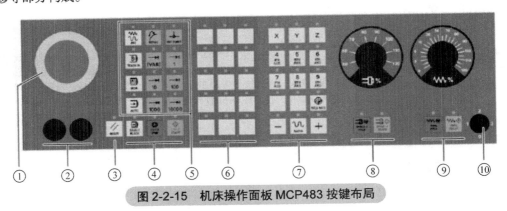

图 2-2-15　机床操作面板 MCP483 按键布局

（1）急停开关　在出现紧急情况如危及生命、损坏机床或工件的情况下，按急停开关，系统断电并制动所有驱动装置。

（2）电源开关　位于急停开关下方，通常为红、绿两种颜色的按钮，分别为电源开按钮和电源关按钮，负责给整个系统上、下电。

（3）复位开关　复位开关作用见表2-2-7。

表 2-2-7　复位开关作用

复位开关图标	复位开关作用
Reset	RESET，用于机床停止执行当前运行程序；数控装置与机床保持同步；数控系统进入基本准备就绪状态，可以开始执行程序；清除激活的报警

（4）程序控制方式按键　程序控制方式按键作用见表2-2-8。

表 2-2-8　程序控制方式按键作用

序号	程序控制方式按键图标	程序控制方式按键作用
1	SINGLE BLOCK	SINGLE BLOCK，按该按键，再按循环启动按钮，以程序段为单位运行程序，用于检测和调试程序
2	CYCLE START	CYCLE START，按该按键开始运行程序
3	CYCLE STOP	CYCLE STOP，按该按键停止程序运行

（5）操作方式选择按键　操作方式选择按键作用见表2-2-9。

表 2-2-9　操作方式选择按键作用

序号	操作方式选择按键图标	操作方式选择按键作用
1	JOG	JOG，用于选择手动运行方式
2	TEACH IN	TEACH IN，用于在与机床的交互模式中编写程序
3	MDA	MDA，用于选择自动机床数据工作方式
4	Auto	AUTO，用于选择自动工作方式
5	REPOS	REPOS，用于重新定位和重新接近轮廓
6	REF.POINT	REF POINT，用于接近参考点
7	[VAR]	VAR，用于以可变步长移动一段增量距离，步长需要进行设定
8	1　10000	INC，用于以 1~10000 倍增量值指定步长移动一段增量尺寸距离，增量步长的实际长度取决于机床基准

（6）用户自定义按键　用户自定义按键根据用户需要自行定义，如带斗笠式刀库加工中心，用户自定义按键可定义为刀库进、刀库退、主轴松刀、主轴紧刀等。

（7）手动操作按键　手动操作按键作用见表2-2-10。

表 2-2-10　手动操作按键作用

序号	手动操作按键图标	手动操作按键作用
1	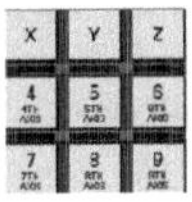	X/Y/Y 等，用于坐标轴的选择
2		+/−，用于选择坐标轴移动正方向或负方向
3		RAPID，用于选择坐标轴快速移动方式
4		WCS/MCS，用于工件坐标系与机床坐标系的切换

（8）带倍率开关的主轴控制按键　带倍率开关的主轴控制按键见表2-2-11。

表 2-2-11　带倍率开关的主轴控制按键作用

序号	主轴控制按键图标	带倍率开关的主轴控制按键作用
1		通过旋转主轴倍率开关，调节主轴旋转的编程速度
2		SPINDLE START，为启动主轴使能信号
3		SPINDLE STOP，为停止主轴使能信号

（9）带倍率开关的进给轴控制按键　带倍率开关的进给轴控制按键作用见表2-2-12。

表 2-2-12　带倍率开关的进给轴控制按键作用

序号	进给轴控制按键图标	带倍率开关的进给轴控制按键作用
1	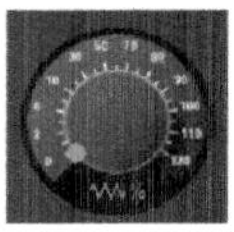	通过旋转进给轴倍率开关，调节各进给轴的编程速度
2		FEED START，为启动进给使能信号
3		FEED STOP，为停止进给使能信号

（10）钥匙开关　为了便于对数控系统各个功能和数据区域的读写管理，系统设定了7个存取级别。1级表示最高等级，7级表示最低等级。1~3级通过口令锁定，4~7级通过不同钥匙开关

的不同位置锁定。钥匙开关及口令对应权限见表2-2-13。

表2-2-13 钥匙开关及口令对应权限

存取级别	钥匙开关位置示意	钥匙开关位置或口令	对应权限
1	—	口令：SUNRISE	制造商
2	—	口令：EVENING	服务
3	—	口令：CUSTOMER	用户
4	⊙	钥匙开关位于位置3，使用橘红色钥匙	编程员，调试员
5	⊙	钥匙开关位于位置2，使用绿色钥匙	合格的操作员
6	⊙	钥匙开关位于位置1，使用黑色钥匙	受过培训的操作员
7	⊙	钥匙开关位于位置0，未插入钥匙	学习过相关内容的操作员

二、HMI菜单结构与操作

按键盘上的 🖳 键后，出现模式选择界面，如图2-2-16所示，包括水平6种操作方式、垂直3种运行方式和2种功能方式。此界面视为总菜单结构，其余子菜单由此展开。

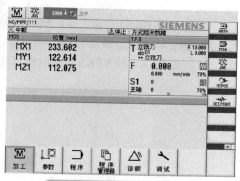

图2-2-16 模式选择界面

1."加工"+"JOG"菜单结构与操作

在图2-2-16所示的总菜单中水平软键HSK1〖加工〗+垂直软键VSK3〖JOG〗方式下，所显示的子菜单结构如图2-2-17所示。通过水平菜单切换软键进行切换，水平菜单有两栏——HSK1和HSK2；通过垂直菜单切换软键进行切换，垂直菜单有两列——VSK1和VSK2。水平菜单每个软键都有垂直软键操作功能相对应。

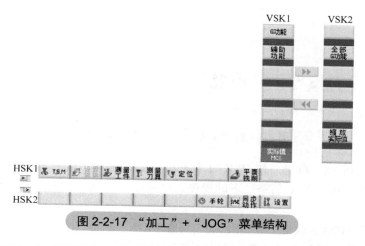

图2-2-17 "加工"+"JOG"菜单结构

"加工"+"JOG"方式下每个水平子菜单对应的垂直菜单如图2-2-18所示。

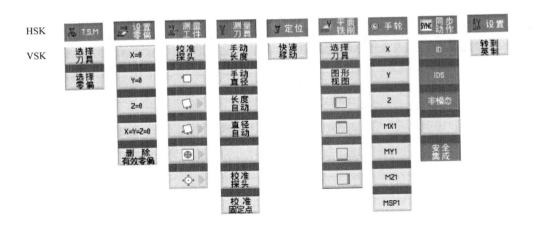

图 2-2-18 "加工"+"JOG"子菜单结构

2."加工"+"MDA"菜单结构与操作

水平软键 HSK1〖加工〗+垂直软键 VSK2〖MDA〗方式下菜单结构如图 2-2-19 所示。水平方向有两行菜单，分别是 HSK1 和 HSK2，通过水平光标切换软键进行切换；垂直方向有两列菜单，分别是 VSK1 和 VSK2，通过垂直光标切换软键进行切换。

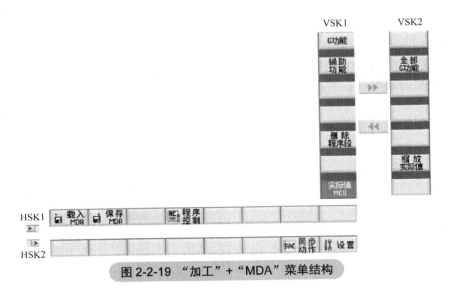

图 2-2-19 "加工"+"MDA"菜单结构

（1）按〖载入 MDA〗软键　按 HSK1.1〖载入 MDA〗软键，会弹出"载入 MDA"提示框，在该提示框中可以载入存放于某路径下的程序，也可以按 VSK3〖搜索〗软键载入程序，如图 2-2-20 所示。

（2）按〖保存 MDA〗软键　按 HSK1.2〖保存 MDA〗软键，会弹出"从 MDA 中存储，选择保存位置"提示框，将 MDA 方式下编写的加工程序保存在指定目录下；或者按 VSK2〖新建目录〗软键，可以为程序指定新的存放目录。图 2-2-21 所示为子程序下新建目录"ZL"。

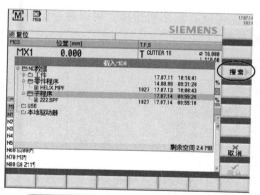

图 2-2-20 选择〖载入 MDA〗软键

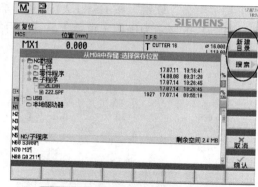

图 2-2-21 按〖保存 MDA〗软键

（3）按〖程序控制〗软键 按 HSK1.4〖程序控制〗软键，屏幕上显示程序控制选择方式复选框，如程序测试、空运行进给、跳转程序段等，如图 2-2-22 所示。如勾选"跳转程序段"复选框，则程序段前面带有"/"标志的程序跳过不执行。

（4）按〖设置〗软键 按 HSK2.8〖设置〗软键，显示与程序运行相关的设置，如空运行进给、减速后的快速移动 RG0 等，如图 2-2-23 所示。

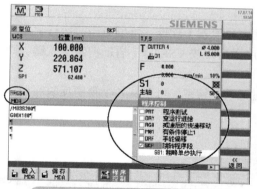

图 2-2-22 按〖程序控制〗软键

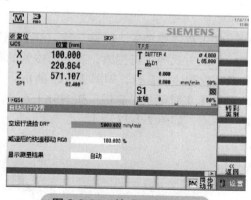

图 2-2-23 按〖设置〗软键

3. "加工" + "AUTO" 菜单结构与操作

水平软键 HSK1〖加工〗+ 垂直软键 VSK1〖AUTO〗方式下的菜单结构如图 2-2-24 所示，水平方向有两行菜单，分别是 HSK1、HSK2，通过水平光标切换软键进行切换；垂直方向有两列菜单，分别是 VSK1、VSK2，通过垂直光标切换软键进行切换。

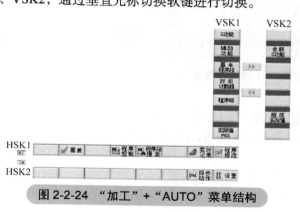

图 2-2-24 "加工" + "AUTO" 菜单结构

（1）按〖覆盖〗软键　按 HSK1.2〖覆盖〗软键，将原有程序覆盖掉，可以重新编写新的加工程序。图 2-2-25 所示为使用〖覆盖〗软键前后的界面。

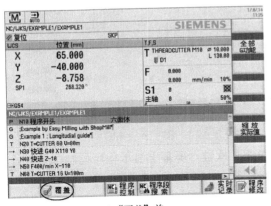

a）"覆盖"前　　　　　　　　　　　　b）"覆盖"后

图 2-2-25　选择〖覆盖〗软键

（2）按〖程序段搜索〗软键　按 HSK1.5〖程序段搜索〗软键，可以对当前运行程序按照指针方式、中断方式等进行搜索，找到所搜索的程序段后，按 VSK1.1〖启动搜索〗软键，则光标停留在所搜索程序段首行，如图 2-2-26 所示。

（3）按〖实时记录〗软键　按 HSK1.7〖实时记录〗软键，可以从各个视图反映当前运行程序的加工状态，如图 2-2-27 所示。

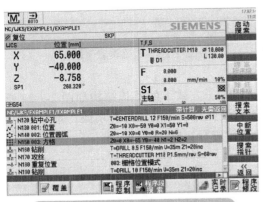

图 2-2-26　按〖程序段搜索〗软键

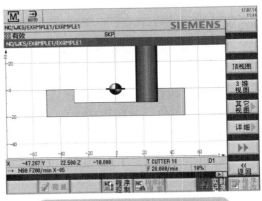

图 2-2-27　按〖实时记录〗软键

（4）按〖程序修改〗软键　按 HSK1.8〖程序修改〗软键，可以对当前程序按照指令方式或图形对话方式进行修改，修改方式灵活。图 2-2-28 所示为 HSK 菜单和对应的 VSK 菜单。

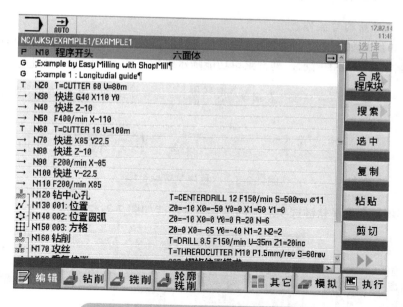

图 2-2-28　HSK 菜单和对应的 VSK 菜单

4."参数"菜单结构与操作

"参数"菜单结构如图 2-2-29 所示。水平方向有两行菜单,分别是 HSK1 和 HSK2,每行水平菜单软键功能如图 2-2-29 所示,垂直菜单功能随水平软键选项不同而变化。

图 2-2-29　"参数"菜单结构

"参数"菜单每个水平软键选项对应的垂直软键功能如图 2-2-30 所示。

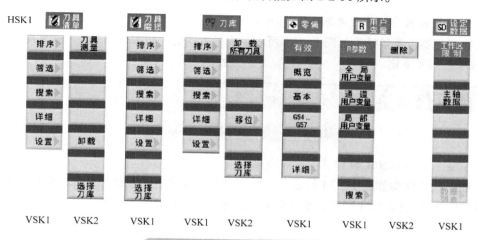

图 2-2-30　"参数"子菜单结构

5."程序"菜单结构与操作

"程序"菜单结构如图 2-2-31 所示。水平方向有两行菜单，分别是 HSK1 和 HSK2，每行水平菜单软键功能如图 2-2-31 所示，垂直菜单功能随水平软键选项不同而变化。

图 2-2-31 "程序"菜单结构

"程序"菜单每个水平软键选项对应的垂直软键功能如图 2-2-32 所示。

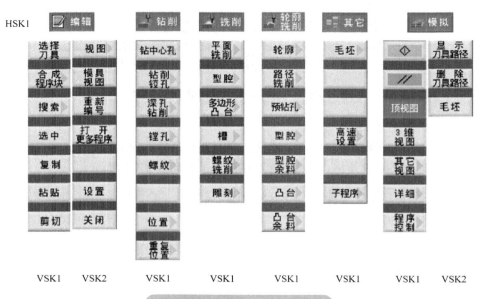

图 2-2-32 "程序"子菜单结构

6."程序管理器"菜单结构与操作

"程序管理器"菜单结构如图 2-2-33 所示。水平方向有一行菜单 HSK1，垂直菜单功能随水平软键选项不同而变化。

图 2-2-33 "程序管理器"菜单结构

7."诊断"菜单结构与操作

"诊断"菜单结构如图 2-2-34 所示。水平方向有两行菜单，分别是 HSK1 和 HSK2，每行水平菜单软键功能如图 2-2-34 所示，垂直菜单功能随水平软键选项不同而变化。

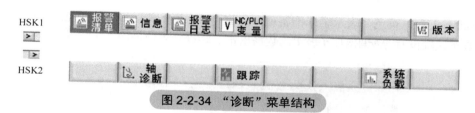

图 2-2-34　"诊断"菜单结构

"诊断"菜单每个水平软键选项对应的垂直软键功能如图 2-2-35 所示。

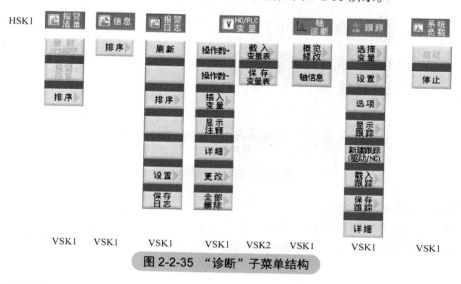

图 2-2-35　"诊断"子菜单结构

（1）报警清单　HSK1.1 "报警清单" 在系统运行时检测出故障，则会发出报警，此时会显示故障报警号及故障说明文字，提供比较详细的故障检测信息。

（2）信息　HSK1.2 "信息" 指加工时输出 PLC 信息和零件程序信息。

（3）报警日志　HSK1.3 "报警日志" 用于显示报警发生时间、报警排除时间、报警号等。"报警日志"内容如图 2-2-36 所示。

（4）NC/PLC 变量　通过 HSK1.4 "NC/PLC 变量" 窗口，可以查看、更改 NC 系统变量和 PLC 变量。如在变量栏中输入信号 DB3100.DBX0.2，可以查看该信号的状态，如图 2-2-37 所示。

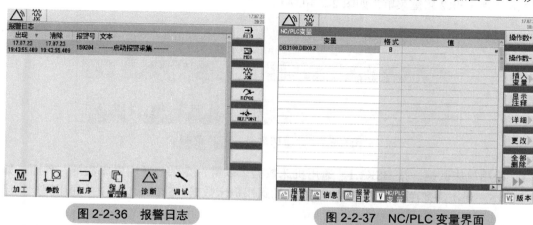

图 2-2-36　报警日志　　　　　图 2-2-37　NC/PLC 变量界面

（5）轴诊断　按 HSK2.2〖轴诊断〗软键，可以显示机床各轴的运行状态和使能状态。绿色

√表示轴状态正常；黄色○表示轴未准备就绪；红色 × 表示该轴有一个报警；灰色○表示轴未涉及；– 表示该轴没有分配驱动；# 表示读数据出错。轴诊断界面如图 2-2-38 所示。

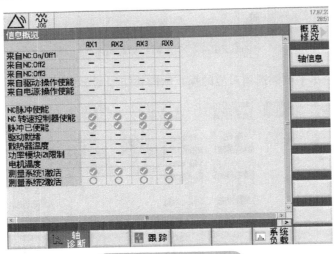

图 2-2-38　轴诊断界面

8. "调试"菜单结构与操作

按 HSK6〖调试〗软键，显示"调试"菜单结构，如图 2-2-39 所示。水平方向有两行菜单，分别是 HSK1 和 HSK2，每行水平菜单软键功能如图所示，垂直菜单功能随水平软键选项不同而变化。

图 2-2-39　"调试"菜单结构

（1）机床数据　按下〖机床数据〗软键，显示〖通用机床数据〗等 HSK1 软键菜单、〖通用设定数据〗等 HSK2 软键菜单，如图 2-2-40 所示。

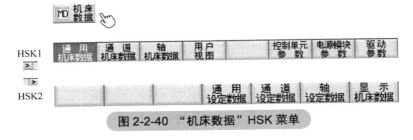

图 2-2-40　"机床数据"HSK 菜单

1）通用机床数据。按 HSK1.1〖通用机床数据〗软键，显示"通用机床数据"界面，如图 2-2-41 所示。显示参数范围包括 10000~19999 的通用机床数据、51000~51999 的通用周期机床数据等。

2）通道机床数据。按 HSK1.2〖通道机床数据〗软键，显示"通道机床数据"界面，如图

2-2-42 所示。显示参数范围包括 20000~29999 的通道机床数据、52000~52999 的通道周期机床数据等。

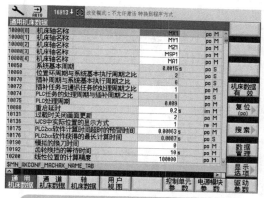

图 2-2-41 "通用机床数据"显示界面

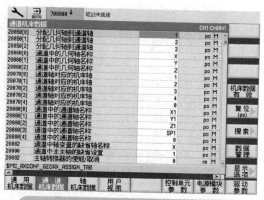

图 2-2-42 "通道机床数据"显示界面

3）轴机床数据。按 HSK1.3〖轴机床数据〗软键，显示"轴机床数据"界面，如图 2-2-43 所示。显示参数范围包括 30000~39999 的轴机床数据、53000~53999 的轴周期机床数据等。

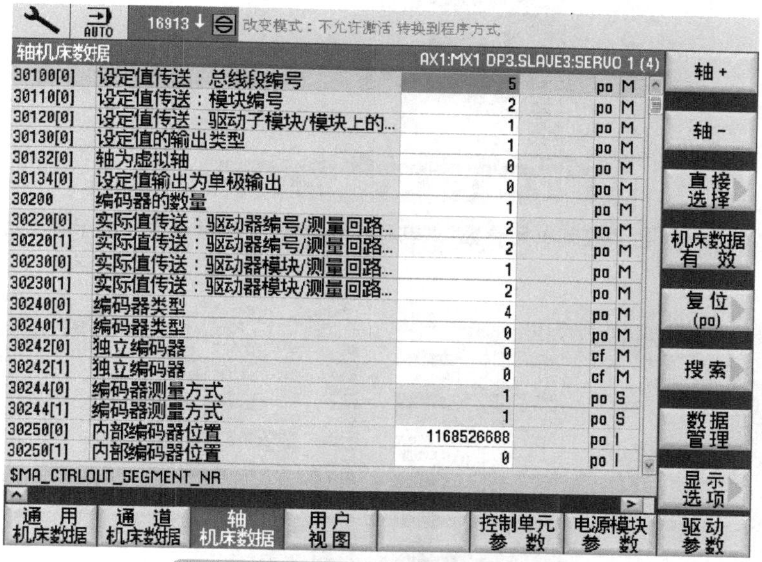

图 2-2-43 "轴机床数据"显示界面

4）控制单元参数、电源模块参数、驱动参数。按 HSK1.6〖控制单元参数〗软键、HSK1.7〖电源模块参数〗软键、HSK1.8〖驱动参数〗软键，显示相应参数界面，如图 2-2-44 所示。参数号由一个前置的"p"或者"r"+参数号+可选用的索引组成，p 参数为可调参数，r 参数为显示参数。

5）通用设定数据。按 HSK2.4〖通用设定数据〗软键，显示"通用设定数据"界面，如图 2-2-45 所示。显示参数范围包括 41000~41999 的通用设定数据、54000~54999 的通用周期设定数据等。

6）通道设定数据。按 HSK2.5〖通道设定数据〗软键，显示"通道专用设定数据"界面，如图 2-2-46 所示。显示参数范围包括 42000~42999 的通道设定数据、55000~55999 的通道周期设定数据等。

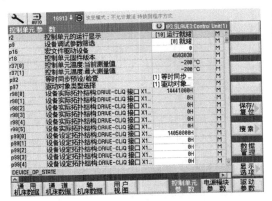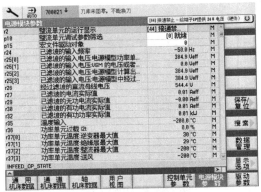

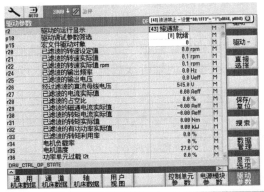

图 2-2-44　"控制单元参数""电源模块参数""驱动参数"显示界面

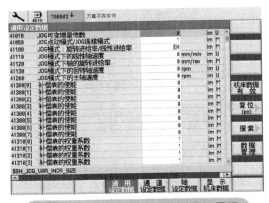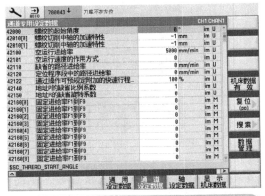

图 2-2-45　"通用设定数据"显示界面　　　图 2-2-46　"通道专用设定数据"显示界面

7）轴设定数据。按 HSK2.6〖轴设定数据〗软键，显示"轴设定数据"界面，如图 2-2-47 所示。显示参数范围包括 43000~43999 的轴设定数据、56000~56999 的轴周期设定数据等。

8）显示机床数据。按 HSK2.7〖显示机床数据〗软键，显示"显示机床数据"界面，如图 2-2-48 所示。显示参数范围包括 9000~9999 的显示机床数据。

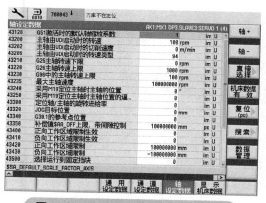

图 2-2-47　"轴设定数据"显示界面

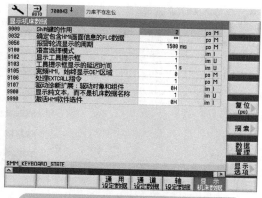

图 2-2-48　"显示机床数据"显示界面

（2）NC　按〖NC〗软键，显示 NC 相关界面，按〖PROFIBUS〗软键、〖NC 内存〗软键对应显示界面如图 2-2-49 所示。

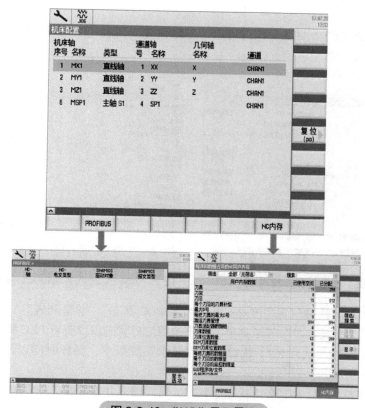

图 2-2-49　"NC"显示界面

（3）驱动系统　按〖驱动系统〗软键，显示驱动系统相关界面，HSK 包括〖驱动设备〗软键、〖供电〗软键和〖驱动〗软键，对应显示界面如图 2-2-50 所示。

1）驱动设备。如果新系统没有配置过驱动，系统启动后会出现 120402 号报警，此时按 HSK1.1〖驱动设备〗软键，进入驱动配置界面，如图 2-2-51 所示。

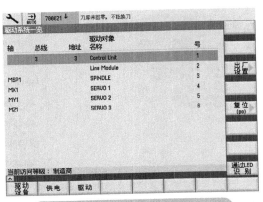

图 2-2-50 "驱动系统"显示界面

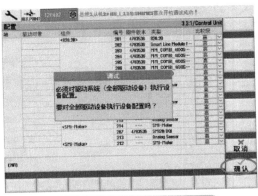

图 2-2-51 "驱动配置"界面

2）供电。对于功率大于 16kW 且带有 Drive-CLIQ 接口的电源模块，在完成驱动配置后，还需要进行电源配置，如图 2-2-52 所示，电源模块自动对电网进行识别，否则驱动器将无法正常工作。

3）驱动。按 HSK1.3〖驱动〗软键可以为各轴设置与驱动相关的轴机床数据，如图 2-2-53 所示。

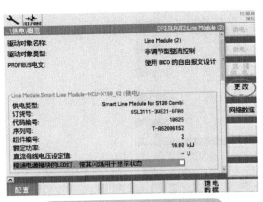

图 2-2-52 驱动电源配置界面

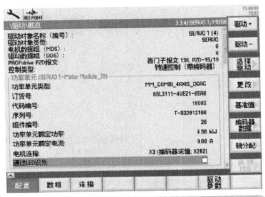

图 2-2-53 配置与驱动相关的轴机床数据界面

（4）PLC 〖PLC〗软键包含 "PLC-CPU" "NC/PLC 状态" "状态列表" "窗口 1OB1" "窗口 2 SBR0" "符号表" "交叉参考" 等子菜单，用于追踪信号状态以及查看 PLC 程序。

1）PLC-CPU。按〖PLC-CPU〗软键，可以显示系统版本、循环时间以及对 PLC 进行启停操作，如图 2-2-54 所示。

2）NC/PLC 状态。按〖NC/PLC 状态〗软键，可以输入并查看相关信号的状态，便于对机床信号状态进行分析，如图 2-2-55 所示。

3）状态列表。按〖状态列表〗软键，用于显示输入 IB 信号、输出 QB 信号、中间变量 MB 信号状态，用于信号的查找，如图 2-2-56 所示。

4）窗口 1OB1。按〖窗口 1OB1〗软键，用于显示 PLC 主程序，如图 2-2-57 所示。

5）窗口 2 SBR0。按〖窗口 2 SBR0〗软键，用于显示子程序，如图 2-2-58 所示。

6）符号表。按〖符号表〗软键，显示地址的名称和注释，如图 2-2-59 所示。

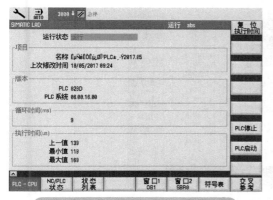

图 2-2-54　"PLC-CPU"显示界面

图 2-2-55　"NC/PLC 状态"显示界面

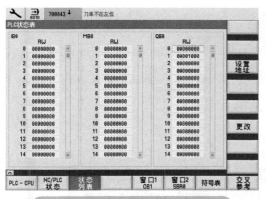

图 2-2-56　"状态列表"显示界面

图 2-2-57　"窗口 1OB1"显示界面

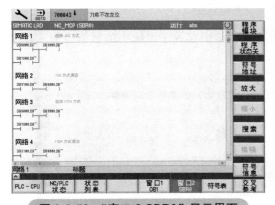

图 2-2-58　"窗口 2 SBR0"显示界面

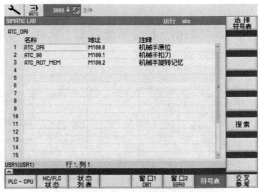

图 2-2-59　"符号表"显示界面

7）交叉参考。按〖交叉参考〗软键，可以搜索、查看信号的位置和状态，如图 2-2-60 所示。

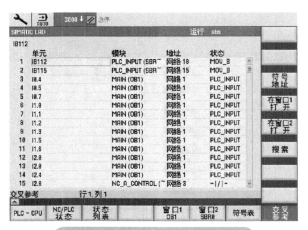

图 2-2-60 "交叉参考" 显示界面

（5）HMI 按〖HMI〗软键，用于对 HMI 进行 VSK1、VSK2 软键进行操作，如图 2-2-61 所示。

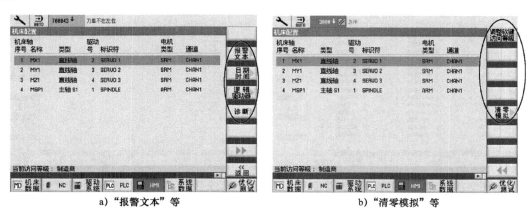

a)"报警文本"等　　　　　　　　　　　　　b)"清零模拟"等

图 2-2-61 "HMI" 显示界面

（6）系统数据 按〖系统数据〗软键，可以查找、编辑存放于系统中的数据、加工程序等，如图 2-2-62 所示。

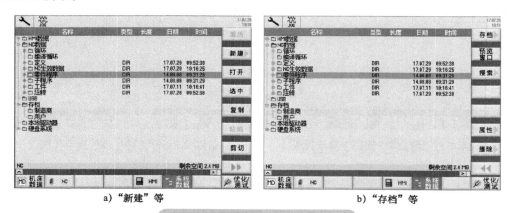

a)"新建"等　　　　　　　　　　　　　b)"存档"等

图 2-2-62 "系统数据" 显示界面

（7）优化测试　按〖圆度测试〗软键，可以对坐标轴进行伺服优化，如图2-2-63所示。

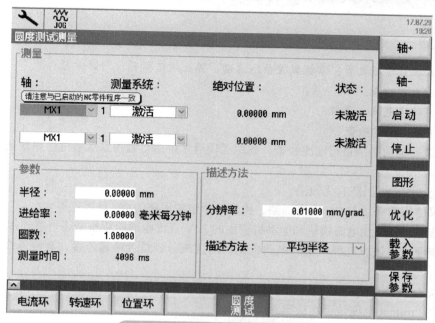

图2-2-63　"优化测试"显示界面

实训任务 2-2　数控系统基本操作实训

按照表2-2-14所列水平软键HSK与垂直软键VSK组合，对机床进行操作，熟悉菜单结构。

表2-2-14　系统菜单结构练习

						AUTO
						MDA
						JOG
						REPOS
						REF.POINT
M						

项目2-3 数控系统启动、停止与状态监控

项目导读

在完成本项目学习之后，掌握数控系统启动、停止规范操作，同时学习：

◆系统通电前检查

◆数控系统通电状态监控

一、系统通电前的检查

数控系统通电前必须进行电路检查，确保无误后才可进行数控系统通电。系统通电前主要检查内容如下。

1）检查 24V DC 回路有无短路。

2）如果使用两个 24V DC 电源回路，检查两个电源回路的 0V 是否连通。

3）检查驱动器进线电源模块和电动机模块的 24V 直流电源跨接桥是否可靠连接。

4）检查驱动器进线电源模块和电动机模块的直流母线是否可靠连接，直流母线上的所有螺钉必须旋紧。

5）检查 Drive-CLIQ 电缆是否连接牢固、正确。

6）检查 Profinet 电缆是否连接牢固、正确。

二、系统初次通电操作

通电前电气回路检查接线无误后，系统才可以通电。在通入直流 24V 电源之前，应先将 PPU 单元、PP72/48 模块、驱动电源模块的 24V 电源接口与模块分离，通入 24V 电源检查接头处 24V 正负极正确后，断电重新插入模块。PPU 单元、PP72/48 模块、驱动电源模块的 24V 电源接口如图 2-3-1 所示。

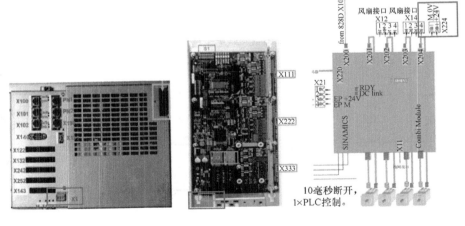

| PPU单元 | PP72/48模块 | 驱动电源模块的24V电源接口 |

图 2-3-1 PPU 单元、PP72/48 模块、驱动电源模块的 24V 电源接口

三、数控系统通电状态监控

1. 状态指示监控

（1）PPU 前盖处 LED 指示灯 PPU 前盖处 LED 指示灯如图 2-3-2 所示，指示灯颜色含义见表 2-3-1。

图 2-3-2 PPU 前盖处
LED 指示灯

表 2-3-1 PPU 前盖处 LED 状态指示灯含义

名称	颜色	状态	含义
RDY	绿色	恒亮	NC 就绪并且 PLC 正在运行
	黄色	恒亮	PLC 停止
		闪烁	开机通电中
	红色	恒亮	NC 停止：当 NC 仍未就绪时，正在启动 严重出错（需要重新上电）
NC	黄色	循环闪烁	NC 运行
CF	黄色	恒亮	正在存取 CF 卡

（2）PPU 背面 LED 指示灯 PPU 背面 LED 指示灯如图 2-3-3 所示，指示灯颜色含义见表 2-3-2。

表 2-3-2 PPU 背面状态指示灯含义

名称	颜色	状态	含义
Fault	红色 黄色	灭	当外围 I/O 模块、MCP 和 PN/PN 耦合器连接至控制系统时，该状态与诊断无关
		恒亮	总线故障： 1）没有到子网/开关的物理连接 2）传送速度错误 3）全双工传送没有激活
		闪烁（2Hz）	无故障
Sync	绿色	灭	周期系统和 PLC I/O 接口的发送周期不同步 生成了一个和发送时钟周期大小相同的内部替代周期
		恒亮	周期系统已和 PLC I/O 接口的周期同步，正在进行数据交换
		闪烁（0.5Hz）	周期系统已和 PLC I/O 接口的周期同步，正在进行循环数据交换

图 2-3-3 PPU 背面 LED
指示灯

（3）PP72/48D PN 上的指示灯 PP72/48D PN 上标有"PowerOK"和"PNSync"的两个指示灯，如图 2-3-4 所示。绿灯亮表示 PP72/48D PN 模块就绪，且有总线数据交换；如果"PNSync"绿灯没有亮，则说明总线连接有问题，具体含义见表 2-3-3。

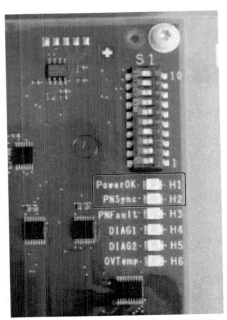

图 2-3-4　PP72/48D PN 上指示灯

表 2-3-3　PP72/48D PN 上的指示灯含义

项目	H1（绿色） PowerOK	H2（绿色） PN Sync	H3（红色） PN Fault	H4（绿色） Dlag1	H5（绿色） Dlag2	H6 OVTemp
断电	灭	灭	灭	灭	灭	灭
通电（电压稳定）	亮	灭	灭	灭	灭	灭
引导启动软件开始运行，系统软件正在载入	亮	亮	亮	亮	亮	亮
系统软件开始运行	亮	灭	灭	灭	灭	灭
系统软件正在运行，与控制系统没有通信	亮	灭	灭	灭	灭	灭
系统软件正在运行，与控制系统通信，停机状态	亮	亮	灭	灭	灭	灭
系统软件正在运行，与控制系统通信，运行状态	亮	以 0.5Hz 的频率闪烁	灭	灭	灭	灭
超温报警	—	—	—	—	—	—

　　（4）驱动器电源模块和电动机模块上的指示灯　驱动器电源模块和电动机模块上的指示灯如图 2-3-5 所示。

图 2-3-5　驱动器电源模块和电动机模块上的指示灯

READY 灯为橘色，表示驱动器正常但驱动器还未被设置；READY 灯为红色，表示模块有故障。DC Link 灯为橘色，表示直流母线电压在允许公差范围内；DC Link 灯为红色，表示进线电源故障。调节型电源模块 ALM、电动机模块 MM 上的指示灯含义见表 2-3-4；非调节型电源模块 SLM 上的指示灯含义见表 2-3-5。

表 2-3-4　调节型电源模块 ALM、电动机模块 MM 上的指示灯含义

指示灯	颜色	状态	说明
READY	—	不亮	电源超出允许的公差范围或模块无直流 24V 供电
	绿	持续亮	驱动器就绪，且 Drive-CLIQ 通信有效
	橘	持续亮	Drive-CLIQ 通信已建立
	红	持续亮	该模块具有至少一个故障
	绿 / 红	闪动 2Hz	固件升级进行中
	绿 / 橘或红 / 橘	闪动 2Hz	通过指示灯进行部件识别（P0124），指示灯状态的两种可能性与 P0124=1 相关
DC Link	—	不亮	电源超出允许的容差范围
	橘	持续亮	直流母线电压在允许公差范围内（只在就绪时）
	红	持续亮	直流母线电压超出允许公差范围内（只在 ALM 就绪时）

表 2-3-5　非调节型电源模块 SLM 上的指示灯含义

指示灯	颜色	状态	说明
READY	绿	持续亮	驱动器就绪
	橘	持续亮	预充电尚未结束
	红	持续亮	过电压、超温，或者电压超出允许的公差范围，或者直流母线超出允许公差范围
DC Link	—	不亮	电源超出允许的容差范围
	橘	持续亮	直流母线电压在允许公差范围内
	红	持续亮	直流母线电压超出允许公差范围

2. 轴控制使能监控

SINUMERIK 828D 数控系统提供了丰富的状态诊断界面，可实时监控数控系统和驱动模块

的状态信息。

（1）轴控制使能信息监控　通过以下几种方式进行轴控制使能信息监控。

按 MDA 操作面板上的〖ALARM〗软键进入轴诊断界面，路径如图 2-3-6 所示。或按〖MENU SELECT〗软键进入轴诊断界面，路径如图 2-3-7 所示。

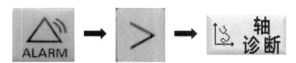

图 2-3-6　按 MDA 操作面板上的〖ALARM〗软键进入轴诊断

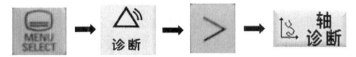

图 2-3-7　按〖MENU SELECT〗软键进入轴诊断

（2）查看轴使能状态　系统进行西门子出厂数据设置后，初次通电时驱动模块状态如图 2-3-8 所示。完成 PLC 程序加载、驱动系统拓展、配置后驱动器状态如图 2-3-9 所示。

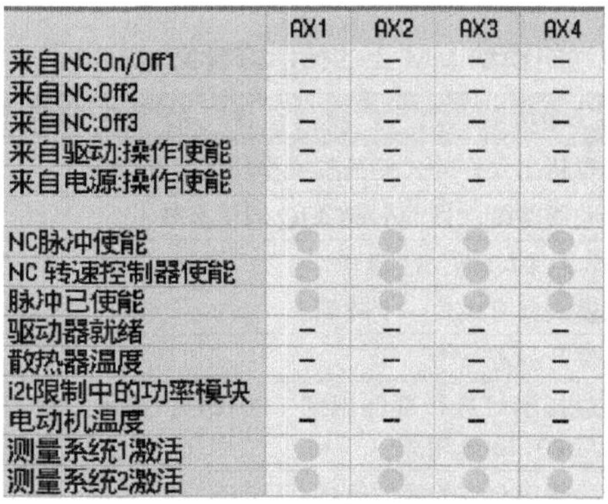

	AX1	AX2	AX3	AX4
来自NC:On/Off1	-	-	-	-
来自NC:Off2	-	-	-	-
来自NC:Off3	-	-	-	-
来自驱动:操作使能	-	-	-	-
来自电源:操作使能	-	-	-	-
NC脉冲使能				
NC 转速控制器使能				
脉冲已使能				
驱动器就绪	-	-	-	-
散热器温度	-	-	-	-
i2t限制中的功率模块	-	-	-	-
电动机温度	-	-	-	-
测量系统1激活				
测量系统2激活				

图 2-3-8　初次通电时驱动模块状态

服务概览	AX1	AX2	AX3	AX4	AX5
来自NC:On/Off1	✓	✓	✓	✓	✓
来自NC:Off2	✓	✓	✓	✓	✓
来自NC:Off3	✓	✓	✓	✓	✓
来自驱动:操作使能	✓	✓	✓	✓	✓
来自电源:操作使能	✓	✓	✓	✓	✓
NC脉冲使能	✓	✓	✓	✓	✓
NC 转速控制器使能	✓	✓	✓	✓	✓
脉冲已使能	✓	✓	✓	✓	✓
驱动器就绪	✓	✓	✓	✓	✓
散热器温度	✓	✓	✓	✓	✓
i2t限制中的功率模块	✓	✓	✓	✓	✓
电动机温度	✓	✓	✓	✓	✓
测量系统1激活	✓	✓	✓	✓	✓
测量系统2激活	○	○	○	○	○

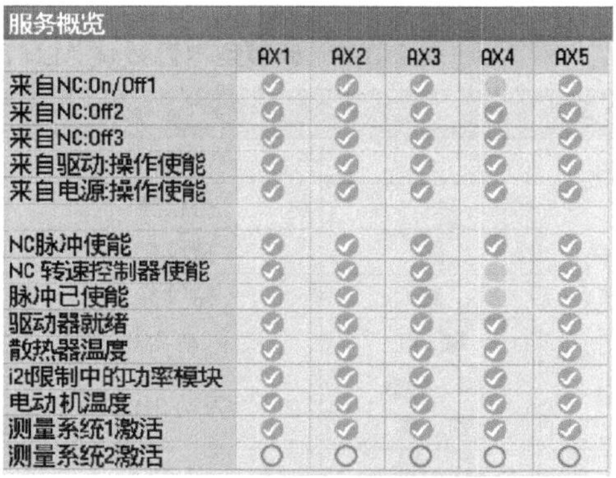

图 2-3-9　驱动配置完成后的状态

对图 2-3-8、图 2-3-9 中的状态图标说明如下：

1）✓ 表示信号正常，如果是"使能信号"，说明该信号处于高电平状态；如果是"监控信号"，说明没有故障，处于正常状态。

2）▨ 表示信号丢失（只针对使能信号），如按下"急停"按钮后，脉冲使能信号为低电平时出现该标记。

3）✗ 表示存在故障（只针对监控信号），如散热器故障时。

4）○ 表示信号处于未激活状态，如第二测量系统不被激活使用时。

实训任务 2-3　数控系统启、停与状态监控实训

实训任务2-3-1　数控系统启动、停止操作

1.写出数控系统通电操作步骤

2.写出数控系统断电操作步骤

实训任务2-3-2　数控系统状态监控

1. 指示灯的状态监控。根据 PPU 前盖处 LED 指示灯、PPU 背面 LED 指示灯、PP72/48 模块上的 LED 指示灯、驱动模块电源及驱动器上的 LED 指示灯状态，对指示灯状态进行监控功能描述，完成表（训）2-3-1 中的内容。

表（训）2-3-1　功能模块上的 LED 指示灯状态

序号	功能模块	模块上 LED 指示灯状态	指示灯监控状态功能描述
1	PPU 前盖处 LED 指示灯		
2	PPU 背面 LED 指示灯		
3	PP72/48 上的 LED 指示灯		
4	驱动模块电源及驱动器上的 LED 指示灯		

2. 根据要求查看所用 SINUMERIK 828D 实训设备轴使能状态并截屏，完成表（训）2-3-2 中的内容。

表（训）2-3-2　查看轴使能状态

按下"急停"按钮时的轴使能状态	松开"急停"按钮并复位后的轴使能状态

项目2-4　机床数据备份和还原

项目导读

在完成本项目学习之后，充分认识机床数据作用、类型，同时学习：

◆机床数据查看与设定

◆创建数据备份

◆还原机床数据及读入批量调试文件

一、认识机床数据

1. 数控系统数据作用

SINUMERIK 828D 数控系统具有丰富的机床数据。这些数据是数控系统用来匹配数控机床及其功能的。数控系统硬件连接后，要对其进行系统参数的设定和调整，以保证数控机床的正常运行，达到机床加工功能要求和精度要求。

2.数控系统数据类型

（1）系统数据（S） 该类数据属于数控系统，不能被编辑。数据值由控制器类型和标准数据决定。这类数据在进行归档操作时，不在任何存档类型中保存。

（2）制造商数据（M） 特定机床系列的制造商数据相同。例如，同一厂家同型号机床的X轴丝杠螺距是相同的，该类数据不包含个别数据。

（3）独自数据（I） 独自数据即一台数控机床独自具有的数据，即使是同厂家同型号机床，该类数据都不可能相同，如数控机床的螺距补偿数据、参考点位置等。

（4）用户数据（U） 用户数据是特定用户的程序，如零件加工程序、刀具数据、工件零点等数据。对用户数据进行存档后，可将存档的用户数据复制到加工相同零件的同类型数控机床，或在系统软件更新后进行用户数据的恢复。

SINUMERIK 828D 数控系统的数据类型可通过数据显示区的数据类型表示符号查看。数控系统数据类型如图 2-4-1 所示。

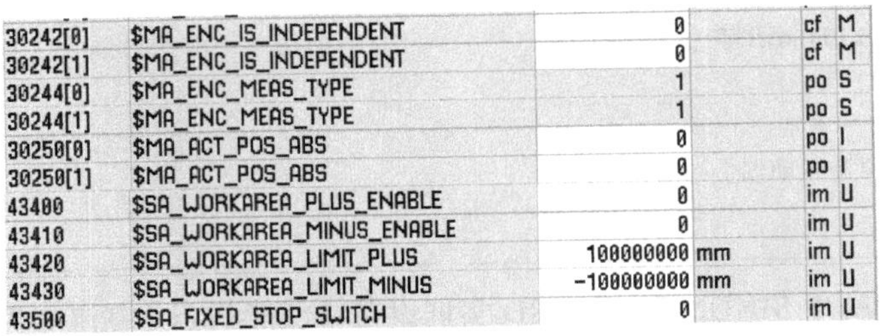

30242[0]	$MA_ENC_IS_INDEPENDENT		0		cf	M
30242[1]	$MA_ENC_IS_INDEPENDENT		0		cf	M
30244[0]	$MA_ENC_MEAS_TYPE		1		po	S
30244[1]	$MA_ENC_MEAS_TYPE		1		po	S
30250[0]	$MA_ACT_POS_ABS		0		po	I
30250[1]	$MA_ACT_POS_ABS		0		po	I
43400	$SA_WORKAREA_PLUS_ENABLE		0		im	U
43410	$SA_WORKAREA_MINUS_ENABLE		0		im	U
43420	$SA_WORKAREA_LIMIT_PLUS	100000000	mm		im	U
43430	$SA_WORKAREA_LIMIT_MINUS	−100000000	mm		im	U
43500	$SA_FIXED_STOP_SWITCH		0		im	U

图 2-4-1 数控系统数据类型

3.数控系统数据范围划分和功能表示符号

（1）机床数据和设定数据 机床数据和设定数据功能区范围划分见表 2-4-1，机床数据统称为 MD，设置数据统称为 SD。

表 2-4-1 机床数据和设定数据功能区范围划分

数据范围	数据功能
9000~9999	显示机床数据
10000~18999	NC 通用机床数据
19000~19999	保留
20000~28999	通道专用机床数据
29000~29999	保留
30000~38999	轴专用机床数据
39000~39999	保留
41000~41999	通用设定数据
42000~42999	通道专用的设定数据
43000~43999	轴专用的设定数据
51000~51299	通用配置机床数据
51300~51999	通用循环机床数据
52000~52299	通道专用配置机床数据
52300~52999	通道专用循环机床数据
53000~53299	通道专用配置机床数据
53300~53299	轴专用配置机床数据

（2）数据标识符号　机床数据、设定数据标识符号的含义见表2-4-2。

表 2-4-2　机床数据、设定数据标识符号的含义

机床数据标识符号	设定数据标识符号
$MM：显示机床数据	$SN_：通用设定数据
$MN：通用机床数据	$SC_：通道专用的设定数据
$MC：通道专用的机床数据	$SA_：轴专用的设定数据
$MA：轴专用机床数据	$SNS_：通用循环设定数据
$MNS：通用循环机床数据	$SCS_：通道专用循环设定数据
$MCS：通道专用循环机床数据	$SAS_：轴专用周期设定数据
$MAS：轴专用循环机床数据	

标识符号中各字符含义如下。

1）$：系统变量。

2）M：机床数据（第一个字母）。

3）S：设定数据（第一个字母）。

4）M、N、C、A、D：分区（第二个字母）。

5）S：西门子数据（第三个字母）。

二、机床数据查看与设定

1.机床数据查看

机床数据查看路径如图2-4-2所示，进入"机床数据"后，根据需要查看相关数据，如"通用机床数据""通道机床数据"等。图2-4-3所示为轴机床数据，图2-4-4所示为通道设定数据。

图 2-4-2　机床数据查看路径

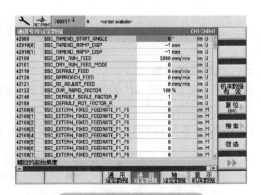

图 2-4-3　轴机床数据　　　　图 2-4-4　通道设定数据

2.机床数据设定

根据机床实际情况和数据的设定范围进行机床数据设定。

3.机床数据和设定数据生效方式

当进行机床数据或设定数据的修改设定后，新修改设定的数据需要进行激活操作后才能生效起作用。MD数据和SD数据有4种生效方式，见表2-4-3。

表 2-4-3 MD 数据和 SD 数据生效方式

生效标识符	生效方式	用户操作
PO	断电重启后数据生效	1）关闭系统电源，重新通电 2）按屏幕右侧的 复位(po) 软键，热启动生效
CF	按【机床数据有效】软键后数据生效	按屏幕右侧的【机床数据有效】软键，热启动生效
RE	单击 "RESET" 按钮后生效	单击 MCP 操作面板上的 "RESET" 按钮后，数据生效
im	参数输入后立即生效	单击 按钮，完成数据的设定或修改后，立即生效

4. 机床数据和设定数据单位

常用机床数据和设定数据单位见表 2-4-4。

表 2-4-4 常用机床数据和设定数据单位

数据单位符号	数据单位说明
mm/min	毫米每分钟，进给速度
rpm	转每分钟，转速
m/s^2	米每二次方秒，线性加速度
rev/s^2	转每二次方秒，旋转加速度
$kg \cdot m^2$	千克二次方米，转动惯量
s	秒，时间测量单位
Hz	赫兹，频率
deg	度，角度测量单位
mm/rev	毫米每转，由旋转轴决定的线性进给率
m/s^3	米每三次方秒，线性加速度变化率
rev/s^3	转每三次秒，旋转加速度变化率
kg	千克，质量测量单位
mm	毫米，长度测量单位
$N \cdot m$	牛·米
mH	毫亨，感抗测量单位
A	安培，电流
V	伏特，电压

三、创建数据备份

数据备份主要包括 NC 数据、PLC 数据、驱动数据、HMI 数据的备份。

数据备份步骤如下。

1）按照图 2-4-5 所示步骤进入 "建立调试存档" 界面。

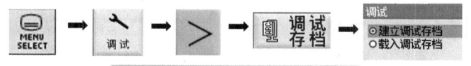

图 2-4-5 进入 "建立调试存档" 界面的路径

2）建立调试存档文件。根据需求进行全部数据归档或部分数据归档。系统自动默认选中 "全部" 选项，即对全部数据进行归档处理；也可勾选复选框完成需要归档数据的选择，未选择的选项将不被归档；选择完成后单击 "确认" 按钮，如图 2-4-6 所示。

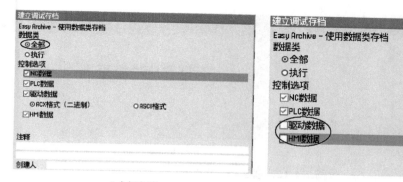

a) 全部存档   b) 选择性存档

图2-4-6 "全部"方式下建立调试存档文件

进入"建立调试存档"界面后，系统自动默认选中"全部"单选按钮，也可选中"执行"单选按钮，再选中下面某一项进行数据类别的选择性归档，选择完成后单击"确认"按钮。"执行"方式下建立调试存档文件如图2-4-7所示。

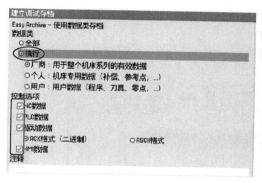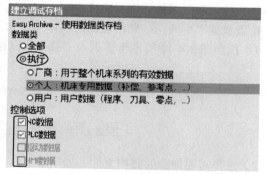

a) 全部存档   b) 选择性存档

图2-4-7 "执行"方式下建立调试存档文件

3）选择归档文件存储位置。归档文件可根据需要存储到U盘、CF卡或系统卡中，如图2-4-8所示。

4）创建存档文件名。在图2-4-9所示对话框中创建存档文件名。

图2-4-8 选择归档文件存储位置   图2-4-9 创建存档文件名

5）开始创建归档文件。创建文件名后单击"确定"按钮，系统开始创建归档文件，直至创建完成，如图2-4-10所示。

a) 开始创建　　　　　　　　　　　　　　　　b) 创建结束

图 2-4-10　创建归档文件

在对系统进行出厂设计时，存储在系统卡中的归档文件将被删除。因此，对于完成的归档文件应及时做好数据的存储和备份，以防数据丢失。

四、还原机床数据及读入批量调试文件

当机床数据因其他原因被修改、删除造成机床无法正常工作时，可将本机床原有归档数据重新加载恢复机床正常功能；在机床厂将同一型号的机床进行单独调试，并将机床数据归档后，可将归档文件加载到其他同型号机床中，以完成同型号机床的初步调试。其中螺距补偿数据、机床零点位置数据不可共用。归档数据的还原步骤如下。

1）按照图 2-4-11 所示步骤进入"载入调试存档"界面。

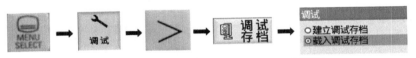

图 2-4-11　进入"载入调试存档"界面步骤

2）选择需要加载的归档文件，如图 2-4-12 所示。

3）确认加载归档文件，开始数据加载，如图 2-4-13 所示。数据加载完成之前不可对系统进行断电操作。

图 2-4-12　选择需要加载的归档文件

图 2-4-13　开始数据加载

4）提示框提示数据存档成功，如图 2-4-14 所示。

图 2-4-14 数据存档成功

实训任务 2-4 机床数据备份和还原实训

实训任务2-4-1 查看机床数据

按照表（训）2-4-1中的要求，查看机床数据设定。

表（训）2-4-1 查看机床数据

数据号	数据含义	数据设定值	数据生效方式
10000 [0]			
20070 [0]			
30110 [0]			
30130 [0]			
30240 [0]			
31030			
31050			
31060			
9900			

实训任务2-4-2 数控系统数据备份

将系统全部数据备份至计算机中，要求如下。

1）写出备份操作步骤。

2）将系统全部数据保存至计算机指定位置。

项目 2-5 数控系统初始设定

项目导读

在完成本项目学习之后，掌握数控系统初始设定的内容、方法和步骤，同时学习：

◆进入系统启动界面的操作方法

◆系统存储级别设置

◆系统日期和时间设置

◆系统语言设置

一、系统启动方式

系统通电后，按照以下步骤进入系统启动菜单。

1）进入基本启动菜单。在 SINUMERIK 828D 数控系统启动过程中出现 ⃝ Press SELECT key to enter setup menu"提示信息后，单击 MDA 面板上的 按钮，进入基本"Startup menu"启动菜单，如图 2-5-1 所示。

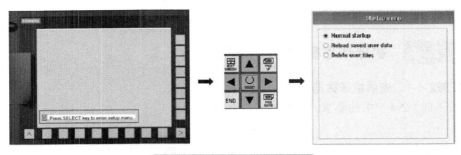

图 2-5-1　进入基本启动菜单

2）进入基本"Startup menu"启动菜单后，按顺序依次按图 2-5-2 所示标注顺序号的 3 个键，系统显示完整启动菜单如图 2-5-3 所示，用户可根据需求完成启动方式的不同选择。

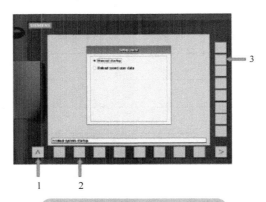

图 2-5-2　按照 1-2-3 顺序按键

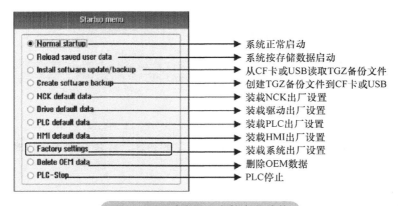

图 2-5-3　系统显示完整启动菜单

如果数控系统软件版本高于 V04.07，引导启动调用 Startup menu 时也可以使用 8-2-8 组合按键；最新触摸屏 PPU290 引导启动时调用 Startup menu 使用 8-2-8 组合按键。

3）装载系统出厂数据设置。将光标移至"Factory settings"选项，通过 MDA 面板上的"INPUT"键激活该选项，进行装载系统出厂数据设置（即数控系统初始化）。

4）激活该设置后，数控系统自动弹出"Do you want to delete manufacturer files additionally?"（是否删除制造商文件夹中数据），单击"Yes"或"No"按钮，使用 MDA 上的"INPUT"键确认选择结果，如图 2-5-4 所示。

图 2-5-4　确认是否删除制造商文件夹数据

单击"Yes"或"No"按钮装载或删除数据项目，见表 2-5-1。

表 2-5-1　单击"Yes"或"No"按钮装载或删除数据项目

单击"No"按钮数控系统会进行以下设定	单击"Yes"按钮数控系统会进行以下设定
装载 NC 西门子出厂设置 装载 PLC 西门子出厂设置 装载驱动西门子出厂设置 装载 HMI 西门子出厂设置 保留 /USER 下的数据	装载 NC 西门子出厂设置 装载 PLC 西门子出厂设置 装载驱动西门子出厂设置 装载 HMI 西门子出厂设置 删除 /oem 和 /addon 目录中的数据 删除 OEM 备份数据 删除 OEM 报警文本 删除 Easy Screen 应用程序

推荐首次系统调试时单击"Yes"按钮；如果是重新调试或恢复备份数据，则建议单击"No"按钮。

5）数控系统自动弹出"是否确定装载系统西门子出厂数据和删除制造商文件"，以及提示警告信息"现有的存储数据和用户文件同时被删除"。存储数据被删除后，系统按存储数据启动将不能还原系统装载西门子出厂数据前的状态，系统提示如图 2-5-5 所示。

6）单击"Yes"按钮后，按 MDA 上的"INPUT"键进行激活和确认，数控系统开始装载系统西门子出厂数据。装载完成后数控系统提示"请进行关机重启操作"，如图 2-5-6 所示。至此完成数控系统的初始化设置。

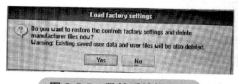

图 2-5-5　数控系统提示框

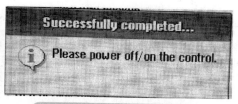

图 2-5-6　提示关机重启操作

二、系统存储级别设置

1. 数控系统存取级别划分

为了便于对数控系统各个功能和数据区域的读写管理，系统设定了 1~7 共 7 个存取级别。1 级为最高等级，7 级为最低等级。存取级别 1~3 通过口令生效，4~7 通过钥匙开关位置生效。存储级别设置见表2-5-2。

表2-5-2　存储级别设置

存取级别	口令	权限范围
1	口令：SUNRISE	制造商
2	口令：EVENING	服务
3	口令：CUSTOMER	用户
4	钥匙开关（橘红色）位置3	编程员、调试员
5	钥匙开关（绿色）位置2	合格的操作员
6	钥匙开关（黑色）位置1	受过培训的操作员
7	钥匙开关位置0（未插入钥匙）	学过相关内容的操作员

2. 钥匙开关存取级别选择

数控系统4~7存取级别选择需要使用特定的钥匙开关和编写4~7存取级别选择相关PLC程序共同完成。钥匙开关位于MCP面板的右下方，共有4个位置，使用3个不同颜色标记的钥匙完成不同存取级别的选择。SINUMERIK 828D数控系统钥匙及钥匙开关如图2-5-7所示。3种颜色钥匙可达到的开关位置和可选择的存取级别见表2-5-3。

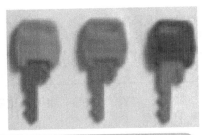

图2-5-7　SINUMERIK 828D 数控系统钥匙及钥匙开关

表2-5-3　钥匙可达到的开关位置和可选择的存取级别

钥匙颜色	开关位置	级别选择
无需钥匙	0	7
黑色	0、1	7、6
绿色	0、1、2	7、6、5
橙色	0、1、2、3	7、6、5、4

3. 钥匙开关挡位信号识别

钥匙开关挡位输入信号通过机床操作面板MCP上的I/O点输入到PLC。以机床控制面板MCP483为例，钥匙开关挡位所对应的I/O输入地址见表2-5-4。

表2-5-4　MCP483钥匙开关挡位输入信号

钥匙开关位置	钥匙开关输入地址
0	I114.7
1	I115.6
2	I114.6
3	I116.4

与钥匙开关对应的 PLC → NCK 信号见表 2-5-5，通过编写 PLC 程序，实现钥匙开关的各级权限。

表 2-5-5　钥匙开关对应的 PLC → NCK 信号

钥匙开关位置 3	钥匙开关位置 2	钥匙开关位置 1	钥匙开关位置 0
4 级	5 级	6 级	7 级
DB2600.DBX0.7	DB2600.DBX0.6	DB2600.DBX0.5	DB2600.DBX0.4

4. 数控系统存取级别设置

数控系统 1~3 级存取级别的选择通过在调试菜单界面设定口令生效，口令设置路径如图 2-5-8 所示，口令设置界面如图 2-5-9 所示；口令设置完成后，在显示界面左下角显示当前权限级别，如图 2-5-10 所示。

（1）口令设定　在高等级口令生效时输入低等级口令无效。若当前访问等级为"制造商"级别，则无法通过"CUSTOMER"口令将制造商等级降为用户级别。

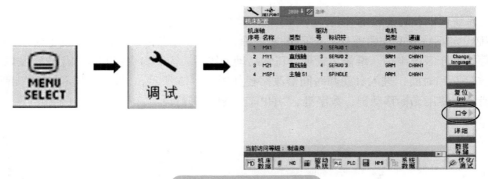

图 2-5-8　口令设置路径

当前访问等级：钥匙开关0
请输入口令：　*******

图 2-5-9　口令设置界面　　　　图 2-5-10　显示当前访问等级

（2）口令修改　口令修改即修改口令密码，是将原有存取级别的口令密码修改为其他口令密码。如制造商存取级别的原有口令为"SUNRISE"，通过口令修改可修改为"123"。口令"SUNRISE"失效，制造商存取级别口令密码变为"123"。在低等级口令生效时不能修改比其等级高的口令。口令修改路径如图 2-5-11 所示。

图 2-5-11　口令修改路径

（3）口令删除　删除当前有效口令。数控系统自动变为钥匙开关所在位置的存取级别。口令的删除也可以通过数据块 DB1200.DBB4001 完成。口令删除路径如图 2-5-12 所示。

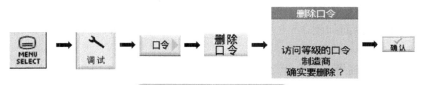

图 2-5-12　口令删除路径

三、系统日期和时间设定

正确设定系统时间非常重要，时间设定正确，系统才可以记录正确报警发生时间、文本创建时间等，便于系统维护、维修与管理。正常启动系统后，需要口令级别为"用户"及以上权限才可修改日期和时间，进入日期和时间修改路径如图 2-5-13 所示，"设置日期和时间"界面如图 2-5-14 所示，使用光标移动键、数字键、"INPUT"键等进行设定。

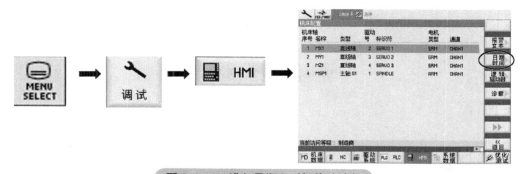

图 2-5-13　进入日期和时间修改路径

设置日期和时间		
□使用时间服务器		
当前时间	18.12.15	16:01:06
时间格式	d.M.yy	hh:mm:ss
新时间	15.12.18	16:01:06

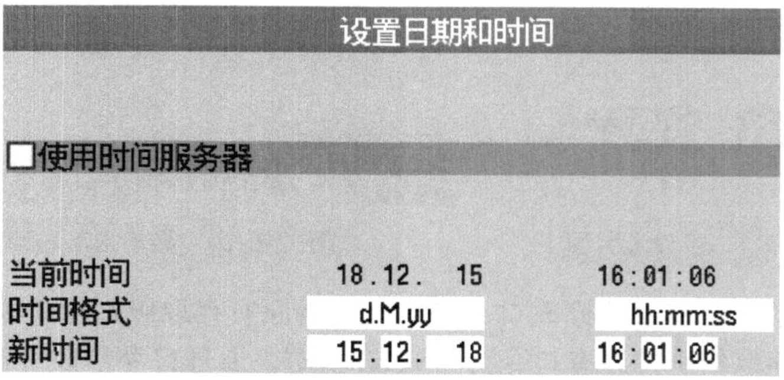

图 2-5-14　"设置日期和时间"界面

四、系统语言设置

数控系统进行系统出厂数据设置后，系统显示语言默认恢复为英文显示。在出厂时，SINUMERIK 828D 已默认预装了 9 种语言，这样便可以直接在操作界面上切换语言，无需再次载入系统语言数据，系统语言设置路径如图 2-5-15 所示，系统"语言选择"界面如图 2-5-16 所示，通过光标上下移动及确认键完成。

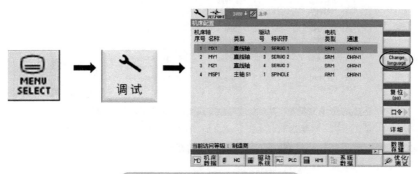

图 2-5-15　系统语言设置路径

图 2-5-16　系统"语言选择"界面

实训任务 2-5　数控系统初始设定实训

实训任务2-5-1　查看钥匙开关地址

按照图（训）2-5-1 所示操作步骤进入控制信号"状态列表"界面。如图（训）2-5-2 所示，将光标移动至"IB0"显示部分，并移动光标显示 IB112 及其以后部分，使用三色钥匙开关记录 IB 信号变化，记录至表（训）2-5-1 中。

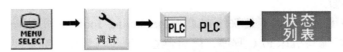

图（训）2-5-1　进入状态列表界面操作

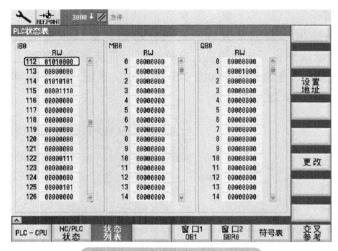

图（训）2-5-2　状态列表界面

表（训）2-5-1　钥匙开关挡位及输入信号地址

钥匙开关位置	钥匙开关输入地址
0	
1	
2	
3	

实训任务2-5-2　数控系统口令设置

将数控系统口令设置为"制造商"，写出设置步骤，截屏显示当前访问等级已经设置为"制造商"。

项目 2-6　PLC 调试

项目导读

在完成本项目学习之后，掌握编程工具软件 PLC Programming Tool 的使用方法，同时学习：

◆ 创建 PLC 程序

◆ 机床控制面板 MCP 及外围设备配置

◆ PLC 基本功能调试

一、创建PLC 程序

创建 PLC 程序借助于编程工具软件 PLC Programming Tool，利用编程工具软件可在计算机上根据机床控制要求编写机床 PLC 程序，然后建立计算机与数控系统之间的通信，将编写好的 PLC 程序下载至数控系统，实现机床 PLC 控制。

1. PLC Programming Tool 编程工具界面

双击计算机上的 PLC Programming Tool 编程软件图标，打开编程软件工作界面，如图 2-6-1 所示。工作界面由菜单、工具栏、指令树、浏览栏、工作区域、输出视窗等部分组成，供用户编写及编辑 PLC 程序、信号定义及注释、梯形图及信号监控、PLC 程序载入及下载用。

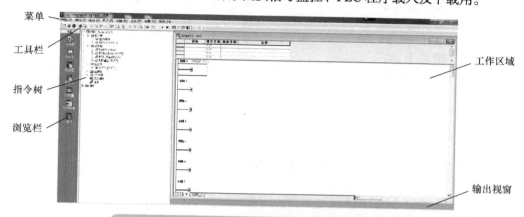

图 2-6-1　PLC Programming Tool 编程工具软件界面

2. 编程工具软件菜单使用

PLC Programming Tool 编程工具软件菜单部分包括"文件""编辑""检视""PLC（P）""排错""工具""视窗""帮助"等，各菜单项展开后二级菜单如图 2-6-2 所示，包含以下内容。

1）文件：用于新建、打开、关闭、保存、载入、下载 PLC 程序等。

2）编辑：用于对 PLC 程序进行编辑，包括复制、粘贴、全选、查找、替换、删除等操作。

3）检视：用于设置信号显示方式，工具栏显示内容设置，编程工具显示界面设置等。

4）PLC（P）：用于控制 PLC 程序运行、编译等操作。

5）排错：用于监控程序状态、信号状态。

6）工具：用于对工具栏内容进行选用或自定义；对梯形图的显示及运行状态显示，进行诸如范围、栅格规格、信号流颜色设定等。

7）视窗：工作区域打开界面显示方式。

8）帮助：提供 PLC 编程在线帮助。

图 2-6-2　PLC Programming Tool 各菜单项

常用菜单除了在子菜单中显示外，还设置了工具栏快捷方式，如图 2-6-3 所示。注意子菜单与快捷方式的对应方式，用户可以根据使用习惯选用。

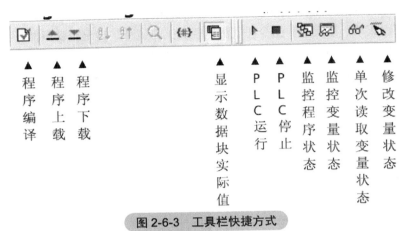

图 2-6-3　工具栏快捷方式

3. 程序组织

（1）SINUMERIK 828D 数控系统程序类型　SINUMERIK 828D 数控系统有两种类型的 PLC 程序，分别是主程序 OB1 和子程序 SBR××（×× 代表子程序号），各程序作用如下。

1）主程序 OB1：是 PLC 程序的组织程序，只有通过主程序才能调用子程序，主程序在每个 PLC 周期中运行一次。

2）子程序 SBR××：所有 PLC 逻辑都必须使用子程序，用于实现特定的功能，如机床操作面板子程序 NC_MCP 实现工作方式选择、程序控制方式选择等功能；轴控制子程序 NC_JOG_MCP 实现手动方式下坐标轴运动控制功能。子程序必须被主程序调用后才能执行其中的代码。SINUMERIK 828D 系统可以建立 256 个子程序，即 SBR0 ～ SBR255。

（2）SINUMERIK 828D 数控系统程序创建　新建一个 PLC 程序，打开 PLC Programming Tool 编程工具软件，出现一个文件名称默认为"项目1"的界面，包含两个空程序块，分别是主程序 OB1 及子程序 SBR0，如图 2-6-4 所示。

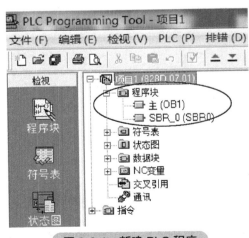

图 2-6-4　新建 PLC 程序

1）重命名子程序。如果子程序 SBR0 用于控制机床操作面板 MCP483，则可以对子程序进行重命名，便于识别。将光标置于 SBR0 处单击右键，选择快捷菜单中的"重新命名"命令，输入 MCP_483，子程序名称则重新定义了，如图 2-6-5 所示。

a) 重命名操作   b) 新名称

图 2-6-5 子程序重命名

2）插入子程序。如果新增子程序，则采用插入子程序操作。

选择菜单中的"编辑"→"插入"→"子程序"命令，在弹出的"属性"对话框中输入子程序名称及属性，则生成新的子程序，如图 2-6-6 所示。也可以将光标置于指令树程序块处，单击鼠标右键，也能够插入子程序。

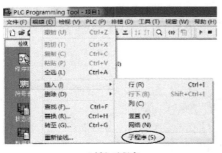 

a) 插入子程序   b) 子程序命名

c) 程序块

图 2-6-6 PLC Programming Tool 编程工具界面

3）调用子程序。必须使用主程序调用子程序，步骤如下。

双击"程序块"中的"主（OB1）"，如图 2-6-7a 所示，进入主程序编辑界面，矩形框出现在网络 1 中。根据控制方式选择"指令"中"位逻辑"符号，如选择常开触点，如图 2-6-7b 所示，输入触点操作数如 SM0.0（常 1 信号），如图 2-6-7c 所示，矩形框后移一位，单击"指令"中"子程序"下的 MCP_483（SBP0），如图 2-6-7d 所示，建立了主程序调用操作面板子程序网络。单击"网络 1"处，可以给网络 1 进行命名，如图 2-6-7e 所示。如果需要编辑 MCP_483 子程序，则单击工作区域底部"MCP_483"或指令树"程序块"下的子程序，如图 2-6-7f 所示，则可对操作面板子程序进行 PLC 程序编辑。

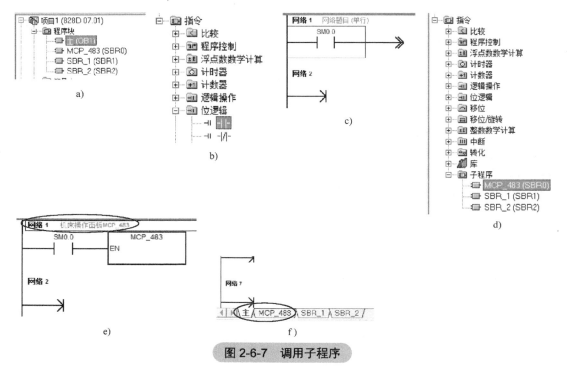

图 2-6-7　调用子程序

（3）程序网络创建与编辑　程序网络使用线圈的方式输出，只有当满足某些条件后才能激活线圈。线圈的插入方法和触点插入方法相同，必须为网络上的触点、线圈、功能指令等要素输入操作数。建议为网络输入注释以方便阅读，如图 2-6-8 所示。

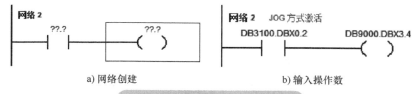

图 2-6-8　程序网络创建与编辑

可以使用工具栏上的"线下""线上""线左""线右"创建网络分支，如图 2-6-9 所示。

（4）PLC 指令选用　PLC 编程工具支持各种指令，包括比较、程序控制、浮点数数学计算、计时器、计数器、逻辑操作、位逻辑、移位、移位 / 旋转、整数数学计算、中断、转化、库、子程序等，如图 2-6-10 所示，编程时可以在指令树的"指令"分支中查找指令。

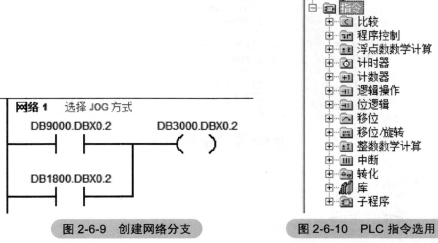

图 2-6-9　创建网络分支　　　　　图 2-6-10　PLC 指令选用

如果需要了解指令的含义及用法，单击待查指令（如比较指令），按 F1 键可获得帮助信息，如图 2-6-11 所示。

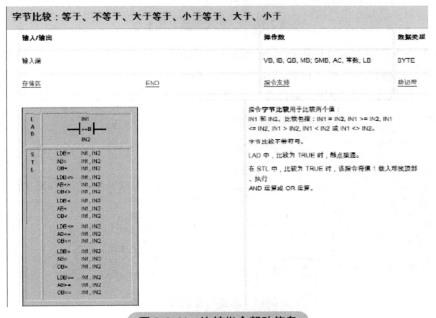

图 2-6-11　比较指令帮助信息

4. 符号表创建与应用

符号表用于对信号进行命名和注释，以方便查找、阅读和理解。

（1）符号表新建　在 PLC Programming Tool 编程工具指令树中，有"符号表"文件夹，右键单击"符号表"文件夹并选择快捷菜单中的"插入符号表"命令，即可新建符号表，如图 2-6-12 所示。

这时在指令树中展开符号表文件夹以及在符号表窗口底部均会显示新建的符号表，如默认名称符号表"USR3"，如图 2-6-13 所示。

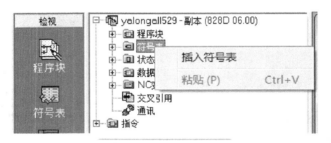

图 2-6-12　新建符号表

图 2-6-13　新建符号表显示

对于新建的符号表，可以根据功能要求修改符号表名称，便于阅读。在指令树新建符号表处单击鼠标右键，出现快捷菜单，选择"重新命名"命令，即可修改符号表名称，如将默认名称符号表"USR3"修改为 NC_MCP，如图 2-6-14 所示。

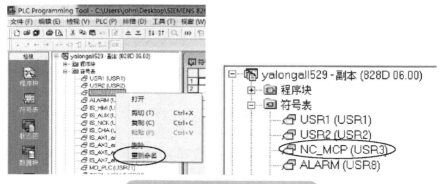

图 2-6-14　新建符号表修改名称

（2）符号表编辑　对于新创建的符号表，可以对符号内容进行编辑。如机床操作面板MCP483 上的 JOG 按钮（点动）地址为 IB112.3，所实现的功能是机床 JOG 工作方式，在符号表上对符号"名称""地址""注释"进行编辑，如图 2-6-15 所示。

机床控制面板发出的信号（按键）							
字节	位 7	位 6	位 5	位 4	位 3	位 2	位 1	位 0
IB 112	主轴速度倍率				运行方式			
	D	C	B	A	点动	示教	MDA	自动

a) JOG 信号地址

	名称	地址	注释
1	MCP_JOG_BUT	IB123	MCP JOG BUTTON
2			
3			
4			
5			

b) 符号表编辑

图 2-6-15　PLC Programming Tool 编程工具界面

（3）符号表应用　对于所编写的梯形图，如果梯形图网络中含有所编辑的符号，在“检视”菜单中勾选“符号信息表”复选框，则在梯形图网络下方显示符号信息，如图 2-6-16 所示。

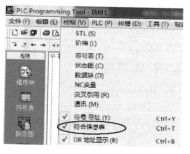

a) 勾选“符号信息表”

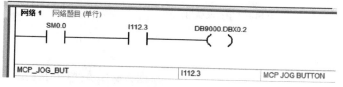

b) 显示信号信息

图 2-6-16　梯形图网络下方显示信号编辑内容

5. 交叉引用

PLC Programming Tool 编程工具具有交叉引用功能，通过单击浏览栏中的“交叉引用”图标或选择指令树中的“交叉引用”菜单，都能形成信号交叉引用表，如图 2-6-17 和图 2-6-18 所示。

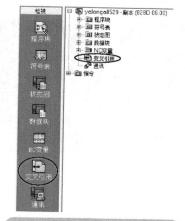

图 2-6-17　选择“交叉引用”

交叉引用

	元素	块	位置	上下文
1	IB112	PLC_INPUT (~	网络 18	MOV_B
2	IB115	PLC_INPUT (~	网络 15	MOV_B
3	I0.6	MAIN (OB1)	网络 1	PLC_INPUT
4	I0.6	MAIN (OB1)	网络 1	PLC_INPUT
5	I0.7	MAIN (OB1)	网络 1	PLC_INPUT
6	I1.0	MAIN (OB1)	网络 1	PLC_INPUT
7	I1.1	MAIN (OB1)	网络 1	PLC_INPUT
8	I1.4	MAIN (OB1)	网络 1	PLC_INPUT
9	I1.4	MAIN (OB1)	网络 1	PLC_INPUT
10	I2.0	MAIN (OB1)	网络 1	PLC_INPUT
11	I2.0	TM_DSK_CH~	网络 25	-|/|-
12	I2.0	TM_DSK_CH~	网络 25	-| |-
13	I2.1	MAIN (OB1)	网络 1	PLC_INPUT
14	I2.1	TM_DSK_CH~	网络 26	-|/|-
15	I2.1	TM_DSK_CH~	网络 26	-| |-

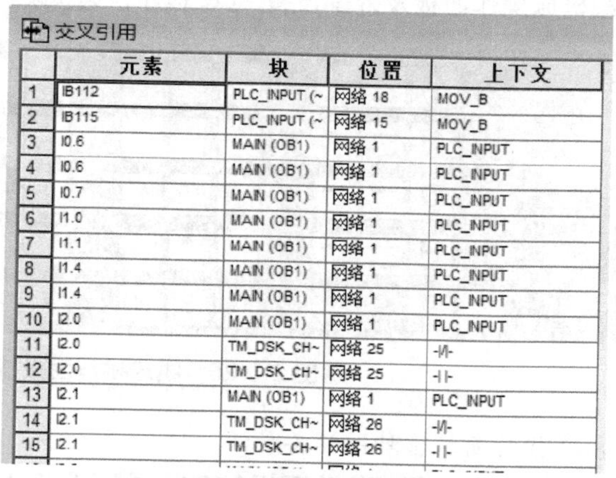

图 2-6-18　交叉引用表

交叉引用表用于列出单个操作数的信息。通过交叉引用表，可以查找信号所位于的程序块及程序块的具体网络号，便于追踪信号走向，对信号进行逻辑分析及故障查找。

【示例 2-6-1】关于急停信号 DB2600.DBX0.1 的交叉引用。在图 2-6-19a 所示程序块梯图中，急停信号 DB2600.DBX0.1 通过交叉引用，在交叉引用表中可看到该信号在程序块 NC_EMG_STOP（SBR3）网络 3 中被置位，在网络 4 中被复位，在程序块 AUX_AUTO_POWER_OFF（SBR10）中被置位，如图 2-6-19b 所示。在交叉引用表中双击要查询的一行“元素、块、位置、上下文”中任一要素，即可切换至该要素梯形图界面。如双击图 2-6-19b 所示表中第 3 行，即切换至程序块 AUX_AUTO_POWER_OFF（SBR10）梯形图网络 2 中，如图 2-6-19c 所示。

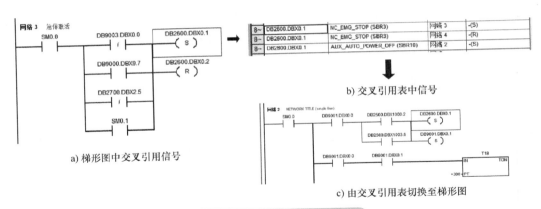

a) 梯形图中交叉引用信号

b) 交叉引用表中信号

c) 由交叉引用表切换至梯形图

图 2-6-19　交叉引用应用示例

在信号交叉引用前，需要对梯形图进行编译，编译成功准备就绪后方可进行交叉引用。

二、机床操作面板MCP及外围设备配置

1.机床操作面板控制功能

标准机床操作面板 MCP 按键及旋钮布局如图 2-6-20 所示，用于实现急停、复位、工作方式选择、程序控制方式选择、轴及轴方向选择、主轴及其速度控制、进给及其速度控制等功能。对于一个新的数控系统，在对系统进行驱动调试之前，必须先激活机床操作面板 MCP 及 I/O 模块，然后下载机床操作面板及外围设备 PLC 程序，确保驱动调试时的安全和动作。

图 2-6-20　机床操作面板按键、旋钮布局

2.机床操作面板、外围设备激活

数控系统 PPU、机床操作面板 MCP、外围设备 PP72/48 通过 Profinet 网络进行连接，将机床操作面板 MCP 拨码开关 S2、外围设备 PP72/48 上拨码开关 S1 按照网络连接顺序进行拨码，便能对相应硬件进行 IP 地址标识。S1/S2 拨码开关共有 10 位，其中第 9 位、第 10 位设置为 1，表示 Profinet 连接方式；拨码开关 1 ~ 8 位拨至 1 位时根据二进制权值运算代表不同的值，不同的拨码组合代表硬件不同地址，见表 2-6-1。

表 2-6-1　拨码开关位置值

开关 S1/S2 位置	1	2	3	4	5	6	7	8	9	10
二进制值	1	2	4	8	16	32	64	128	Profinet=1	Profinet=1

机床操作面板 MCP、外围设备 PP72/48 拨码开关位置及对应的 IP 地址见表 2-6-2。

表 2-6-2　拨码开关位置及对应的 IP 地址

序号	模块连接序号	拨码开关位置	IP 地址	MD12986[n] 参数设置
1	连接第一块 PP72/48D PN	1 和 4 拨 ON	192.168.214.9	MD12986[0] =−1
2	连接第二块 PP72/48D PN	4 拨 ON	192.168.214.8	MD12986[1] =−1
3	连接第三块 PP72/48D PN	1、2 和 3 拨 ON	192.168.214.7	MD12986[2] =−1
4	连接第四块 PP72/48D PN	2 和 3 拨 ON	192.168.214.6	MD12986[3] =−1
5	连接第五块 PP72/48D PN	1 和 3 拨 ON	192.168.214.5	MD12986[4] =−1
6	机床操作面板 MCP	7 拨 ON	192.168.214.64	MD12986[6] =−1

【示例 2-6-2】数控系统配置 MCP483 操作面板，通过 Profinet 连接两个 PP72/48 模块。机床操作面板 MCP483 拨码开关第 7 位拨至 ON 位置，IP 地址为 192.168.214.64；连接第 1 块 PP72/48 拨码开关第 1 位、第 4 位拨至 ON，IP 地址为 192.168.214.9；连接第 2 块 PP72/48 拨码开关第 4 位拨至 ON，IP 地址为 192.168.214.8，拨码开关位置如图 2-6-21 所示。

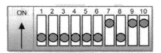

a) 机床操作面板MCP483拨码　　　b) 第1块PP72/48拨码　　　c) 第2块PP72/48拨码

图 2-6-21　PP72/48 拨码开关位置

拨码设置完成后还需要通过参数设置激活硬件，将通用机床数据 MD12986 相应位按照表 2-6-2 要求设置为 −1，即完成硬件激活，如图 2-6-22 所示。

12986[0]	$MN_PLC_DEACT_IMAGE_LADDR_IN	−1	po M	── PP72/48
12986[1]	$MN_PLC_DEACT_IMAGE_LADDR_IN	9	po M	
12986[2]	$MN_PLC_DEACT_IMAGE_LADDR_IN	18	po M	
12986[3]	$MN_PLC_DEACT_IMAGE_LADDR_IN	27	po M	
12986[4]	$MN_PLC_DEACT_IMAGE_LADDR_IN	36	po M	
12986[5]	$MN_PLC_DEACT_IMAGE_LADDR_IN	96	po M	
12986[6]	$MN_PLC_DEACT_IMAGE_LADDR_IN	−1	po M	── MCP
12986[7]	$MN_PLC_DEACT_IMAGE_LADDR_IN	−1	po M	

图 2-6-22　MD12986 参数设定激活硬件

三、PLC基本功能调试

1. PLC 基本功能程序块

PLC 基本功能调试，包括对机床使能信号控制、急停功能、机床操作面板功能、手轮功能等进行调试，对应每个功能编写子程序块。PLC Programming Tool 编程工具提供了这些功能的例子程序，可以直接用于子程序。但需要在例子程序中根据硬件连接匹配好机床操作面板 MCP、外围设备 PP72/48I/O 地址，通过主程序 OB1 调用基本功能程序块，便能进行 PLC 基本功能调试。

PLC 基本功能子程序（例子程序）及其实现功能见表 2-6-3。

表 2-6-3　PLC 基本功能程序块

序号	子程序名称	子程序功能
1	NC_EMG_STOP	用于急停与通、断电时序功能，包括： 1）急停 2）通、断电时序 3）系统使能 EP、OFF1、OFF3 信号
2	NC_MCP	用于实现机床操作面板相关功能，如图 2-6-23 所示，主要包括： 1）机床方式组的选择 2）程序启动、停止、复位控制 3）主轴倍率、进给倍率以及进给保持和读入禁止等
3	NC_JOG_MCP	用于实现机床操作面板手动功能块，如图 2-6-24 所示，包括： 1）MCP 轴选择，轴正、负向运动 2）轴的快速移动 3）主轴正、反转
4	NC_PROGRAM_CONTROL	用于实现程序控制功能，包括： 1）程序测试（PRT） 2）空运行（DRY） 3）选择性停止（M01） 4）跳段（SKP） 5）手轮偏置（DRF）
5	NC_AXIS_CONTROL	用于实现轴控制功能，包括： 1）轴使能及轴控制使能 2）倍率激活 3）第一、第二测量系统激活 4）硬件限位控制 5）各轴回零的控制
6	NC_HANDWHEEL	用于实现手轮功能控制，包括： 1）西门子 Mini HHU、第三方手轮以及电子手轮等 3 种选择 2）手轮轴选 3）手轮倍率 4）手轮使能
7	PLC_INPUT	用于处理以下输入信号： 1）MCP 面板按键和通过外部 I/O 模块输入信号 2）如果使用西门子标准的 MCP483 和 MCP310，本程序块已经处理好相关输入信号地址，可直接调用 3）如果为第三方面板，则需要使用者根据面板的实际情况在子程序的 LBL3 中自行修改
8	PLC_OUTPUT	用于处理以下输出信号： 1）MCP 面板指示灯和通过外部 I/O 模块输出信号 2）如果使用西门子标准的 MCP483 和 MCP310，则本程序块已经处理好相关输出信号地址，可直接调用 3）如果为第三方面板，则需要使用者根据面板的实际情况在子程序的 LBL3 中自行修改

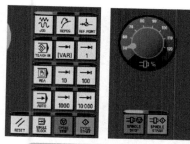

图 2-6-23　NC_MCP 子程序实现功能

图 2-6-24　NC_JOG_MCP 子程序实现功能

2. 建立基本功能程序块

建立基本功能程序块步骤如下。

（1）新建 PLC 项目　打开 PLC Programming Tool 编程工具软件，新建 PLC 项目。

（2）建立 PLC 基本功能程序块　在 PLC 例子程序中复制相应功能子程序块，如"NC_EMG_STOP"，粘贴至在新建 PLC 项目指令树"程序块"中，在弹出的"属性"对话框中可修改程序名称及其他属性，如图 2-6-25 所示，按照这个方法建立全部 PLC 基本功能程序块。根据实际硬件连接和功能需要，可对输入输出地址进行相应修改。

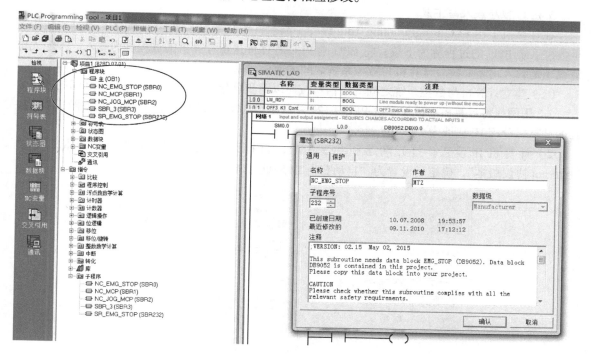

图 2-6-25　新建 PLC 基本功能程序块

（3）在主程序中调用 PLC 基本功能程序块　基本功能程序块建立后，需要在主程序 OB1 中调用。双击主程序 OB1，在网络中输入基本功能程序块调用条件，如常 1 信号 SM0.0，双击指令树子程序中需要调用的功能块，如 NC_MCP，则功能块被调用了，如图 2-6-26 所示。调用基本功能主程序示例如图 2-6-27 所示。

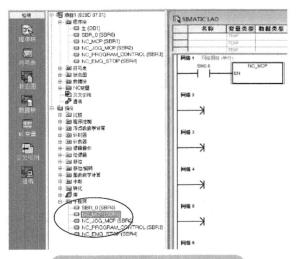

图 2-6-26　调用基本功能子程序

图 2-6-27　主程序调用基本功能子程序示例

3. PLC 程序载入与下载

在计算机上用 PLC Programming Tool 编程工具软件编写数控系统 PLC 程序，通过网线传送至数控系统 PPU 的过程称为下载；将 PPU 中 PLC 程序传送至计算机的过程称为载入。程序无论下载还是载入均需要建立计算机与数控系统之间的通信联系。

（1）建立计算机与数控系统之间的通信　按照以下步骤建立计算机与数控系统之间的通信。

1）用网线将计算机与数控系统 PPU X127 调试接口连接，X127 口是 DHCP 服务器，给连接它的计算机分配 IP 地址为 192.168.215.1。

2）计算机 IP 设置。打开网络和共享中心，再打开"本地连接 属性"对话框，单击"Internet 协议版本"，确定后设置为"自动获得 IP 地址"，如图 2-6-28 所示。

图 2-6-28　计算机的 IP 地址设置

3）打开 PLC Programming Tool 编程工具软件，单击浏览栏或指令树中的"通讯"选项，如图 2-6-29a 所示，弹出"通讯设定"对话框，在"远程地址"文本框中输入 X127 分配给计算机的 IP 地址"192.168.215.1"，如图 2-6-29b 所示。

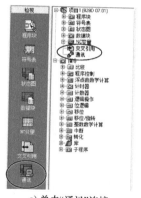

a) 单击"通讯"连接

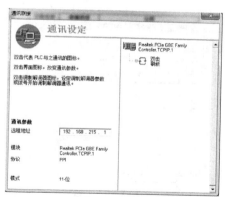
b) IP地址设定

图 2-6-29　计算机上的通信设定

4）检查"通讯设定"对话框网卡型号是否为本机网卡型号，如果不是，双击"通讯设定"提示框网卡图标处，进行网卡重新选择。

5）双击"通讯设定"对话框中的"双击刷新"，如果出现带绿色边框的"SINUMERIK 828D"图标，说明建立了计算机与数控系统之间的通信连接，如图 2-6-30 所示。

（2）PLC 程序载入　打开 PLC Programming Tool 编程工具软件，梯形图编辑区域呈现空白画面。建立计算机与数控系统之间的通信，双击软件上载入图标，如图 2-6-31a 所示，弹出"载入"对话框，如图 2-6-31b 所示。选择待上传的程序

图 2-6-30　计算机与数控系统之间的通信建立

块及数据块，如果是用于完全备份，建议选择所有的程序块，单击"确认"按钮后会弹出载入成功提示框，同时 PLC Programming Tool 编程工具软件梯形图编辑区域出现数控系统梯形图。

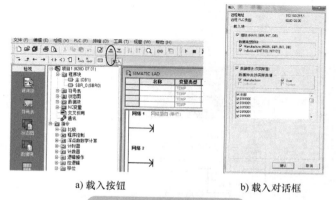
a) 载入按钮　　　　　b) 载入对话框

图 2-6-31　PLC 程序载入

载入后 PLC Programming Tool 编程工具软件显示系统 PLC 程序，如图 2-6-32 所示。

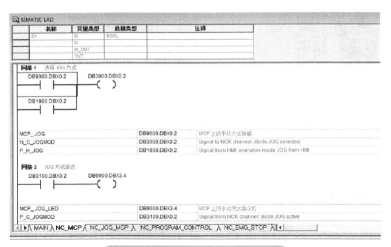

图 2-6-32　载入后的 PLC 程序

（3）PLC 程序下载　在 PLC Programming Tool 编程工具软件中编辑好的梯形图如 PLC 基本功能程序块，在通信建立好的情况下，双击软件上的下载图标，如图 2-6-33a 所示，弹出"下载"对话框，如图 2-6-33b 所示，勾选需要下载的程序块、数据块，单击"确认"按钮，出现"下载"模式选择及其应用场合提示框，如图 2-6-34 所示，根据实际情况选择 PLC 在 RUN 模式下下载或在 STOP 模式下下载。下载完成后，编程工具软件界面弹出下载成功对话框。

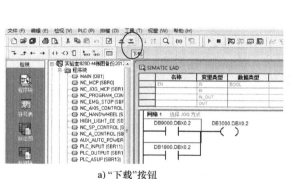

a)"下载"按钮　　　　　　　　　　　　　　　b)"下载"对话框

图 2-6-33　PLC 程序下载

图 2-6-34　下载模式选择

程序下载成功后，数控系统 HMI 画面显示 PLC 程序初始化进行中界面，如图 2-6-35 所示。初始化结束后，数控系统载入程序完成。

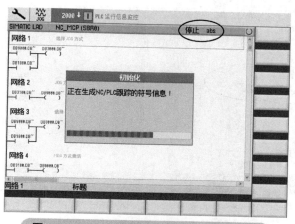

图 2-6-35　HMI 显示 PLC 程序初始化状态

如果 PLC 在 STOP 模式下下载，数控系统 PLC 在梯形图下载完成后处于停止状态，如图 2-6-35 标记处所示，按 HMI 垂直软键 VSK〖PLC 启动〗，或在 PLC Programming Tool 编程工具软件的"PLC（P）"下拉菜单中单击"运行"命令或单击工具栏中的程序启动按钮▶，PLC 程序则进入运行状态，如图 2-6-36 所示。

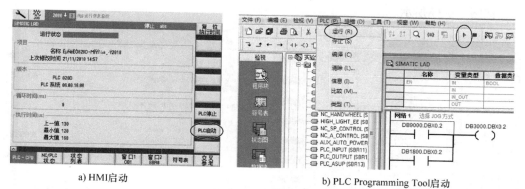

a) HMI启动　　　　　　　　　　b) PLC Programming Tool启动

图 2-6-36　PLC 启动

4. PLC 程序状态监控

可以通过两种方式对数控系统 PLC 程序进行监控，即通过 SINUMERIK 828D 的 HMI PLC 状态监控以及通过 PLC Programming Tool 编程工具软件的 PLC 状态监控。

（1）基于 SINUMERIK 828D HMI 的 PLC 状态监控　可以通过以下操作步骤进入 HMI 的

PLC 监控画面。

选择"MENU SELECT"→〖调试〗→〖PLC〗，按〖窗口 1 OB1〗或〖窗口 2 SBR0〗软键，即可进入梯形图界面。

要想监控梯形图状态，HMI 的垂直软键 VSK2 要处于"程序状态关"的模式，表明已经打开了"程序状态开"的状态。

例如，在机床操作面板 MCP 上选择 JOG 工作方式，监控梯形图状态，JOG 方式被激活，信号 DB9000.DBX3.4 被激活，如图 2-6-37 中网络 2 所示。

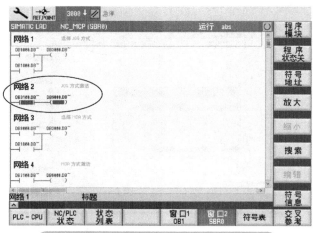

图 2-6-37　通过 HMI 监控 PLC 程序状态

HMI 水平软键默认显示〖窗口 1 OB1〗或〖窗口 2 SBR0〗，要想查看其他子程序，按照以下步骤操作。

按〖程序模块〗软键，进入程序模块选择界面，如图 2-6-38 所示，将光标移动至所要选择的程序，如 SBR1，按〖打开〗软键，即进入所选择子程序界面，同时底部软键处显示〖窗口 2 SBR1〗，如图 2-6-39 所示。

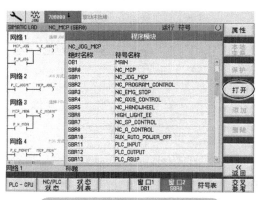

图 2-6-38　程序模块选择界面

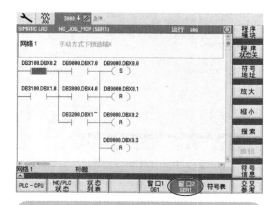

图 2-6-39　显示所选择子程序 SBR1 状态

（2）基于 PLC Programming Tool 编程工具软件的 PLC 状态监控　在 PLC Programming Tool 编程工具软件上也可以监控程序状态，按照以下步骤进行。

1）建立计算机与数控系统之间的通信。

2）在编程工具软件中载入数控系统 PLC 程序。

3）HMI 垂直软键 VSK2 显示为〖程序状态开〗，表明数控系统程序状态监控已经关闭，HMI 梯形图界面不呈现程序导通状态。图 2-6-40 所示为"网络 1 手动方式下预选 X 轴"。

4）在 PLC Programming Tool 编程工具软件工具栏中单击"程序状态"按钮，在机床操作面板 MCP 上按 X 轴选开关，则在编程工具软件中显示信号 DB9000.DBX8.0 为导通状态，如图 2-6-41 所示。

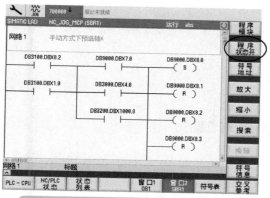

图 2-6-40　HMI PLC 程序状态监控关闭

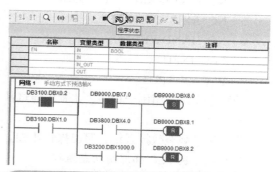

图 2-6-41　PLC Programming Tool 编程工具软件监控程序状态

实训任务 2-6　PLC 调试实训

实训任务2-6-1

画出所使用数控系统 PPU、机床操作面板 MCP、输入输出模块 PP72/48 通过 Profinet 的连接图。

实训任务2-6-2

关于机床操作面板及输入输出模块，完成下面实训任务并记录在表（训）2-6-1 中。

1）根据所使用数控系统实际设置，画出机床操作面板 MCP 拨码开关 S2、输入输出模块 PP72/48 拨码开关 S1 的拨码示意图，并写出对应硬件的 IP 地址。

2）在数控系统〖机床数据〗中查看各模块对应参数 MD12986 的设定位及其设定值。

表（训）2-6-1　Profinet 连接模块拨码开关及其 IP 地址设定

硬件模块 \ 设定	拨码开关拨码位置图	对应 IP 地址	参数 MD12986 设定位及设定值
机床操作面板 MCP			
输入输出模块 PP72/48-1			
输入输出模块 PP72/48-2			

实训任务2-6-3

利用 PLC Programming Tool 编程工具软件，创建 PLC 程序，具体要求如下。

1. 创建一个新的 PLC 程序

要求包含主程序和以下子程序。

1）NC_EMG_STOP。

2）NC_MCP。

3）NC_JOG_MCP。

4）NC_PROGRAM_CONTROL。

5）NC_AXIS_CONTROL。

6）NC_HANDWHEEL。

7）PLC_INPUT。

8）PLC_OUTPUT。

子程序建议选用例子程序，主程序通过常 1 信号调用子程序。

2. 程序下载

将程序下载至数控系统，写出操作步骤。

3. 数控系统 PLC 梯形图状态监控

通过 SINUMERIK 828D 的 HMI 界面及 PLC Programming Tool 编程工具软件监控数控系统 PLC 状态，按照具体要求将相应网络状态截屏粘贴至表（训）2-6-2 中。

表（训）2-6-2　PLC 梯形图状态监控

监控方式 监控要求	SINUMERIK 828D HMI 监控	PLC Programming Tool 编程工具软件监控
在机床操作面板上按 JOG 方式键，监控子程序 NC_MCP 中"选择 JOG 方式"梯形图状态		
在机床操作面板上按 Y 轴选键，监控子程序 NC_JOG_MCP 中"手动方式下预选 Y 轴"梯形图状态		
按"急停"按钮，监控子程序 NC_ENG_STOP 中"急停激活"梯形图状态		

项目 2-7　驱动器调试

项目导读

在完成本项目学习之后，掌握驱动器调试内容、方法和步骤，同时学习：

◆固件升级操作及应用场合

◆新系统配置驱动和数控系统二次配置驱动

◆配置电源

◆轴分配操作及其故障诊断

在 PLC 安全功能控制程序准确无误及完成 PLC 程序加载后，可开始进行驱动器调试。驱动器调试过程通常按照以下 4 个流程进行。

1）固件升级。

2）配置驱动。

3）配置电源。

4）NC 轴分配。

一、固件升级

1. 启动固件升级

固件升级也称为固件更新。在数控系统初次上电调试或更换驱动器硬件后，必须进行固件升级更新，确保驱动器的固件版本和控制系统的软件版本一致。固件是写入 Drive-CLIQ 组件内部闪存的小软件程序，通过固件升级更新使硬件紧跟最新技术的发展。Drive-CLIQ 组件前期全部采用相同的固件版本，而最终的固件版本取决于当前的系统软件版本。

固件升级过程如下。

1）固件升级启动。PPU 单元第一次正常连接到驱动单元后，自动对驱动进行固件升级。

2）固件升级过程。固件升级期间，驱动模块上的“RDY”指示灯会红色→绿色闪烁。

3）固件升级结束。固件升级结束后，HMI 上会出现重启系统及驱动的提示，必须关闭整个控制系统，包括 PPU 和所有带 Drive-CLIQ 接口的组件，如电源模块、电动机模块、电动机和 SMC 模块等，断电重启后驱动固件才能生效。

固件升级期间严禁断电。

2. 查看固件版本

可以通过两种界面查看固件版本。

（1）在诊断界面下查看　按照图 2-7-1 所示步骤进行操作，可在诊断方式下查看驱动器固件版本信息，固件版本信息如图 2-7-2 所示。

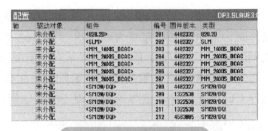

图 2-7-1　诊断方式下查看固件版本

配置　DP3.SLAVE3:

轴	驱动对象	组件	编号	固件版本	类型
	未分配	<828.2D>	201	4402332	828.2D
	未分配	<SLM>	202	4402327	SLM
	未分配	<MM_1AXIS_DCAC>	203	4402327	MM_1AXIS_DCAC
	未分配	<MM_2AXIS_DCAC>	204	4402327	MM_2AXIS_DCAC
	未分配	<MM_2AXIS_DCAC>	205	4402327	MM_2AXIS_DCAC
	未分配	<MM_2AXIS_DCAC>	206	4402327	MM_2AXIS_DCAC
	未分配	<MM_2AXIS_DCAC>	207	4402327	MM_2AXIS_DCAC
	未分配	<SM120/DQI>	208	4402327	SM120/DQI
	未分配	<SM120/DQI>	209	1322530	SM120/DQI
	未分配	<SM120/DQI>	210	1322530	SM120/DQI
	未分配	<SM120/DQI>	211	1322530	SM120/DQI
	未分配	<SM120/DQI>	212	4503005	SM120/DQI

图 2-7-2　固件版本信息

（2）在调试界面下查看　在调试界面下也可以查看驱动器固件版本信息，操作步骤如图 2-7-3 所示，所看到的固件版本信息与诊断界面下相同。

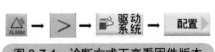

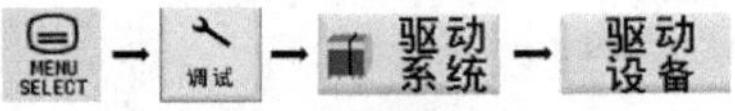

图 2-7-3　程序控制选择

二、配置驱动

1. 配置驱动的作用

配置驱动的过程是数控系统与所连接驱动器建立软连接的过程。数控系统初次上电或进行出厂设置后，需要确定所连接的组件信息，包括以下几项。

1）组件的类型，类型包括电源模块、伺服电动机驱动模块、伺服电动机、编码器等。

2）获取组件电子铭牌信息，包括模块的功率、确定是单轴模块还是双轴模块等。

2. 新系统配置驱动

（1）数控系统硬件配置与连接　配置驱动时，首先要明确数控系统硬件配置、连接方式及连接顺序。例如，某加工中心数控系统、驱动装置硬件配置及其连接如图 2-7-4 所示，采用 16kW 非调节型进线电源模块，配置一个单轴伺服驱动器用于控制主轴电动机，配置两个双轴驱动器用于控制 X 轴、Y 轴、Z 轴和 A 轴，所有电机都配置有编码器，并连接在相应伺服驱动器 202 或 203 接口上。以此配置为例，说明配置驱动的过程及方法。

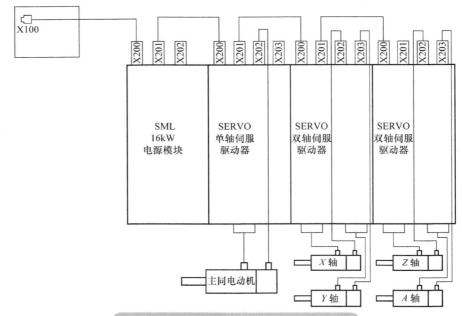

图 2-7-4　某加工中心驱动硬件配置与连接

（2）数控系统初次通电驱动系统诊断　数控系统初次通电或进行出厂设置后还未进行配置驱动操作时，通电后数控系统自动弹出"120402 总线 3. 从机 3：#（CU_I_3.3:1）：SINAMICS 首次开机调试成功！"报警信息，同时提示对所有驱动设备进行配置，如图 2-7-5 所示。

可通过诊断界面查看数控系统识别到的组件，如图 2-7-6 所示，此时数控系统只检测到了自身组件 CU 单元，并未检测到与其相连的其他组件。

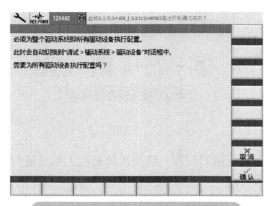

图 2-7-5　新系统提示执行驱动配置

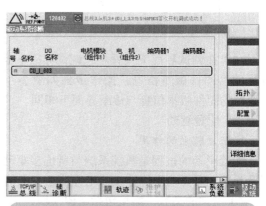

图 2-7-6　数控系统初次通电驱动系统诊断

（3）执行配置驱动　返回驱动设备执行配置提示界面，按照以下步骤执行驱动配置。

1）按 √确认 软键，数控系统开始为所有驱动器设备执行配置操作，如图2-7-7所示。

2）根据提示，执行"NCK上电复位（热启动）"操作，如图2-7-8所示。

图2-7-7　数控系统开始执行驱动配置操作

图2-7-8　执行NCK通电复位操作

3）数控系统完成通电复位操作后自动弹出图2-7-9所示界面。对于16kW以上的电源模块按〖供电〗软键执行供电配置操作；对于没有超过16kW的电源模块按〖确认〗软键继续进行驱动配置，本次操作按〖确认〗软键。

驱动配置完成后数控系统自动刷新界面，显示驱动配置成功后数控系统识别到的组件。数控系统自动识别每个组件的版本号、类型和比较等级，并根据组件类型和实际的硬件连接顺序对驱动对象和组件进行编号，驱动配置完成后其界面如图2-7-10所示。

关于驱动配置完成后的"配置"界面，有以下几点需要说明。

1）小功率SLM电源模块没有Drive-CLIQ接口，硬件配置不会出现在驱动的拓扑结构中。

2）通过SMC20、SMC30模块转接的电动机编码器和外置编码器无法被自动识别出来，硬件配置不会出现在驱动的拓扑结构中。

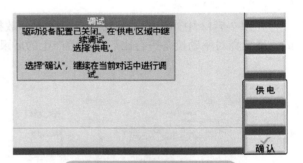

图2-7-9　配置驱动继续进行

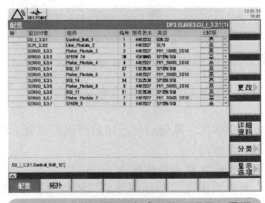

图2-7-10　驱动配置完成后的"配置"界面

3.数控系统二次配置驱动

如果数控系统已经进行过配置驱动操作，而又需要重新配置驱动，则要先恢复出厂设置，将之前的驱动配置数据删除后才可重新配置驱动。

有两种方法可以恢复驱动出厂设置。

1）通过进入"Start up menu"启动菜单进行操作。按照操作步骤进入"Start up menu"启动菜单界面，选中"Drive default data"（装载驱动出厂设置）单选按钮，即可完成恢复出厂设置，"Start up menu"启动菜单界面如图 2-7-11 所示。

2）通过〖出厂设置〗软键进行操作。也可通过"调试"菜单下的〖出厂设置〗软键完成恢复驱动出厂设置。进入〖出厂设置〗的操作步骤如图 2-7-12 所示。

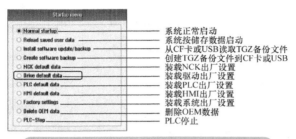

图 2-7-11　"Start up menu"启动菜单界面

图 2-7-12　进入"出厂设置"操作

系统弹出提示框，提示需要对哪些设备进行恢复出厂设置，根据需要在垂直软键中进行选择，如图 7-2-13 所示。

在图 2-7-13 中如果按〖驱动设备〗软键，数控系统自动弹出图 7-2-14 所示对话框，提示调试人员选择对驱动设备进行出厂设置后产生的后果，并请求再次确认是否执行该操作。

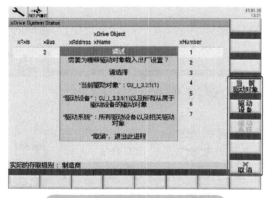

图 2-7-13　恢复出厂设置选项

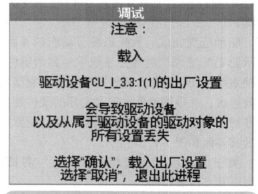

图 2-7-14　恢复驱动出厂设置"注意"提示

按〖确认〗软键后便开始进行出厂设置，然后对数控系统二次配置驱动，与新系统配置驱动操作步骤相同。

4. 驱动配置信息解读

数控系统完成驱动配置后，根据与各类驱动模块、编码器接口模块的实际硬件连接顺序和硬件内部的电子铭牌，自动识别出硬件的类型、固件版本和比较等级，并将检测到的组件进行自动编号。以图 2-7-4 所示的某加工中心驱动硬件配置与连接为例，解读驱动"配置"信息及拓扑信息。

驱动配置完成后每个驱动对象有名称、组件名称、编号等，具体"配置"信息如图 2-7-15所示，配置信息与硬件连接的对应关系如图 2-7-16 所示。

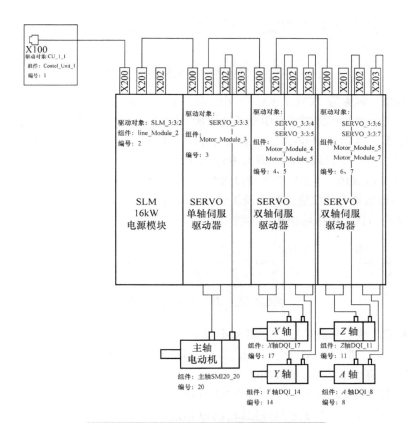

图 2-7-15　驱动配置信息解读

图 2-7-16　配置信息与硬件连接的对应关系

SINUMERIK 828D 数控系统采用 Drive-CLIQ 总线通信方式。数控系统进行驱动配置后系统自动识别连接在 Drive-CLIQ 总线上的组件和类型，并定义驱动对象名称和进行驱动对象、组件的编号，驱动对象和组件的编号原则如下。

1）以连接在 Drive-CLIQ 总线上的组件次序为编号原则。CU 单元自动编号为 1 号，其他模块以靠近 CU 单元的顺序由近及远、数值由小及大进行编号。如 Drive-CLIQ 总线由 PPU X100出来后，首先连接的是电源模块，因此驱动对象和组件的编号都为 2 号，以此类推。

2）对于双轴电动机模块，系统自动识别哪个子模块更靠近 CU 单元，进行编号。如硬件连接中第 1 个双轴电动机模块自动分成了 Motor_Module_3 和 Motor_Module_4，两个组件编号则为 3 号和 4 号，以此类推。

3）完成驱动模块编号后，才进行反馈装置（编码器等）的编号，参与编号的反馈装置必须连接在 Drive-CLIQ 总线上。对于编码器接口模块的编号分配原则，按照距离 CU 单元最远的连接顺序由远及近、数值由小及大进行编号。如连接在 7 号组件上的编码器接口模块离 CU 单元最远，因此编号为 8，以此类推。

5. 拓扑结构信息解读

按照图 2-7-17 所示步骤进入拓扑界面，拓扑界面显示详细硬件及其连接信息。

图 2-7-17　进入拓扑界面

（1）控制单元信息　控制单元拓扑结构如图 2-7-18 所示。从该图可以读取以下信息。

驱动对象	号	组件	号	插座		插座	号	组件
CU_I_3.3:1	1	Control_Unit_1	1	X100	---	X200	2	Line_Module_2
				X101				
				X102				

图 2-7-18　控制单元拓扑结构

1）"驱动对象"名称为"CU_I_3.3:1"，CU 为 Control_Unit 控制单元缩写，CU 单元是整个驱动系统的大脑，用于控制和协调整个驱动系统中所有驱动模块，完成各轴的电流环、速度环、位置环的控制；3.3 是总线地址编号；CU_I_3.3:1 中的末尾数位"1"代表驱动对象组件编号为 1 号。

2）1 号组件上有 3 个总线接口，即 X100、X101、X102。

3）1 号组件接口 X100 与 2 号组件接口 X200 组件相连。

4）2 号组件类型是电源模块，电源模块组件编号为 2 号。

（2）电源模块信息　电源模块拓扑结构如图 2-7-19 所示。从该图可以读取以下信息。

驱动对象	号	组件	号	插座		插座	号	组件
SLM_3.3:2	2	Line_Module_2	2	X200	---	X100	1	Control_Unit_1
				X201	---	X200	3	Motor_Module_3
				X202				

图 2-7-19　电源模块拓扑结构

1）"驱动对象"为"SLM_3.3:2"，SLM 是非调节型电源模块（Smart_line_Module 的缩写）；驱动对象编号是 2 号；驱动对象内包含一个 Line_Module_2 的硬件组件。

2）2 号组件上有 3 个接口，即 X200、X201、X202。

3）2 号组件接口 X200 与 1 号组件接口 X100 相连。

4）2 号组件接口 X201 与 3 号组件接口 X200 相连。

5）3 号组件类型是电动机驱动模块，组件编号为 3 号。

（3）主轴驱动模块信息　主轴驱动模块拓扑结构如图 2-7-20 所示。从该图可以读取以下信息。

驱动对象	号	组件	号	插座		插座	号	组件
SERVO_3.3:3	3	Motor_Module_3	3	X200	---	X201	2	Line_Module_2
				X201	---	X200	4	Motor_Module_4
				X202	---	X500	20	SM120_20
SERVO_3.3:3	3	SM120_20	20	X500	---	X202	3	Motor_Module_3

图 2-7-20　主轴驱动模块拓扑结构

1）"驱动对象"为伺服类"SERVO_3.3:3"，用于控制主轴电动机。对象编号为 3 号，驱动对象内包含 Motor_Module_3 和 SMI20_20 两个组件。

2）组件编号为 3 号和 20 号。Motor_Module_3 是一个单轴电动机驱动模块；SMI20_20 是一个 SMI 类型电动机编码器接口模块，SMI 类型的电动机编码器接口模块不仅包含编码器信息，其内部还有一个电子铭牌，铭牌上包括本电动机的电气数据，如电动机功率、电源信息。在进行驱动配置时，电动机的功率、电源等信息都是由数控系统控制软件读取每个组件上电子铭牌来获取。

3）3 号组件上有 3 个接口，即 X200、X201、X202。

4）3 号组件接口 X200 与 2 号组件接口 X201 相连。

5）3 号组件接口 X201 与 4 号组件接口 X200 相连。

6）3 号组件接口 X202 与 20 号组件接口 X500 相连。

7）4 号组件类型是电动机驱动模块，组件编号为 4 号。

（4）第一组双轴伺服驱动模块信息　第一组双轴伺服驱动模块拓扑结构如图 2-7-21 所示。从该图可以读取以下信息。

驱动对象	号	组件	号	插座		插座	号	组件
SERVO_3.3:4/	4/	Motor_Module_4/	4	X200	---	X201	3	Motor_Module_3
SERVO_3.3:5	5	Motor_Module_5	5	X201	---	X200	6	Motor_Module_6
			4	X202	---	X500	17	DQI_17
			5	X203	---	X500	14	DQI_14
SERVO_3.3:4	4	DQI_17	17	X500	---	X202	4	Motor_Module_4
SERVO_3.3:5	5	DQI_14	14	X500	---	X203	5	Motor_Module_5

图 2-7-21　第一组双轴伺服驱动模块拓扑结构

1）驱动对象为伺服类 SERVO_3.3:4 和 SERVO_3.3:5，驱动对象编号为 4 和 5；SERVO_3:3:4 驱动对象内包含 Motor_Module_4 组件和 DQI_17 两个组件；SERVO_3.3:5 驱动对象内包含 Motor_Module_5 和 DQI_14 两个组件。

2）组件编号。电动机驱动模块组件编号为 4 号和 5 号；DQI 类型电动机编码器接口模块编号为 17 号和 14 号。

3）组件类型。Motor_Module_4 和 Motor_Module_5 集成在一个组件中。该组件是一个双轴电动机驱动模块，数控系统能自动检测到 SERVO_3.3:4 和 SERVO_3.3:5 两个驱动对象。

4）双轴电动机驱动模块上有 X200、X201、X202、X203 这 4 个接口。其中 X200、X202 分配给 4 号组件使用，X201、X203 分配给 5 号组件使用。

5）4 号组件接口 X200 与 3 号组件接口 X201 相连。

6）5 号组件接口 X201 与 6 号组件接口 X200 相连。

7）4 号组件接口 X202 与 17 号组件接口 X500 相连。

8）5 号组件接口 X203 与 14 号组件接口 X500 相连。

9）6 号组件类型是电动机驱动模块，组件编号 6 号。

（5）第二组双轴伺服驱动模块信息　第二组双轴伺服驱动模块拓扑结构如图 2-7-22 所示。从该图可以读取以下信息。

驱动对象	号	组件	号	插座		插座	号	组件
SERVO_3.3:6/	6/	Motor_Module_6/	6	X200	---	X201	5	Motor_Module_5
SERVO_3.3:7	7	Motor_Module_7	7	X201				
			6	X202	---	X500	11	DQI_11
			7	X203	---	X500	8	SMI20_8
SERVO_3.3:6	6	DQI_11	11	X500	---	X202	6	Motor_Module_6
SERVO_3.3:7	7	SMI20_8	8	X500	---	X203	7	Motor_Module_7

图 2-7-22　第二组双轴伺服驱动模块拓扑结构

1）驱动对象为伺服类 SERVO_3.3:6 和 SERVO_3.3:7，SERVO_3:3:6 驱动对象内包含 Motor_Module_6 组件和 DQI_11 两个组件。SERVO_3:3:7 驱动对象内包含 Motor_Module_7 和 DQI_18 两个组件。

2）组件编号。电动机驱动模块编号是 6 号和 7 号；DQI 类型电动机编码器接口模块编号是 11 号和 8 号。

3）组件类型。Motor_Module_6 和 Motor_Module_7 集成在一个组件中。该组件是一个双轴电动机驱动模块。数控系统能自动检测到 SERVO_3:3:6 和 SERVO_3:3:7 两个驱动对象；DQI_11 和 DQI_8 是 DQI 类型的电动机编码器接口模块。

4）双轴电动机驱动模块上有 X200、X201、X202、X203 这 4 个接口。其中 X200、X202 分配给 6 号组件使用，X201、X203 分配给 7 号组件使用。

5）6 号组件接口 X200 与 5 号组件接口 X201 相连。

6）7 号组件接口 X201 未连接其他类型的模块，因此 X201 处为空。

7）6 号组件接口 X202 与 11 号组件接口 X500 相连。

8）7 号组件接口 X203 与 8 号组件接口 X500 相连。

三、配置电源

1. 进入配置电源界面

对于功率为 16kW 以上带 Drive-CLIQ 接口的电源模块，在完成驱动配置后，都需进行电源配置。按照图 2-7-23 所示操作步骤进入电源配置界面，如图 2-7-24 所示。

图 2-7-23　进入电源配置界面操作

数控系统能够自动检测到驱动对象名称和类型，并在电源配置界面显示电源模块的详细信息，包括供电类型、订货号、序列号、组件编号、额定功率等。数控系统提示"供电未运行，可按〖更改〗软键进行供电调试。

单击 按钮选择电源模块闪烁功能。选择成功后，电源模块"REY"指示灯开始闪亮。

2. 配置电源

按照以下步骤配置电源。

1）按〖更改〗软键，系统开始进行供电调试。数控系统自动弹出图 2-7-25 所示供电配置界面。单击 按钮选择电源模块闪烁功能。

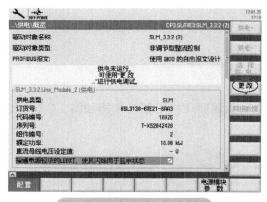

图 2-7-24　电源配置界面

图 2-7-25　供电配置界面 1

2）按〖下一步〗软键，数控系统自动弹出图 2-7-26 所示供电配置界面，在该界面中不做任何操作。

3）按〖下一步〗软键，数控系统自动弹出图 2-7-27 所示供电配置界面，在该界面不做任何操作。

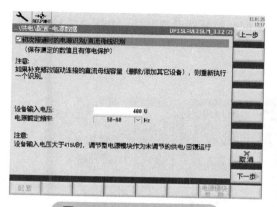

图 2-7-26　供电配置界面 2

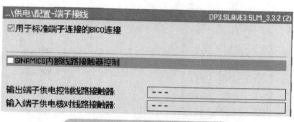

图 2-7-27　供电配置界面 3

4）按〖下一步〗软键，数控系统自动弹出图 2-7-28 所示供电配置界面，显示电源模块的详细信息。

5）按〖完成〗软键完成供电调试，数控系统提示是否进行"非易失性存储"，提示界面如图 2-7-29 所示。

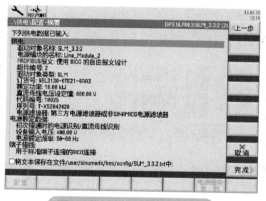

图 2-7-28　供电配置界面 4

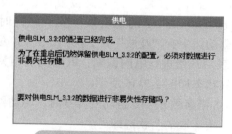

图 2-7-29　供电配置界面 5

6）按〖是〗软键，数控系统进行数据存储后结束供电调试。

3. 电网识别

电源模块完成电源配置后，驱动首次上电通过电源模块 X21.3、X21.4 接入 24V 直流电源时，电源模块会自动进行电网识别，这时会听见电源模块有"吱吱"的声音，声音消失，即代表电网识别完毕。如果未进行电网识别，各驱动器无法正常工作。

当电网环境发生变化时，如机床运输到其他城市使用，通常还需要再进行电网识别之后才能使用。可以通过修改电源模块驱动参数，再次进行电网识别。电网识别步骤如下。

1）按机床操作面板"急停"开关。

2）按照图2-7-30所示步骤进入电源模块参数界面，电源模块参数设置界面如图2-7-31所示。

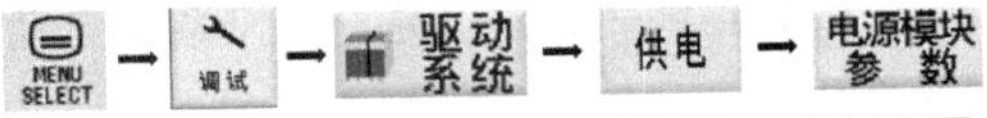

图2-7-30　进入电源模块参数画面操作步骤

3）搜索参数P3410，并通过MDA面板上"INSERT"按钮展开P3410参数，参数展开界面如图2-7-32所示，选择[0]~[5]不同参数位代表不同含义。

4）将光标移至选项"[5]复位、检测并保存带L适配的控制器设置"处，如图2-7-33所示。

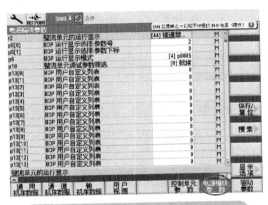

图2-7-31　"电源模块参数"设置画面

图2-7-32　参数P3410展开后

图2-7-33　参数P3410选项[5]

5）单击MDA面板上的"INSERT"按钮确认选项[5]，数控系统出现"206400"报警，如图2-7-34所示。

图2-7-34　数控系统报警"206400"

6）松开"急停"开关并按复位键，此时参数r3411和r3412的值会发生变化，同时能听见驱动器中有"吱吱"声，p3410由[5]变为[4]，表明开始进行电网识别，电网识别相关参数中间状态如图2-7-35所示。

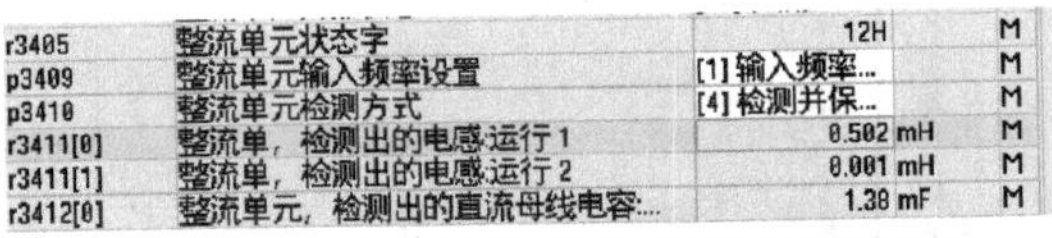

图2-7-35　电网识别相关参数中间状态

7）当参数p3410自动变为0时，驱动器"吱吱"声消失，同时报警206400消失，电网识别完毕，按〖取消〗软键即可。

8）保存数据，按〖保存/复位〗软键，再按〖当前驱动对象〗软键，电网识别操作结束。

四、轴分配

1. 轴分配预备知识

（1）轴分配意义　通过驱动配置操作后，系统自动识别到的组件数量、类型、连接次序与实际硬件数量、类型、连接次序完全相同，但是数控系统不能将已识别、定义的驱动对象、组件（电动机驱动模块、伺服电动机、位置编码器）与需要定义的机床轴（MSP1\MX1\MY1\MZ1\MA1）建立对应关系，即数控系统不能自动定义5个驱动对象组件中分别用于哪个坐标轴，也不能自动定义5个编码器对应于电动机之间的反馈关系。如数控机床在自动方式下执行移动指令G01 X100 F100或手动方式下执行X轴正向移动时，数控系统并不知道应将插补运算后的移动指令发向3台电动机驱动模块的哪一个，最终使哪个电动机旋转。数控系统必须进行轴分配，才能建立数控系统识别、定义的驱动对象、组件与各轴建立对应关系。

图 2-7-36 所示为完成轴分配后结果。从图 2-7-36 中可以看出，机床主轴 MSP1 对应的是单轴电动机模块 Motor_Module_3 及连接在该模块上的电动机和编码器，当执行主轴旋转指令 M03 S100 时，CU 单元控制单轴模块使该模块上的电动机运行；机床坐标轴 MX1 对应的是双轴电动机模块上的 Motor_Module_4 子模块及连接在该子模块上的伺服电机和编码器，当执行移动指令 G01 X100 F100 时，CU 单元控制 Motor_Module_4 子模块使该模块上的电动机运行。

配置　DP3.SLAVE3:CU_I_3.3:1(1)

轴	驱动对象	组件	编号	固件版本	类型	比较级
	CU_I_3.3:1	Control_Unit_1	1	4402332	828.20	高
	SLM_3.3:2	Line_Module_2	2	4402327	SLM	高
MSP1	SERVO_3.3:3	Motor_Module_3	3	4402327	MM_1AXIS_DCAC	高
MSP1	SERVO_3.3:3	SMI20_20	20	4503005	SMI20/DQI	高
MX1	SERVO_3.3:4	Motor_Module_4	4	4402327	MM_2AXIS_DCAC	高
MX1	SERVO_3.3:4	DQI_17	17	1322538	SMI20/DQI	高
MY1	SERVO_3.3:5	Motor_Module_5	5	4402327	MM_2AXIS_DCAC	高
MY1	SERVO_3.3:5	DQI_14	14	1322538	SMI20/DQI	高
MZ1	SERVO_3.3:6	Motor_Module_6	6	4402327	MM_2AXIS_DCAC	高
MZ1	SERVO_3.3:6	DQI_11	11	1322538	SMI20/DQI	高
MA1	SERVO_3.3:7	Motor_Module_7	7	4402327	MM_2AXIS_DCAC	高
MA1	SERVO_3.3:7	SMI20_8	8	4402327	SMI20/DQI	高

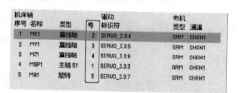

图 2-7-36　轴分配后驱动对象与控制轴的对应关系

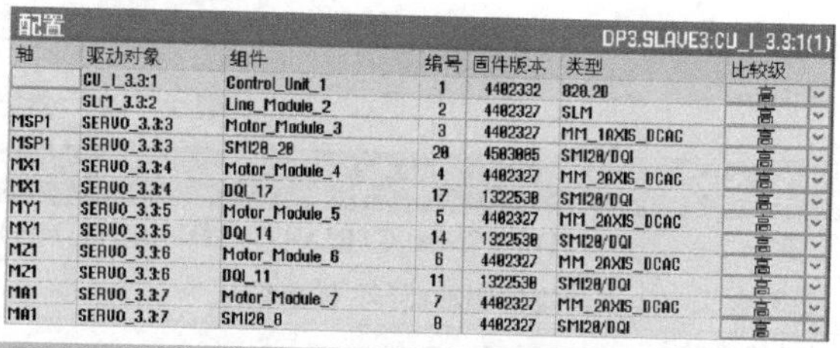

（2）轴名称定义　轴名称在通用机床数据参数号为 10000 的各位中进行定义，如图 2-7-37 所示，定义完成后按〖复位（po）〗软键操作。

（3）电动机模块编号　以数控系统 Drive-CLIQ 总线连接到电动机模块的次序为编号原则。进行电动机模块编号时不将 Drive-CLIQ 总线上电源模块考虑在内，只对电动机模块进行编号。最靠近 CU 单元的电动机模块编号为 1 号，以此类推，自动完成电动机模块的编号。对于双轴电动机模块，系统能够自动识别哪个子模块更靠近数控系统，如图 2-7-38 所示。

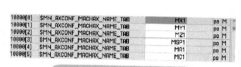

10000[0]	$MN_AXCONF_MACHAX_NAME_TAB	MX1	po	M
10000[1]	$MN_AXCONF_MACHAX_NAME_TAB	MY1	po	M
10000[2]	$MN_AXCONF_MACHAX_NAME_TAB	MZ1	po	M
10000[3]	$MN_AXCONF_MACHAX_NAME_TAB	MSP1	po	M
10000[4]	$MN_AXCONF_MACHAX_NAME_TAB	MA1	po	M
10000[5]	$MN_AXCONF_MACHAX_NAME_TAB	MC1	po	M

图 2-7-37　轴名称定义

机床轴 序号	名称	类型	号	驱动 标识符	电机 类型	通道
1	MX1	直线轴	2	SERVO_3.3:4	SRM	CHAN1
2	MY1	直线轴	3	SERVO_3.3:5	SRM	CHAN1
3	MZ1	直线轴	4	SERVO_3.3:6	SRM	CHAN1
4	MSP1	主轴 S1	1	SERVO_3.3:3	ARM	CHAN1
5	MA1	旋转	5	SERVO_3.3:7	SRM	CHAN1

图 2-7-38　电动机模块编号

2. 轴分配操作

轴分配操作可直接在数控系统中进行，也可使用 StartUP-Tool 软件进行。无论哪种方式，最终都需要完成的轴分配任务见表 2-7-1。

表 2-7-1　需要完成的轴分配任务

电动机模块编号	包含组件	分配轴名称	备　注
1 号电动机模块	电动机模块、伺服电动机、编码器	MSP1	将单轴电动机模块及其连接的伺服电动机、编码器分配给 MSP1 机床主轴
2 号电动机模块	电动机模块、伺服电动机、编码器	MX1	将双轴电动机模块中的 2 号子模块及其连接的伺服电动机、编码器分配给 MX1 机床坐标轴
3 号电动机模块	电动机模块、伺服电动机、编码器	MY1	将双轴电动机模块中的 3 号子模块及其连接的伺服电动机、编码器分配给 MY1 机床坐标轴
4 号电动机模块	电动机模块、伺服电动机、编码器	MZ1	将双轴电动机模块中的 4 号子模块及其连接的伺服电动机、编码器分配给 MZ1 机床坐标轴
5 号电动机模块	电动机模块、伺服电动机、编码器	MA1	将双轴电动机模块中的 5 号子模块及其连接的伺服电动机、编码器分配给 MA1 机床坐标轴

直接在数控系统进行轴分配时，因 SINUMERIK 828D 数控系统版本不同，其操作也略有不同。本章以老版本 V4.4 和新版本 V4.7 为例分别介绍直接在数控系统进行轴分配的方法。

（1）直接在数控系统进行轴分配（V4.4 版本）　直接在数控系统进行轴分配时，需要完成部分轴参数的设定。

1）参数 30110 设定。参数 30110 含义、设定及其应用见表 2-7-2。

表 2-7-2　参数 30110 设定

参数设定	参 数 注 释
参数号	30110（$MA_CTRLOUT_SEGMENT_NR）
参数含义	给定值驱动器号\模块编号
参数设定值	1、2、3、4、5
参数功能	为 MSP1、MX1、MY1、MZ1、MA1 等机床坐标轴指定与之对应的 Drive-CLIQ 总线上的电动机模块

【示例 2-7-1】　实际硬件连接中主轴电动机连接在单轴模块上。因此将连接在 Drive-CLIQ 总线上的单轴电动机模块分配给 MSP1，在 MSP1 轴分配界面下设定 30110 $MA_CTRLOUT_ SEGMENT_NR=1，即 1 号电动机模块与 MSP1 轴（主轴）相对应，执行 M03 S100 主轴旋转指令时，数控系统将指令发送给 1 号电动机模块，使其连接的电动机运行。

2）参数 30130 设定。参数 30130 含义、设定及其应用见表 2-7-3。

表 2-7-3　参数 30130 设定

参数设定	参 数 注 释
参数号	30130（$MA_CTRLOUT_TYPE）
参数含义	控制指定输出类型
参数设定值	0：模拟（仿真） 1：实际输出有效
参数功能	数控系统初次通电或进行出厂设定后，各机床坐标轴均为仿真轴。数控系统不产生控制指令给电动机模块，也不读取电动机的反馈信息。该参数决定数控系统是否向电动机模块发送实际移动指令

【示例 2-7-2】　将机床坐标轴 MX1 设定为实际控制轴，即数控系统向 MX1 对应的电动机模块发送移动指令，在 MX1 轴分配界面下设定 30130 $MA_CTRLOUT_TYPE=1。

【示例 2-7-3】　将机床坐标轴 MX1 设定为仿真轴，即数控系统不向 MX1 对应的电动机模块发送移动指令，在 MX1 轴分配界面下设定 30130 $MA_CTRLOUT_TYPE=0。设定为仿真轴后在自动方式或手动方式执行 X 轴移动指令时，系统位置显示界面下 X 轴数值有变化，但实际 X 轴不产生运动，仿真轴参数设置如图 2-7-39 所示。

特别说明：将某个坐标轴设定为仿真轴，需要参数 30130 $MA_CTRLOUT_TYPE=0 和 30240 $MA_ENC _TYP=0 共同配合完成设定。

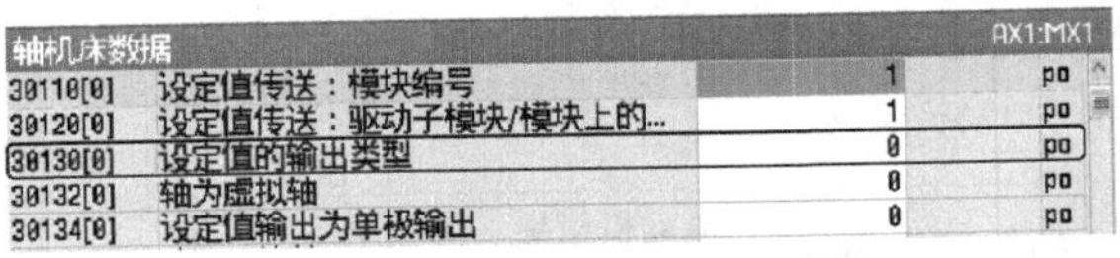

图 2-7-39　仿真轴参数设置

3）参数 30200 设定。参数 30200 含义、设定及其应用见表 2-7-4。

表 2-7-4　参数 30200 设定

参数设定	参 数 注 释
参数号	30200（$MA_ENM_ENCS）
参数含义	编码器数量，即实际具有的测量系统数量
参数设定值	0、1、2
参数功能	用于检测主轴和坐标轴实际位置、速度的反馈装置（编码器、光栅尺）数量

【示例2-7-4】 机床X轴采用半闭环控制模式，具备的实际位置、速度反馈装置只有一个由伺服电动机自带的编码器，则MX1轴机床数据设定界面30200 $MA_ENM_ENCS=1，如图2-7-40所示。

【示例2-7-5】 机床X轴采用全闭环控制模式，坐标轴位置、速度反馈装置有1个伺服电动机自带的编码器和检测X轴实际位移的光栅尺，则MX1轴机床数据设定界面30200 $MA_ENM_ENCS=2，如图2-7-41所示。

图2-7-40 编码器30200参数设定为1

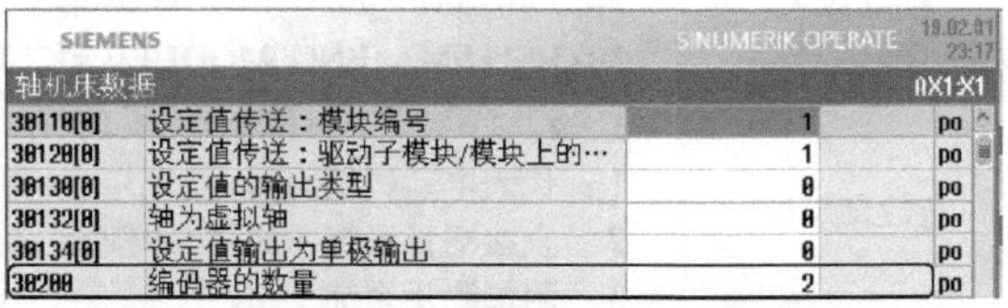

图2-7-41 两个检测装置30200参数设定为2

4）参数30220设定。参数30220含义、设定及其应用见表2-7-5。

表2-7-5 参数30220设定

参数设定	参 数 注 释
参数号	30220[0] $MA_ENC_MODULE 30220[1] $MA_ENC_MODULE
参数含义	30220[0] $MA_ENC_MODULE 第一测量系统编码器或光栅尺连接的模块号 30220[1] $MA_ENC_MODULE 第二测量系统编码器或光栅尺连接的模块号
参数设定值	1、2、3、4、5
参数功能	用于指定作为MSP1、MX1、MY1、MZ1、MA1等机床坐标轴位置、速度反馈装置（编码器、光栅尺）所连接的电动机模块编号，如MSP1、MX1、MY1、MZ1、MA1中的MSP1轴运行时，其运行信息需要由反馈装置检测后反馈给数控系统进行比较和处理。此时需要指定连接在哪个电动机模块上的反馈装置作为MSP1轴的信息反馈装置。将相应的电动机模块编号设定在参数30220中

参数30220设定注意事项如下。

① 实际值定义。由反馈装置发送给数控系统的值称为实际值，如位置反馈装置或速度反馈装置检测到的实际运动距离值和旋转速度值。

② 半闭环控制时采用的伺服电动机和编码器集成在一起，一般情况下伺服电动机所连接的模块也是自身编码器所连接模块。所指定的给定值模块编号和实际值模块编号是相同的。

③ 30220 $MA_ENC_MODULE参数有两个设定框，即30220[0] $MA_ENC_MODULE 和30220[1] $MA_ENC_MODULE，用于某轴具有两个反馈装置时的设定。如果只有一个反馈装置，一般只在30220[0] $MA_ENC_MODULE中设定的电动机模块编号，即第一测量系统连接的模块号或将30220[1] $MA_ENC_MODULE 与30220[2] $MA_ENC_MODULE 设定为相同的电动机模块编号。如果某轴具有两个反馈装置，具有第一测量系统和第二测量系统且连接在不同的电动机模块上，则要分开设定。

【示例2-7-6】 机床主轴MSP1连接在单轴电动机模块上（1号模块），因此将1号模块分配给主轴MSP1。在MSP1轴分配界面下设定30110 $MA_CTRLOUT_SEGMENT_NR=1。而主轴电动机的反馈装置SMI20_20也连接在单轴电动机模块上（1号模块），因此30220 $MA_ENC_MODULE=1，即把连接在1号模块上的反馈装置SMI20_20设置为主轴运行信息的反馈装置。

5）参数 30230 设定。参数 30230 含义、设定及其应用见表 2-7-6。

表 2-7-6　参数 30230 设定

参数设定	参 数 注 释
参数号	30230[0] $MA_ENC_INPUT_NR 30230[1] $MA_ENC_INPUT_NR
参数含义	实际值，驱动器号＼模块号 30230[0] $MA_ENC_MODULE 第一测量系统编码器的信号端口号 30230[1] $MA_ENC_MODULE 第二测量系统编码器的信号端口号
参数设定值	1、2、3 1：代表电动机编码器 2：直接测量系统（如第二编码器或光栅尺） 3：附加测量系统
参数功能	当机床某轴具备两个测量系统（具有两个编码器或光栅尺）时，用于指定两个编码器哪个用于第一测量系统，哪个用于第二测量系统。全闭环改半闭环或半闭环改全闭环也需要设定该参数

【示例 2-7-7】　机床 X 轴为全闭环控制，具备一个编码器和一个光栅尺。参数 30230[0] 和 30230[1] 可有两种设定方式。

方式 1：30230[0] $MA_ENC_MODULE=1 使用电机编码器作为第一测量系统回路；30230[1] $MA_ENC_MODULE=2 使用光栅尺作为第二测量系统回路。

方式 2：30230[0] $MA_ENC_MODULE=2 使用光栅尺作为第一测量系统回路；30230[1] $MA_ENC_MODULE=1 使用电动机编码器作为第二测量系统回路。

【示例 2-7-8】　机床主轴电动机与机械主轴具有换挡齿轮箱，为检测主轴的实际转速机械主轴上附加一个编码器。MSP1 参数设定界面下，参数 30230[0] 和 30230[1] 可有两种设定方式。

方式 1：30230[0] $MA_ENC_MODULE=1 使用电动机编码器作为第一测量系统回路；30230[1] $MA_ENC_MODULE=2 使用第二编码器作为第二测量系统回路。

方式 2：30230[0] $MA_ENC_MODULE=2 使用第二编码器作为第一测量系统回路；30230[1] $MA_ENC_MODULE=1 使用电动机编码器作为第二测量系统回路。

6）参数 30240 设定。参数 30240 含义、设定及其应用见表 2-7-7。

表 2-7-7　参数 30240 设定

参数设定	参 数 注 释
参数号	30240[0] $MA_ENC_TYPE 30240[1] $MA_ENC_TYPE
参数含义	实际值，编码器类型 30240[0] $MA_ENC_MODULE 第一测量系统编码器类型 30240[1] $MA_ENC_MODULE 第二测量系统编码器类型
参数设定值	0、1、4 0：仿真（无编码器） 1：增量编码器 4：绝对值编码器
参数功能	定义用于检测机床实际值的编码器类型。若编码器是增量式编码器，则参数 30240 $MA_ENC_TYPE =1；若编码器是绝对式编码器，则参数 30240 $MA_ENC_TYPE =4。将机床某个轴设定为仿真轴时，30240 $MA_ENC_TYPE =0，同时设定 30130 $MA_CTRLOUT_TYPE=0 30240[0] 第一测量系统编码器类型、30240[1] 第二测量系统编码器类型的设定值与参数 30230[0] 使用电动机编码器作为第一测量系统回路、30230[1] 使用光栅尺作为第二测量系统回路是相互呼应的

【示例 2-7-9】　机床 X 轴为全闭环控制，具备一个伺服电动机自带增量式编码器和一个外置绝对式光栅尺作为机床实际值检测装置。绝对式光栅尺用于第一测量系统回路，增量式编码器用于第二测量系统回路。参数设定如下。

30230[0] $MA_ENC_MODULE=2，使用光栅尺作为第一测量系统回路。

30230[1] $MA_ENC_MODULE=1，使用电动机编码器作为第二测量系统回路。

30240[0] $MA_ENC_MODULE =4。

30240[1] $MA_ENC_MODULE =1。

7）参数 31020 设定。参数 31020 含义、设定及其应用见表 2-7-8 所示。

表 2-7-8　参数 31020 设定

参数设定	参　数　注　释
参数号	31020[0] $MA_ENC_RESOL 31020[1] $MA_ENC_RESOL
参数含义	编码器每转线数（该参数仅用于旋转式测量系统） 31020[0] $MA_ENC_RESOL，第一测量系统内旋转编码器每转线数 31020[1] $MA_ENC_RESOL，第二测量系统内旋转编码器每转线数
参数设定值	根据实际编码器每转线数进行设定

（2）轴分配操作（828D V4.4 版本）　轴分配操作步骤如下。

1）按照图 2-7-42 所示步骤进入轴参数设置界面。

2）进行轴分配操作。进行轴分配操作前首先确认所在的设定界面是否与所要分配轴的轴名称相对应，可按"轴机床数据"界面右侧的〖轴+〗〖轴-〗软键进行轴分配界面切换，图 2-7-43 所示为 MX1 轴分配界面。

图 2-7-42　进入轴参数设置界面

【示例 2-7-10】　根据图 2-7-4 所示某加工中心驱动硬件配置与连接，完成轴分配参数设定。轴分配参数设定步骤如下。

1）数控系统已将参数 30110、30130、30200、30220、30230、30240 进行了默认值设定。

2）进行 MX1 轴轴分配操作。完成 MX1 轴 30110、30130、30200、30220、30230、30240 的参数设定。因图 2-7-4 所示硬件连接实际需要设定值和系统默认设定基本相符，本次设定只需完成 30130 和 30240 的设定，其他参数不做更改。30130 设定为 1，表明数控系统实际输出有效；30240 设定为 4，表明第一编码器使用绝对编码器，设定值如图 2-7-44 所示。

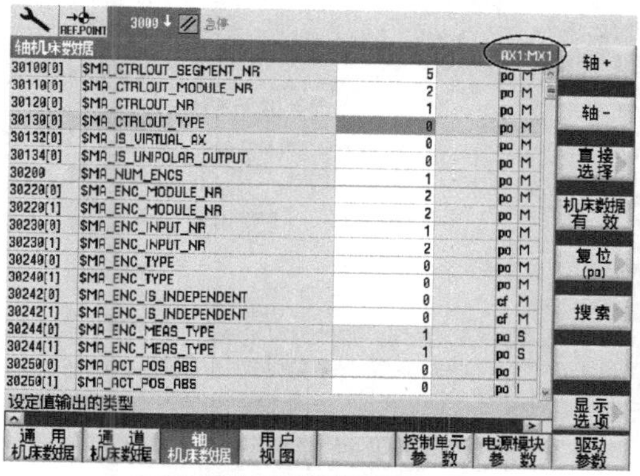

图 2-7-43　程序控制选择

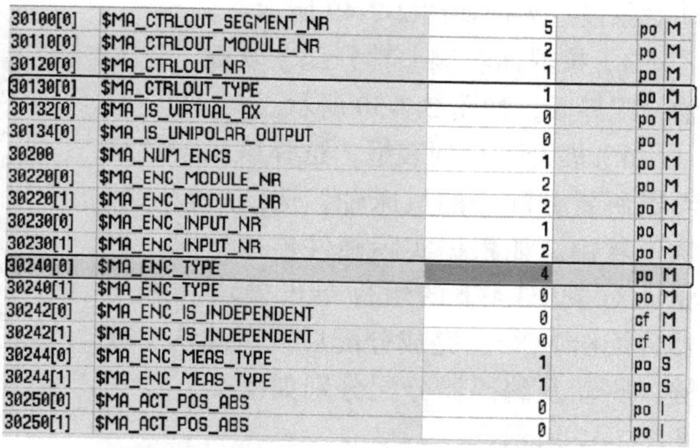

图 2-7-44　参数 30130、30240 设定

3）旋转编码器一转线数设定。使用"搜索"键，查找到参数31020，将光标移动到31020[0]处。因X轴只有一个测量系统，编码器线数为512线，编码器线数设定如图2-7-45所示。

4）以相同的方法进行MY1\MZ1\MSP1\轴轴分配设定。单击界面右侧〖轴＋〗〖轴－〗软键进行轴设定界面切换，切换到需要分配的轴界面，完成30110、30130、30200、30220、30230、30240、31020参数的设定。

31010[1]	$MA_ENC_GRID_POINT_DIST	0.01 mm	po M
31020[0]	$MA_ENC_RESOL	512	po M
31020[1]	$MA_ENC_RESOL	2048	po M
31025[0]	$MA_ENC_PULSE_MULT	2048	po M
31025[1]	$MA_ENC_PULSE_MULT	2048	po M

图 2-7-45　X轴电动机编码器线数设定

5）所设定的参数生效方式为"po"方式，数控系统进行断电重启或通过界面右侧的〖复位（po）〗软键完成数控系统的热启动。

6）完成轴分配任务后，在调试界面或驱动设备界面都可查看轴分配结果。机床轴和各驱动对象、组件一一对应，如图2-7-46和图2-7-47所示。

机床配置

机床轴 序号	名称	类型	驱动 号	标识符	电机 类型	通道
1	MX1	直线轴	2	SERVO_3.3:4	SRM	CHAN1
2	MY1	直线轴	3	SERVO_3.3:5	SRM	CHAN1
3	MZ1	直线轴	4	SERVO_3.3:6	SRM	CHAN1
4	MSP1	主轴 S1	1	SERVO_3.3:3	ARM	CHAN1
5	MA1	旋转	5	SERVO_3.3:7	SRM	CHAN1

图 2-7-46　调试界面查看轴分配结果

轴	驱动对象	组件	编号	固件版本	类型	比较级
	CU_I_3.3:1	Control_Unit_1	1	4482332	828.2D	高
	SLM_3.3:2	Line_Module_2	2	4482327	SLM	高
MSP1	SERVO_3.3:3	Motor_Module_3	3	4482327	MM_1AXIS_DCAC	高
MSP1	SERVO_3.3:3	SMI20_20	20	4503005	SMI20/DQI	高
MX1	SERVO_3.3:4	Motor_Module_4	4	4482327	MM_2AXIS_DCAC	高
MX1	SERVO_3.3:4	DQI_17	17	1322530	SMI20/DQI	高
MY1	SERVO_3.3:5	Motor_Module_5	5	4482327	MM_2AXIS_DCAC	高
MY1	SERVO_3.3:5	DQI_14	14	1322530	SMI20/DQI	高
MZ1	SERVO_3.3:6	Motor_Module_6	6	4482327	MM_2AXIS_DCAC	高
MZ1	SERVO_3.3:6	DQI_11	11	1322530	SMI20/DQI	高
MA1	SERVO_3.3:7	Motor_Module_7	7	4482327	MM_2AXIS_DCAC	高
MA1	SERVO_3.3:7	SMI20_8	8	4482327	SMI20/DQI	高

图 2-7-47　驱动设备界面查看轴分配结果

（3）轴分配操作（828D V4.7 版本）　轴分配操作步骤如下。

1）按照图2-7-48所示步骤进入"驱动"界面。

2）按〖驱动＋〗和〖驱动－〗软键进入到不同的驱动对象设定界面，以完成不同驱动对象下相关组件的轴分配操作，驱动对象设定界面如图2-7-49所示。

3）按界面右侧〖轴分配〗软键，进入轴分配界面，如图2-7-50所示。

4）展开下拉列表框，选择该驱动及编码器所要分配给的机床轴，选定后按〖确认〗软键。如根据实际硬件连接情况，将驱动对象3:3.4下的组件单击模块和编码器分配给MX1，完成分配后按〖确认〗软键。驱动及编码器分配分别如图2-7-51和图2-7-52所示。

图 2-7-48　进入驱动设备界面步骤

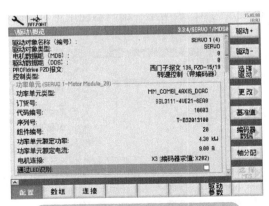

图 2-7-49　进入驱动对象设定界面

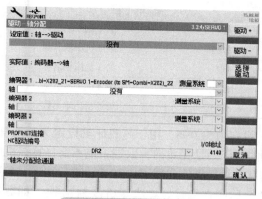

图 2-7-50 轴分配画面

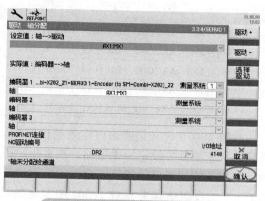

图 2-7-51 驱动分配给机床轴

5）数控系统自动弹出图 2-7-53 所示界面，请求数控断电重启使设定数据生效。按〖是〗软键，系统自动重启完成。

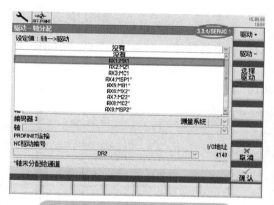

图 2-7-52 编码器分配给机床轴

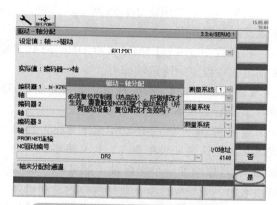

图 2-7-53 系统提示轴分配生效重启

6）按界面右上方〖DRIVE+〗或〖DRIVE–〗软键切换到其他驱动对象轴设定界面，以同样的方法完成其他驱动对象下相关组件的轴分配。

3. 轴分配故障诊断

【示例 2-7-11】 故障现象：缺少坐标轴。在机床轴位置坐标界面没有显示 MA1 坐标轴，轴诊断界面也没有显示与 MA1 相关联的第五轴（AX5）信息。故障现象如图 2-7-54 所示。

故障原因分析：机床轴是否在数控系统位置信息界面的显示，与参数 10000 和 20070 设置相关。如带有第四轴的加工中心，实际具有的机床轴数为 5 个（含 1 个主轴和 4 个坐标轴），给 5 个机床轴分别定义一个机床轴名称，见表 2-7-9。

服务概览	AX1	AX2	AX3	AX4
来自NC:On/Off1	—	—	—	—
来自NC:Off2	—	—	—	—
来自NC:Off3	—	—	—	—
来自驱动:操作使能	—	—	—	—
来自电源:操作使能	—	—	—	—
NC脉冲使能				
NC转速控制器使能	✓	✓	✓	✓
脉冲已使能	✓	✓	✓	✓
驱动器就绪				
散热器温度	—	—	—	—
i2t限制中的功率模块	—	—	—	—
电动机温度	—	—	—	—
测量系统1激活	✓	✓	✓	✓
测量系统2激活	—	—	—	—

图 2-7-54 缺少坐标轴故障

表 2-7-9 参数 10000 定义机床轴名称

参数位及名称	定义轴名称	参数设定含义
10000[0] \$MN_AXCONF_MACHAX_NAME_TAB	MX1	第 1 机床轴名称
10000[1] \$MN_AXCONF_MACHAX_NAME_TAB	MY1	第 2 机床轴名称
10000[2] \$MN_AXCONF_MACHAX_NAME_TAB	MZ1	第 3 机床轴名称
10000[3] \$MN_AXCONF_MACHAX_NAME_TAB	MSP1	第 4 机床轴名称
10000[4] \$MN_AXCONF_MACHAX_NAME_TAB	MA1	第 5 机床轴名称

参数 20070 含义是通道内生效的机床轴编号，设定值为 0~6，用于将机床轴设定为通道轴，所有的机床轴都可设定为通道轴。没有指定通道轴的机床轴是无效的，数控系统不会计算该机床轴。数控系统位置显示界面不会显示该轴的任何信息，并且无法在通道内对该轴进行编程。参数 20070 中的设定值参考参数 10000 中设定的机床轴名称所在编号。如隐藏机床轴 MY1，即数控系统位置显示界面不再显示 MY1 坐标轴，设定如下。

首先在参数 10000 号中找到 MY1 机床轴名称对应的编号，然后在参数 20070 中对应编号处设定为 0。

故障排除：按照图 2-7-55 所示步骤进入"通道机床数据"设定界面。

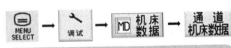

图 2-7-55 进入"通道机床数据"界面

将参数 20070 [4] \$MN_AXCONF_MACHAX_ USED 中的数值 0 改为 5，系统热启动，将机床轴第 5 轴设定为通道轴即可。

【示例 2-7-12】 故障现象：数控系统出现"8010 选件'大于 4 轴激活'没设置"报警，报警界面如图 2-7-56 所示。

故障原因分析：SINUMERIK 828D 数控铣床系统默认是 4 轴配置（1 个主轴和 3 个坐标轴），若想增加一个坐标轴（如 A 轴）需要单独增加一个授权选项。获得授权的选项可以

图 2-7-56 报警号为 8010 的报警界面

激活使用，也可处于不激活状态。在已获授权但未激活状态下，对 A 轴进行轴分配操作，数控系统依然默认 4 轴配置，因此报出"8010 选件'大于 4 轴激活'没设置"报警。

故障排除：按照以下步骤进行故障排除。

1）按照图 2-7-57 所示步骤进入授权设定界面。

2）使已获取授权的"附加的 1 个轴 / 主轴"激活生效，在"已设置"栏输入"1"，如图 2-7-58 所示。

图 2-7-57 进入"授权"设定界面

3）数控系统进行断电重启或通过界面右侧的 复位 (po) 软键完成数控系统的热启动，报警消失。

【示例 2-7-13】 故障现象：数控系统报出"26002 轴 MX1 编码器 1 用于伺服的分辨率和位置控制分辨率出错"报警，报警界面如图 2-7-59 所示。

故障原因分析：参数 31020 中设定的编码器—转线数与实际连接的编码器—转线数不符。

图 2-7-58 "已设置"设置为 1 激活授权

图 2-7-59 报警号为 26002 的报警界面

故障排除：重新设定参数 31020 编码器—转线数，根据实际编码器的—转线数正确设定参数 31020，报警消失。

4. 使用 StartUp-Tool 软件轴分配

操作步骤如下。

1）计算机端网口与 PPU 单元 X127 网口相连。

2）计算机端 IP 地址设定为"自动获取 IP 地址"，如图 2-7-60 所示。数控系统侧将存取等级设定为"制造商"级。

3）在"开始"菜单中找到"SINUMEIRK 840D"文件夹，并打开文件夹。

4）双击"NC Connect Wizard"图标，进入计算机与数控系统的通信设置界面。

5）在 SNUMERIK 840D 文件夹中，双击图标"StartUp-Tool"，激活 StartUp-TooL 软件。数控系统自动弹出警告对话框，如图 2-7-61 所示，单击"确定"按钮进入正常启动界面。

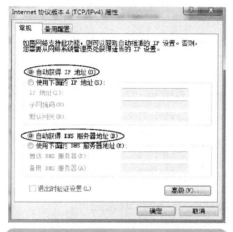

图 2-7-60　计算机端自动获取 IP 地址

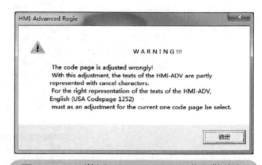

图 2-7-61　激活 StartUp-TooL 弹出警告框

6）PC 和数控系统连接成功后，软件显示界面如图 2-7-62 所示，由于未激活"附加的 1 轴／主轴"选项功能且没有设置 20070 参数对应项，MA1 未能显示。

7）按〖Drive system〗软键进入系统驱动界面，如图 2-7-63 所示。

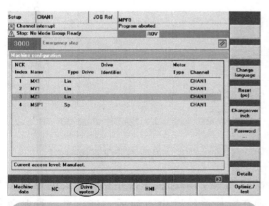

图 2-7-62　StartUp-TooL 显示坐标轴界面

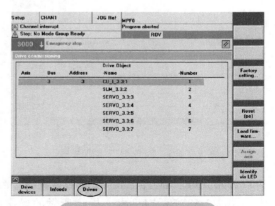

图 2-7-63　系统驱动界面

8）按〖Drives〗软键进入驱动界面，如图 2-7-64 所示，显示当前驱动对象为"SERVO_3.3：3"，组件为单轴模块。通过〖Drive+〗或〖Drive-〗软键切换至不同的驱动对象。

9）按〖Assign axis〗软键进入轴分配界面，如图 2-7-65 所示。从界面显示可以看出，当前状态下驱动对象内的电动机模块还未分配给机床轴，驱动对象内的编码器也未分配给机床轴。

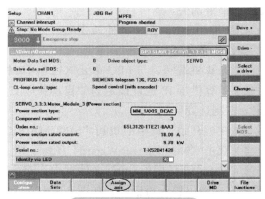

图 2-7-64　驱动界面

10）按界面右侧〖Change〗软键，对驱动对象 3.3:3 内的组件电动机模块和编码器进行轴分配。单击轴分配和编码器分配下拉列表框图标，如图 2-7-66 和图 2-7-67 所示，根据实际的硬件连接将驱动对象 3.3:3 内的组件电动机模块和编码器分配给机床轴 MSP1。

驱动对象内的电动机模块还未分配给机床轴
驱动对象内的编码器也未分配给机床轴

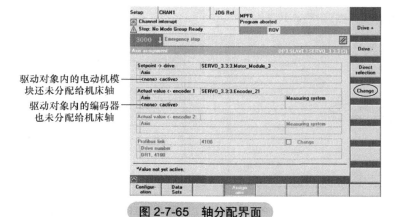

图 2-7-65　轴分配界面

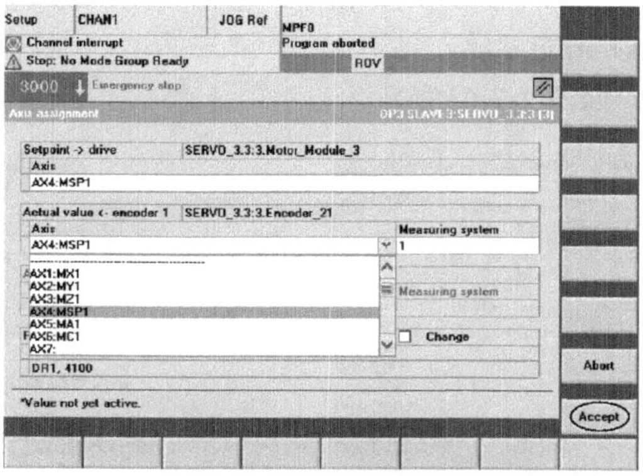

图 2-7-66　轴分配下拉列表框 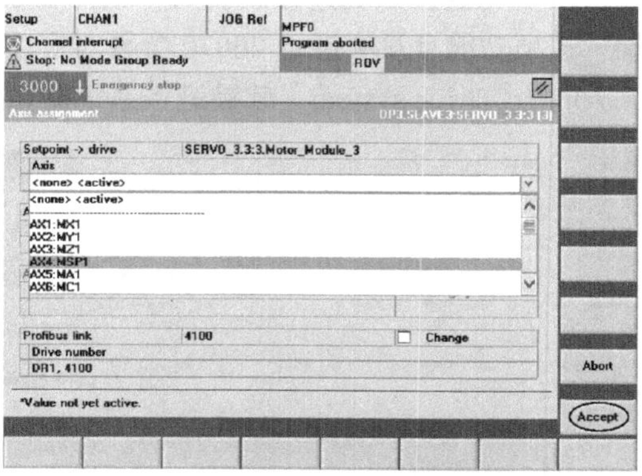　　　　图 2-7-67　编码器分配下拉列表框

11）完成每个轴分配后，按界面右侧的〖Accept〗软键，系统接受设定操作。此时软件会自动弹出图 2-7-68 所示对话框，提示所做的操作必须在数控系统断电重启后才能生效。通常等待所有轴分配完毕后才进行系统重启操作，按〖Yes〗软键，中间轴分配过程不执行系统重启操作，按〖No〗软键。

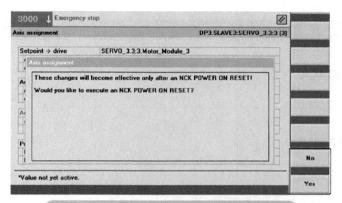

图 2-7-68 轴分配结束后提示"重启"操作

12)按界面右上方〖DRIVE+〗或〖DRIVE−〗软键切换到其他驱动对象,以同样的方法完成其他驱动对象下相关组件的轴分配。

完成轴分配后显示界面如图 2-7-69 所示。

通过 StartUp-Tool 软件也可以进行轴参数设定与修改,参数设定界面如图 2-7-70 所示。

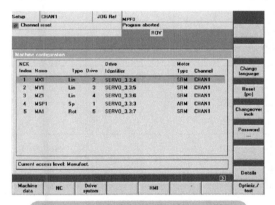

图 2-7-69 完成轴分配后的显示界面

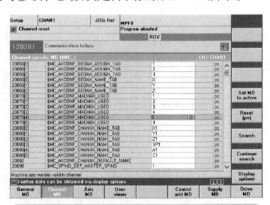

图 2-7-70 通过 StartUp-Tool 软件设定参数

实训任务 2–7 驱动器调试实训

实训任务2-7-1 查看固件版本信息

在诊断界面下查看实训室 SINUMERIK 828D 数控系统驱动部件固件版本,并查看控制单元、电源模块、主轴电动机模块及反馈,X、Y、Z 轴电动机模块及反馈详细版本信息,完成表(训)2-7-1 中的内容。

表(训)2-7-1 查看驱动部件固件版本

序号	模 块	固件版本详细信息截屏
1	控制单元	

（续）

序号	模 块	固件版本详细信息截屏
2	电源模块	
3	主轴电动机模块	
4	主轴电动机反馈	
5	X 轴电动机模块	
6	X 轴电动机反馈	
7	Y 轴电动机模块	
8	Y 轴电动机反馈	
9	Z 轴电动机模块	
10	Z 轴电动机反馈	
11	Z 轴电动机模块	
12	Z 轴电动机反馈	

实训任务2-7-2　查看驱动配置信息

根据要求完成以下任务。

1.借鉴图2-7-16，画出实训室 SINUMERIK 828D 数控系统硬件连接图。

2.恢复驱动出厂设置：进入"Start-up"启动菜单，选择"Drive default data"（装载驱动出厂设置），恢复驱动出厂设置。

1）写出恢复驱动出厂设置操作步骤。

2）记录报警内容

3.按照系统提示进行数控系统驱动配置，记录操作过程。

4.查看并截图驱动配置信息。

5.将驱动配置信息中组件名称及编号标注在硬件连接图上。

实训任务2-7-3　读取拓扑信息

图（训）2-7-1 所示为某数控系统拓扑图，根据拓扑图说明数控系统硬件连接特点。

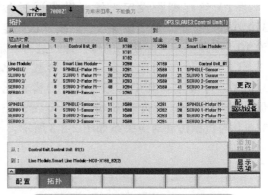

图（训）2-7-1　某数控系统拓扑图

项目 2-8　NC 调试

项目导读

在完成本项目学习之后，掌握 NC 调试内容、方法和步骤，同时学习：

◆ 机床机械传动比参数设定

◆ 数控机床速度和加速度参数设定

◆ 多种形式建立参考点

◆ 设置机床软限位

完成数控系统轴分配操作后，能够自动完成大部分功能参数的设定，但与机械传动、零点建立等相关数据不会自动设定，需要用户根据具体机床情况完成参数的手动设定和调试。用户根据机床具体机械结构需要设定的参数主要包括以下几项。

1）机床机械传动类参数。

2）机床速度类参数。

3）坐标轴零点建立参数等。

一、机床机械传动比参数设定

1.数控机床机械传动方式

（1）主运动传动方式　常见数控机床主运动传动方式包括分段无级变速、带传动变速、电动机直接驱动 3 种方式，如图 2-8-1 所示。

a) 分段无级变速　　b) 带传动变速　　c) 电动机直接驱动

图 2-8-1　数控机床主运动实现方式

（2）进给运动传动方式　常见数控机床进给运动传动方式包括电动机与丝杠直连方式、通过带传动或齿轮传动方式、直线电动机方式等。图 2-8-2 所示为电动机丝杠直连传动方式。

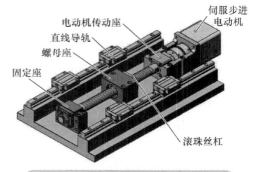

图 2-8-2　电动机丝杠直连传动方式

2. 机械传动参数设定

（1）丝杠螺距设定　丝杠螺距通过参数 31030 进行设定。对于该参数，系统默认设定值为 10，根据机床实际使用的丝杠螺距进行设定。

（2）机械传动比设定　通过参数 31050、31060 进行设定。其中参数 31050 为齿轮比分母，参数 31060 为齿轮比分子。参数 31050、31060 与机械传动对应关系如图 2-8-3 所示。

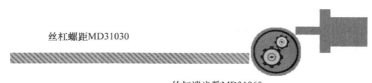

图 2-8-3　参数 31050、31060 与机械传动对应关系

参数 31050 含义与功能见表 2-8-1。

表 2-8-1　参数 31050 的含义与功能

参数号		参数含义	设定值	功能
31050[0]	参数组 1：齿轮比的分母	负载齿轮比的分母	系统默认设定值 1，根据机床实际齿轮比进行设定	用于设定电动机轴端与机械传动系统（滚珠丝杠、机械主轴）间的齿轮比
31050[1]	参数组 2：齿轮比的分母			
31050[2]	参数组 3：齿轮比的分母			
31050[3]	参数组 4：齿轮比的分母			
31050[4]	参数组 5：齿轮比的分母			
31050[5]	参数组 6：齿轮比的分母			

参数 31060 含义与功能见表 2-8-2。

表 2-8-2　参数 31060 的含义与功能

参数号		参数含义	设定值	功能
31060[0]	参数组 1：齿轮比的分子	负载齿轮比的分子	系统默认设定值 1，根据机床实际齿轮比进行设定	用于设定电动机轴与机械传动系统间的传动比
31060[1]	参数组 2：齿轮比的分子			
31060[2]	参数组 3：齿轮比的分子			
31060[3]	参数组 4：齿轮比的分子			
31060[4]	参数组 5：齿轮比的分子			
31060[5]	参数组 6：齿轮比的分子			

对于多级机械传动减速机构，减速比的分子和分母按照以下表达式进行计算和设定，即

$$\frac{MD31060}{MD31050} = \frac{n_1}{m_1} \times \frac{n_2}{m_2} \times \cdots \times \frac{n_i}{m_i}$$

（3）机械传动比设定注意事项　机械传动比设定注意事项如下。

1）机械传动齿轮比是由设定在机床轴数据 31050 与 31060 中的数值之比得出，索引号相同的 31050 和参数 31060 为一组，称为参数组。数控系统通过对应的参数组自动将位置控制器和各组齿轮比同步。部分机床存在多个齿轮比（如机床主轴带有齿轮箱，可切换低、中、高 3 挡），设定齿轮比参数 31050 和 31060 的索引号要一一对应。

2）对于主轴传动比设定，索引号 [0] 的减速比无效。索引号 [1] 表示第一挡的减速比，[2] 表示第二挡的减速比，依此类推，如图 2-8-4 所示。

3）对于铣床进给轴，减速比应设定在索引号 [0] 中。

4）对于车床进给轴，减速比索引号 [0]~[5] 都要填入相同的值。

5）31050 与 31060 之间的齿轮比数值也可使用传动机构的传动比数值，即初级主动转速和最终机械转速之比。

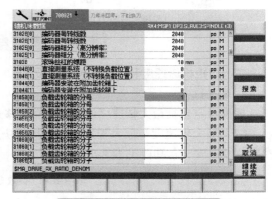

图 2-8-4　主运动传动比设定

【示例 2-8-1】　数控铣床 X 轴电动机轴与丝杠采用直连方式，意味着电动机端和丝杠端齿轮比为 1 : 1。参数 31050 和 31060 的设定值为：31050[0]$MA_ DRIVE_AX_RATIO_DENUM=1；31060[0]$MA_ DRIVE_ AX_RATIO_ NOMERA=1。

【示例 2-8-2】　数控铣床 X 轴采用单级齿轮传动，电动机端齿数为 30，负载端齿数为 60。即电动机转一圈丝杠端旋转半圈，可采用以下两种方式设定。

方式 1：

31050[0]$MA_DRIVE_AX_RATIO_DENUM=1

31060[0]$MA_DRIVE_AX_RATIO_ NOMERA=2

方式 2：

31050[0]$MA_DRIVE_AX_RATIO_DENUM=30

31060[0]$MA_DRIVE_AX_RATIO_ NOMERA=60

3. 运动方向设定

通过参数 32100 设定为 1 或 –1，可以改变机床坐标轴运动方向。参数 32100 含义与功能见表 2-8-3。

表 2-8-3　参数 32100 含义与功能

参数号	参数含义	设定值	功　能
32100$MA_ AX_MOTION_DIR	轴运动方向	1 或 –1	用于改变电动机旋转方向，从而改变轴的运动方向，但反馈方向不改变

如果坐标轴的运动方向与机床定义的运动方向不一致，可通过修改该参数切换电动机的旋转方向达到运动方向和机床定义方向一致。电动机的旋转方向虽然发生变化，但反馈方向数控系统不改变。

【示例 2-8-3】　JOG 方式运行机床 X 轴，机床定义工作台向左移动为正方向，X 轴位置坐标数值进行累加由小变大。但按 X 轴正向移动键后，X 轴的实际移动方向为向右移动，如

图 2-8-5a 所示，查看参数 32100=1。将参数 32100 值改为 –1。电动机轴的旋转方向发生变化，工作台朝左（正方向）移动，如图 2-8-5b 所示。

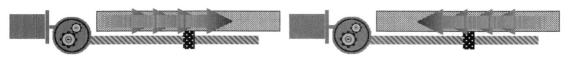

a) 32100=1 工作台负向运动   b) 32100=–1 工作台正向运动

图 2-8-5 参数 32100 与工作台运动方向

二、数控机床速度和轴加速度参数设定

1. 速度设定

速度设定包括最大轴速度设定、手动快移速度设定、手动移动速度设定等。

（1）最大轴速度 最大轴速度是指执行快速移动 G00 时的速度，通过参数 32000 进行设定。参数 32000 含义与功能见表 2-8-4。

表 2-8-4 参数 32000 的含义与功能

参数号	参数含义	设定值	功能
32000 $MA_ MAX_AX_VELO	执行快速移动 G00 轴最大速度	默认值为 10000mm/min，根据机床实际情况设定	定义机床坐标轴的最大运行速度

（2）手动快移速度 手动移动坐标轴最大速度，通过参数 32010 进行设定。参数 32010 含义与功能见表 2-8-5。

表 2-8-5 参数 32010 的含义与功能

参数号	参数含义	设定值	功能
32010 $MA_ JOG_VELO_RAPID	手动快移速度	默认值为 10000mm/min，根据机床实际情况设定	定义机床轴倍率 100% 时的轴手动快移速度，该速度不能超越 32000 中的设定值

（3）手动移动速度 指 JOG 方式下移动坐标轴速度，通过参数 32020 进行设定。参数 32020 含义与功能见表 2-8-6。

表 2-8-6 参数 32020 的含义与功能

参数号	参数含义	设定值	功能
32020 $MA_ JOG_VELO	手动移动速度	默认值为 10000mm/min，根据机床实际情况设定	定义机床轴倍率 100% 时的轴手动移动速度，该速度不能超越 32000 设定值

（4）最大主轴转速 指主轴最高旋转速度，通过参数 35100 进行设定。参数 35100 含义与功能见表 2-8-7。

表 2-8-7 参数 35100 含义与功能

参数号	参数含义	设定值	功能
35100 $MA_ SPIND_VELO_LIMIT	最大主轴转速	默认值为 10000r/min，根据机床实际情况设定	定义主轴最大旋转速度。程序所指定的主轴旋转速度高于 35100 设定值时，数控系统以 35100 中设定速度旋转

（5）各级挡位最高转速 指自动换挡方式时各级挡位最高转速，通过参数35110[0]~35110[5]进行设定。参数35110含义与功能见表2-8-8。

表2-8-8 参数35110含义与功能

参数号		参数含义	设定值	功能
35110[0]	变速箱1挡最高转速	采用自动换挡方式时，各级挡位的最高转速	默认值500、500、1000、2000、4000、8000，根据机床实际情况设定	数控机床使用自动换挡方式，数控系统根据编程S给定旋转速度，自动判断应该切换到的挡位；参数35110定义各齿轮挡位的最高转速；号[0]、[1]默认为1挡的最高转速，设置相同的值
35110[1]	变速箱1挡最高转速			
35110[2]	变速箱2挡最高转速			
35110[3]	变速箱3挡最高转速			
35110[4]	变速箱4挡最高转速			
35110[5]	变速箱5挡最高转速			

【示例2-8-4】 某数控铣床主轴具有低、中、高挡3个挡位，各挡位主轴最高速度的设定如图2-8-6所示。

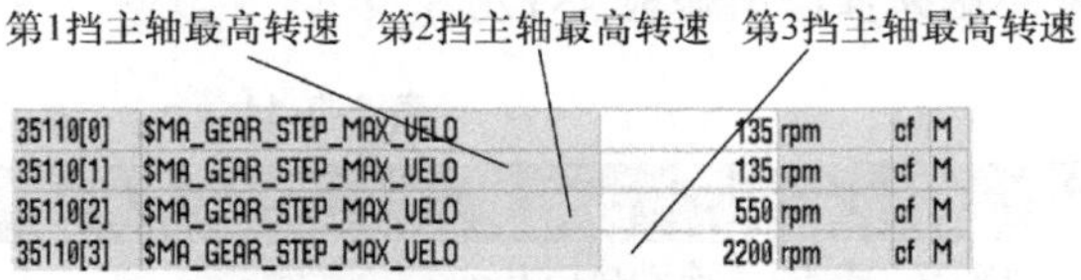

（6）各级挡位最低转速 指自动换挡方式时各级挡位最低转速，通过参数35120[0]~35120[5]进行设定。参数35120含义与功能见表2-8-9。

第1挡主轴最高转速　第2挡主轴最高转速　第3挡主轴最高转速

35110[0]	$MA_GEAR_STEP_MAX_VELO	135 rpm	cf M
35110[1]	$MA_GEAR_STEP_MAX_VELO	135 rpm	cf M
35110[2]	$MA_GEAR_STEP_MAX_VELO	550 rpm	cf M
35110[3]	$MA_GEAR_STEP_MAX_VELO	2200 rpm	cf M

图2-8-6 各挡位主轴最高转速设定

表2-8-9 参数35120含义与功能

参数号		参数含义	设定值	功能
35120[0]	变速箱1挡最低转速	自动齿轮换挡方式，各级齿轮挡的低高转速	默认值50、50、400、800、1500、3000，根据机床实际情况设定	数控机床使用自动换挡方式，数控系统根据编程S指令给定的旋转速度，自动判断应该切换到的挡位；参数35120定义各齿轮挡位最低转速；号[0]、[1]默认为1挡最低转速，设置相同的值
35120[1]	变速箱1挡最低转速			
35120[2]	变速箱2挡最低转速			
35120[3]	变速箱3挡最低转速			
35120[4]	变速箱4挡最低转速			
35120[5]	变速箱5挡最低转速			

【示例2-8-5】 某数控铣床主轴具有低、中、高挡3个挡位，各挡位主轴最低速度的设定如图2-8-7所示。

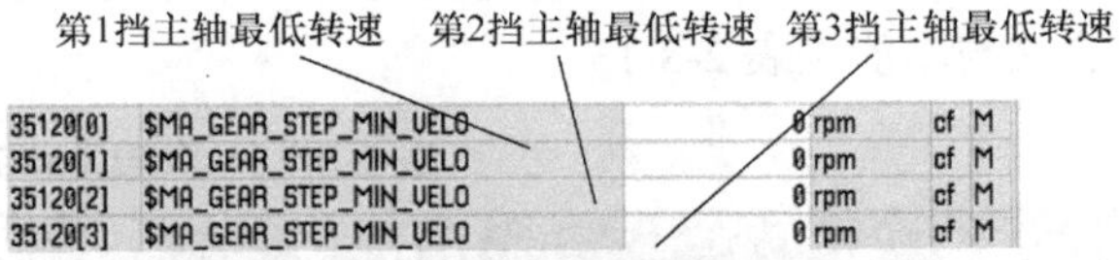

（7）转速控制模式下各挡位最高转速 转速控制模式下各挡位最高转速通过参数35130[0]~35130[5]进行设定。参数35130的含义与功能见表2-8-10。

第1挡主轴最低转速　第2挡主轴最低转速　第3挡主轴最低转速

35120[0]	$MA_GEAR_STEP_MIN_VELO	0 rpm	cf M
35120[1]	$MA_GEAR_STEP_MIN_VELO	0 rpm	cf M
35120[2]	$MA_GEAR_STEP_MIN_VELO	0 rpm	cf M
35120[3]	$MA_GEAR_STEP_MIN_VELO	0 rpm	cf M

图2-8-7 各挡位主轴最低转速设定

表2-8-10 参数35130的含义与功能

参数号		参数含义	设定值	功能
35130[0]	1挡最高转速	转速控制模式下，变速箱各挡位的最高转速	500、500、1000、2000、4000、8000，根据机床实际情况设定	用于定义转速控制模式下，变速箱各挡位的最高转速。数控系统根据编程S指令给定的旋转速度与当前主轴倍率相乘结果作为最终主轴转速值；如果最终旋转速度值高于设定在参数35130的设定值，数控系统自动按照设定在参数35130的设定值进行旋转
35130[1]	1挡最高转速			
35130[2]	2挡最高转速			
35130[3]	3挡最高转速			
35130[4]	4挡最高转速			
35130[5]	5挡最高转速			

该参数的设定值对于自动齿轮换挡方式无效。自动换挡方式下，各挡位的最大旋转速度由参数 35110 定义。参数 35110 与参数 35130 的关系如图 2-8-8 所示。

图 2-8-8 中，g_{min}、g_{max}、n_{max} 等符号含义见表 2-8-11。

（8）转速控制模式下各挡位最低转速 转速控制模式下各挡位最低转速通过参数 35140[0]~35140[5] 进行设定。参数 35140 的含义与功能见表 2-8-12。

该参数的设定值对于自动齿轮换挡方式无效。自动齿轮换挡方式下，各挡的最小旋转速度由参数 35120 定义。

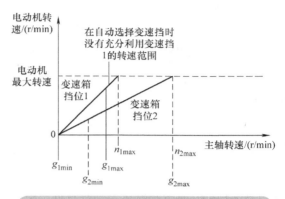

图 2-8-8 参数 35110 与参数 35130 的关系

表 2-8-11 g_{min}、g_{max}、n_{max} 符号的含义

g_{1min}	g_{2min}	g_{1max}	g_{2max}	n_{1max}	n_{2max}
自动换挡方式：变速箱 1 挡最低转速 35120[1]	自动换挡方式：变速箱 2 挡最低转速 35120[2]	变速箱 1 挡最高转速 35110[1]	变速箱 2 挡最高转速 35110[2]	1 挡最高转速 35130[1]	2 挡最高转速 35130[2]

表 2-8-12 参数 35140 的含义与功能

参数号	参数含义	设定值	功能
35140[0] 1 挡最低转速 35140[1] 1 挡最低转速 35140[2] 2 挡最低转速 35140[3] 3 挡最低转速 35140[4] 4 挡最低转速 35140[5] 5 挡最低转速	转速控制模式下，变速箱各挡位的最低转速	默认值 5、5、10、20、40、80，根据机床实际情况设定	用于确定转速控制模式下，各齿轮挡的最低转速。速度值和倍率相乘后的过低转速设定值将被数控系统上调到该值以上

（9）JOG 方式下主轴转速设定 JOG 方式下主轴转速通过参数 43200 进行设定。参数 43200 的含义与功能见表 2-8-13。

表 2-8-13 参数 43200 的含义与功能

参数号	参数含义	设定值	功能
43200 $SA_SPIND_S	通过 NC/PLC 接口信号启动主轴时的转速（接口信号 DB380X.DBX5006.1 主轴正转 和 DB380X.DBX5006.2 主轴反转），即 JOG 方式下的主轴正、反转旋转速度	参数 43200 中的值为变量值，每次在自动方式或 MDI 方式执行的主轴旋转速度 S 指令值由数控系统自动存储到 432000 中	JOG 方式执行主轴正转或反转操作时，主轴按照当前参数 43200 中的数值作为旋转速度进行旋转。如果使 43200 中的数值作为 JOG 方式下的主轴设定转速，还需要设定参数 $MA35035 的第 4 位、第 5 位为 1

参数 35035 第 4 位、第 5 位含义如图 2-8-9 所示。参数 35035 Bit4=1，指将程序中执行的主轴 S 转速值传送到参数 43200 中；参数 35035 Bit5=1，指将 43200 中的数值作为 JOG 模式下的默认转速。

【示例2-8-6】 自动方式执行了编程指令 M03 S1000，数值1000会被传送到43200中。在 JOG方式时执行主轴正转或反转时，主轴将按照 1000r/min进行旋转。

（10）可编程主轴转速上限值设定　可编程 主轴转速上限值通过参数43220进行设定。参数 43220含义与功能见表2-8-14。

（11）主轴速度限制　参数35100、35110、 35130和43220都可进行主轴最高旋转速度限制。 参数设定值必须高于执行的主轴转速指令S给定 值，主轴转速才能达到指定的旋转速度。

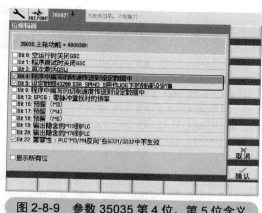

图2-8-9　参数35035第4位、第5位含义

表2-8-14　参数43220的含义与功能

参数号	参数含义	设定值	功能
43220 $SA_ SPIND_MAX_ VELO_G26	可编程的主轴旋 转速度上限值（该 参数位于轴设定参 数中）	系统默认设置为数 值1000，根据机床 实际情况进行设定修 改	实现主轴最高旋转速度的限制，数控系 统把设定在该参数内的数值作为主轴能够 实现的最高转速。43220设定值可通过编程 指令G26 Sxxxx或在轴参数设定界面下进 行修改

【示例2-8-7】 参数35100设定值为2000，参数43220设定值为2000，执行M03 S2000指令， 主轴可实现2000r/min的旋转速度。

【示例2-8-8】 参数35100设定值为2000，参数43220设定值为1000，执行M03 S1500指令， 主轴可实现最高1000r/min的旋转速度。

（12）速度监控极限值设定　速度监控极限值通过参数36200进行设定。参数36200的含义 与功能见表2-8-15。

表2-8-15　参数36200的含义与功能

参数号	参数含义	设定值	功能
36200[0]$MA AX_VELO_LIMIT 36200[1]$MA AX_VELO_LIMIT 36200[2]$MA AX_VELO_LIMIT 36200[3]$MA AX_VELO_LIMIT 36200[4]$MA AX_VELO_LIMIT 36200[5]$MA AX_VELO_LIMIT	速度监控极限值	设定值高于32000 $MA_ MAX_AX_VELO设定 值10%~15%；对于主轴而 言每个齿轮挡位都要设定 一个超出35130设定值 10%~15%的数值	参数36200中的设定值与速度检测 装置（编码器）反馈的实际转速值进 行比较。如果由编码器反馈的实际速 度大于设定于36200中的数值，数控 系统将发出"25030 实际速度报警极 限"报警且轴停止

速度超过参数36200极限值时出现报警号为25030报警，报警界面如图2-8-10所示。

2. 轴加速度设定

轴加速度通过参数32300进行设定。参数32300 的含义与功能见表2-8-16。

为了追求过高的轴动态响应特性，将轴加速度参 数32300中的值设定太大，有可能造成电机瞬间过载而报警。

3. 伺服增益系数设定

伺服增益系数通过参数32200进行设定。参数32200的含义与功能见表2-8-17。

图2-8-10　25030报警界面

表 2-8-16　参数 32300 的含义与功能

参数号	参数含义	设定值	功能
32300 [0] $MA_MAX_AX_ACCEL 32300 [1] $MA_]MAX_AX_ACCEL 32300 [2] $MA_]MAX_AX_ACCEL 32300 [3] $MA_MAX_AX_ACCEL 32300 [4] $MA_MAX_AX_ACCEL 32300 [5] $MA_MAX_AX_ACCEL	轴加速度	数控系统默认为 1.0 m/s² 或 2.77r/s²，根据机床实际情况进行参数的调整设定	定义轴在一定时间内速度变化的最大幅度

表 2-8-17　参数 32200 的含义与功能

参数号	参数含义	设定值	功能
32200 [0] $MA_POSCTRL_GAIN 32200 [1] $MA_POSCTRL_GAIN 32200 [2] $MA_POSCTRL_GAIN 32200 [3] $MA_POSCTRL_GAIN 32200 [4] $MA_POSCTRL_GAIN 32200 [5] $MA_POSCTRL_GAIN	伺服增益系数	数控系统默认为 2，可根据机床实际情况进行参数的调整设定	定义各轴的位置环伺服增益系数

伺服增益系数设定注意事项如下。

1）增益系数数值越大，轴响应特性越好，轮廓跟随偏差越小。如果增益系数设定过大，会导致系统的超调，甚至出现振荡现象。

2）参与插补联动的轴伺服增益系数应设定为相同值。

三、建立参考点

1. 参考点作用

数控机床零件加工前提是必须建立机床零点。机床零点 M 是由机床制造商以绝对坐标形式确定的。

机床零点仅仅是机械意义上的零点，数控系统不能识别和同步，即数控系统不知应以机床上的哪个点作为基准点对工作台进行位置跟踪和显示。为使数控系统识别机床零点，建立机床坐标系，需要附设一个机床参考点。所有机床参考点都是参考机床绝对零点位置，坐标轴的测量系统通过该点进行校正和建立，其值设置在 CNC 系统中。由于机床参考点相对于机床零点位置是固定的，找到了坐标轴参考点位置，也就确定了该轴的零点位置，数控系统就建立起了机床坐标系。完成参考点的建立后，才可使加工程序正常执行和重复执行而位置不会混乱。

当前数控机床常用的回参考点方式有增量式回参考点、绝对式回参考点、距离编码式回参考点 3 种。

2. 建立增量式参考点

增量式回参考点过程可分为 3 个阶段。

1）机床轴快速向参考点方向运行，待减速挡块触发减速开关实现机床轴的减速移动。

2）数控系统寻找编码器零脉冲信号（编码器一转信号）。

3）运行至参考点位置完成参考点的建立。

建立增量式参考点较常见的有以下两种方式。

1）机床正向回参考点、正向寻找零脉冲。

2）机床正向回参考点、反向寻找零脉冲。

（1）机床正向回参考点、正向寻找零脉冲的参考点建立　正向寻找零脉冲，指数控系统以机床反向移动后，NC/PLC 接口信号 DB380×.DBX1000.7（延迟回参考点）的下降沿作为寻找零脉冲的启动信号，过程如下。

1）激活回零模式。通过机床操作面板 MCP 同时激活"JOG"模式（DB3000.DBX0.2）和"REF"模式（DB3000.DBX1.2）。

2）选择回零轴和回零方向。按照设定在参数 34010 中的回参考点方向，激活 NC/PLC 接口信号 DB380×.DBX4.7（机床轴正向移动，PLC → NCK）。机床轴按照设定在参数 MD34020 的移动速度向机床轴正方向移动，同时 DB390×.DBX4.7 被置位（机床轴正向移动，NCK → PLC）。选择回零轴和回零方向，如图 2-8-11 所示。

3）触发减速开关并告知数控系统。当减速挡块压下减速开关时，减速开关信号状态由 0 变 1（如信号地址 I9.7），NC/PLC 接口信号 DB380×.DBX1000.7（延迟回参考点）信号状态也由 0 变 1。当 DB380×.DBX1000.7=1 时，告知数控系统减速开关已被触发，减速挡块压下减速开关如图 2-8-12 所示，告知系统减速开关已被触发，PLC 梯形图处理如图 2-8-13 所示。

4）机床轴反向运行。数控系统接收到 NC/PLC 接口信号 DB380×.DBX1000.7=1 后，机床轴在数控系统的控制下经历减速、停止、再启动 3 个过程。系统根据设定在参数 MD34050（在减速挡块上反向）中的正向寻找零脉冲方式，机床轴再启动后，以设定在参数 MD34040 寻找零脉冲速度反向移动。NC/PLC 接口信号 DB380×.DBX4.7 和 DB390×.DBX4.7 自动复

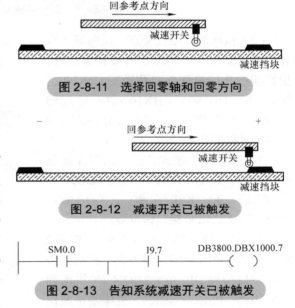

图 2-8-11　选择回零轴和回零方向

图 2-8-12　减速开关已被触发

图 2-8-13　告知系统减速开关已被触发

位，DB390×.DBX4.6 自动接通，机床轴反向运行过程如图 2-8-14 所示。

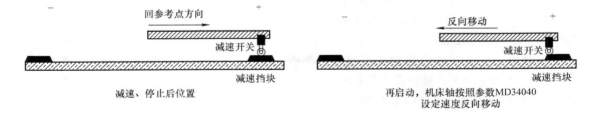

减速、停止后位置

再启动，机床轴按照参数 MD34040
设定速度反向移动

图 2-8-14　减速、停止、再启动、反向移动

5）寻找零脉冲。机床坐标轴反向移动，直到减速挡块与减速开关脱离。此时减速开关信号由 1 变 0，同时 NC/PLC 接口信号 DB380×.DBX1000.7 的状态则由 1 变 0。回参考点过程进入到第 2 阶段，开始寻找零脉冲。数控系统按照设定在参数 MD34050 正向寻找零脉冲方式，开始寻找 DB380×.DBX1000.7 信号状态由 1 变 0 后数控系统采集到的第一个零脉冲信号，如图 2-8-15 所示。

6）建立机床零点。系统寻找到零脉冲（零点标识）后，机床轴开始按照设定在参数 MD34070（参考点定位速度）中的定位速度继续运行一段距离后完成参考点建立。运行距离由设定在参数 34080 参考点移动距离（带符号）和参数 34090 参考点移动距离修正量两个设定值的累加值决定。运行完指定距离后机床轴完成参考点建立，回参考点建立标志 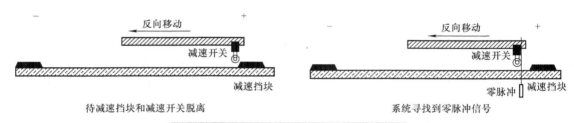，如图 2-8-16 所示。

图 2-8-15　系统采集到的第一个零脉冲信号

（2）机床正向回参考点、反向寻找零脉冲参考点建立　机床反向寻找零脉冲，指数控系统以机床反向移动后，NC/PLC接口信号 DB380×.DBX1000.7（延迟回参考点）的上升沿作为寻找零脉冲的启动信号，过程如下。

1）激活回零模式。过机床操作面板 MCP 同时激活"JOG"模式（DB3000.DBX0.2）和"REF"模式（DB3000.DBX1.2）NC/PLC 接口信息号。

2）选择回零轴和回零方向。按照设定在参数 34010 中的回零方向，激活 NC/PLC 接口信号 DB380×.DBX4.7（机床轴正向移动，PLC→NCK）。机床轴按照设定在参数 MD34020 的移动速度向正方向移动，同时 DB390×.DBX4.7（机床轴正向移动，NCK→PLC）被置位。选择回零轴和正回零方向，如图 2-8-17 所示。

3）触发减速开关并告知数控系统。减速挡块压下减速开关，减速开关信号状态由 0 变为 1（如信号地址 I9.7），NC/PLC接口信号 DB380×.DBX1000.7 的状态也由 0 变为 1。由 DB380×.DBX1000.7=1告知数控系统，减速开关已被触发。减速挡块压下减速开关，如图 2-8-18 所示，PLC 梯形图处理如图 2-8-19 所示。

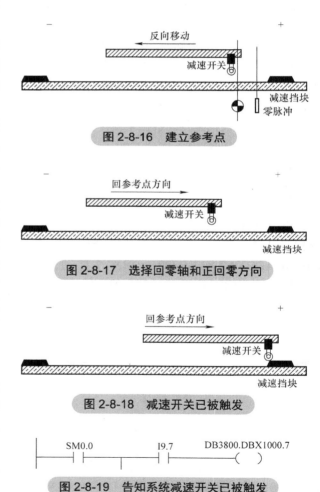

图 2-8-16　建立参考点

图 2-8-17　选择回零轴和正回零方向

图 2-8-18　减速开关已被触发

图 2-8-19　告知系统减速开关已被触发

4）机床轴反向运行。数控系统接收到 NC/PLC 接口信号 DB380×.DBX1000.7=1，机床轴在数控系统的控制下经历减速、停止、再启动 3 个过程。系统根据设定在参数 MD34050 中的负向寻找零脉冲方式，机床轴再启动后按照设定在参数 MD34020 移动速度反向移动（与参数 34010 设定的回零方向相反）。NC/PLC 接口信号 DB380×.DBX4.7 和 DB390×.DBX4.7 自动复位，DB390×.DBX4.6 自动接通。机床轴反向运行过程如图 2-8-20 所示。

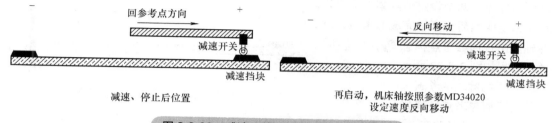

图 2-8-20　减速、停止、再启动、反向移动

5）寻找零脉冲。机床反方向移动，待减速挡块与减速开关脱离，减速开关信号由 1 变 0。同时 NC/PLC 接口信号 DB380×.DBX1000.7 的状态也由 1 变 0。机床轴在数控系统的控制下再次经历减速、停止、再启动 3 个过程。机床轴再启动后，再次反向移动（与参数 34010 设定的回零方向相同），并按照设定在 34040 寻找零脉冲的速度继续移动。待减速挡块再次压下减速开关，减速开关信号再次由 0 变 1，NC/PLC 接口信号 DB380×.DBX1000.7 的状态也再次由 0 变 1。回参考点过程进入到第 2 阶段，开始寻找零脉冲。数控系统按照设定在参数 MD34050 反向寻找零脉冲方式开始寻找 DB380×.DBX1000.7 信号状态由 0 变 1 后系统遇到的第一个零脉冲信号。反向 - 再反向寻找零脉冲方式如图 2-8-21 所示。

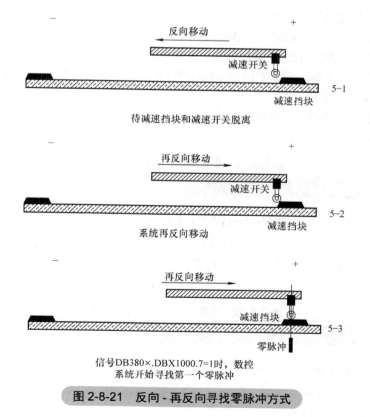

图 2-8-21　反向 - 再反向寻找零脉冲方式

6）建立机床零点。系统寻找到零脉冲（零点标识）后，机床轴开始按照设定在参数MD34070中的定位速度继续运行一段距离后建立参考点。运行距离由设定在参数34080参考点移动距离（带符号）和参数34090参考点移动距离修正量两个设定值的累加值决定。运行完指定距离后机床轴完成参考点建立，坐标轴前出现回参考点标志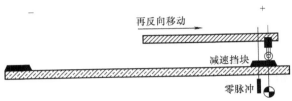，建立机床参考点过程如图2-8-22所示。

图2-8-22　建立机床参考点

3. 建立绝对式参考点

绝对式回参考点过程如下。

1）设定编码器类型。设定参数30240 $MA_ENC_MODULE =4，表示使用绝对编码器。

2）设定回零方式。设定参数34200 $MA_ENC_REFP_MODE=0，表示使用绝对回零方式。

3）设定编码器状态。设定参数34210 $MA_ENC_REFP_STATE=0，表示编码器未标定。

4）手动移动机床轴至预作为零点的位置。激活JOG方式，手动移动机床轴至一个已知位置或需要设定为机床零点的位置。

5）设定机床位置。将已知轴位置坐标值输入到参数34100中。

6）激活绝对值编码器标定功能。设定参数34210 $MA_ENC_REFP_STATE=1，表示编码器使能已激活，但尚未标定；同时按MCP复位键或参数设定界面的〖机床数据有效〗软键使设定数据有效。

7）激活回零模式。将"JOG"模式（DB3000.DBX0.2）和"REF"模式（DB3000.DBX1.2）两个NC/PLC接口信息号同时接通。

8）标定编码器。按照各轴设定在34010 REFP_CAM_DIR_IS_MINUS中的回零方向，触发MCP "+" 或 "–" 方向键完成编码器的标定。此时参数34210中数值自动由1变为2，坐标轴符号前出现参考点建立标志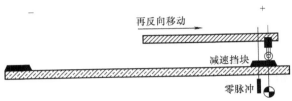。屏幕上的显示位置为MD34100设定的位置，回参考点结束。

4. 参考点建立相关参数设定

（1）机床轴有无减速挡块　机床轴有无减速挡块通过参数34000进行设定。参数34000的含义与功能见表2-8-18。

表2-8-18　参数34000的含义与功能

参数号	参数含义	设定值	功能
34000 REFP_CAM_IS_ACTVE	机床轴有无减速挡块	0 或 1	用于设定数控机床各轴是否具有减速挡块，一般用于回零减速开关的触发 MD34000=0 表示无减速挡块 MD34000=1 表示至少有一个减速挡块

（2）回参考点方向　回参考点方向通过参数34010进行设定。参数34010的含义与功能见表2-8-19。

表2-8-19　参数34010的含义与功能

参数号	参数含义	设定值	功能
34010 REFP_CAM_DIR_IS_MINUS	回参考点方向	0 或 1	用于设定数控机床各轴的回零方向 MD34010=0 机床向正方向回零 MD34010=1 机床向负方向回零

参数34010使用说明如下。

1）机床轴回参考点操作前，轴位于减速挡块（即减速开关还未被减速挡块触发）之前，按正向或负向移动键后，机床轴按照参数 34010 规定的回参考点方向和按照设定在参数 34020 中的回参考点速度移动。

2）机床轴回参考点操作前，轴已位于减速挡块（即减速开关已被减速挡块触发）上，按正向或负向移动键后，机床轴按照参数 34010 规定回零方向的相反方向和按照设定在参数 34040 中的回零速度移动。

（3）回参考点速度　回参考点速度通过参数 34020 进行设定。参数 34020 含义与功能见表 2-8-20。

表 2-8-20　参数 34020 含义与功能

参数号	参数含义	设定值	功能
34020 REFP_VELO_SEARCH_CAM	回参考点速度	根据机床实际情况进行设定	用于设定数控机床各轴回参考点速度

（4）搜索编码器零脉冲的速度　搜索编码器零脉冲的速度通过参数 34040 进行设定。参数 34040 含义与功能见表 2-8-21。

表 2-8-21　参数 34040 的含义与功能

参数号	参数含义	设定值	功能
34040 REFP_VELO_SEARCH_MARKER	搜索编码器零脉冲的速度	根据机床实际情况进行设定	用于设定数控系统搜索编码器零脉冲的速度

（5）搜索编码器零脉冲机床轴移动方向　搜索编码器零脉冲机床轴移动方向通过参数 34050 进行设定。参数 34050 的含义与功能见表 2-8-22。

表 2-8-22　参数 34050 的含义与功能

参数号	参数含义	设定值	功能
34050 REFP_SEARCH_MARKER_REVERSE	搜索编码器零脉冲，机床轴移动方向（在减速挡块上是否进行反向）	0 或 1	用于设定数控机床各轴搜索编码器零脉冲时的运行方向

参数 34050 使用说明如下：

1）34050 REFP_SEARCH_MARKER_REVERSE=0 正向，即机床轴回参考点过程中第一次反向移动后，数控系统以 NC/PLC 接口信号 DB380×.DBX1000.7 的下降沿信号作为寻找零脉冲的启动信号，并以启动寻找零脉冲时的轴移动方向作为参考点建立阶段的移动方向。

2）MD34050 REFP_SEARCH_MARKER_REVERSE =1 负向，机床轴回参考点过程中第一次反向移动后，数控系统以 NC/PLC 接口信号 DB380×.DBX1000.7 的上升沿信号作为寻找零脉冲的启动信号，并以启动寻找零脉冲时的轴移动方向作为参考点建立阶段的移动方向。

（6）检测参考标记（零脉冲）的最大距离　检测参考标记（零脉冲）的最大距离通过参数 34060 进行设定。参数 34060 的含义与功能见表 2-8-23。

表 2-8-23　参数 34060 的含义与功能

参数号	参数含义	设定值	功能
34060 REFP_MAX_MARKER_DIST	检测参考标记（零脉冲）的最大距离	根据机床实际情况进行设定	数控系统启动搜寻零脉冲后，如果继续移动机床数据 34060 中指定的最大距离还没有找到零脉冲，则轴停止，数控系统报出"20002 没有找到零脉冲"报警信息

（7）返回参考点定位速度　返回参考点定位速度通过参数 34070 进行设定。参数 34070 的含义与功能见表 2-8-24。

表 2-8-24　参数 34070 的含义与功能

参数号	参数含义	设定值	功能
34070 REFP_VELO_POS	返回参考点定位速度	根据机床实际情况进行设定	机床轴寻找到零脉冲（零点标识）后，机床轴开始按照设定在 MD34070（定位速度）中的速度值继续移动，直到完成参考点建立

（8）参考点移动距离　参考点移动距离通过参数 34080 进行设定。参数 34080 的含义与功能见表 2-8-25。

表 2-8-25　参数 34080 的含义与功能

参数号	参数含义	设定值	功能
34080 REFP_MOVE_DIST	参考点移动距离	根据机床实际情况进行设定	用于指定机床轴寻找到零脉冲（零点标识）后，机床轴以 MD34070（定位速度）中的移动速度继续移动的距离

机床实际的移动距离由设定在参数 34080 参考点移动距离（带符号）和参数 34090 参考点移动距离修正量两个设定值的累加值决定。

（9）参考点偏移量（参考点移动距离修正量）　参考点偏移量（参考点移动距离修正量）通过参数 34090 进行设定。参数 34090 的含义与功能见表 2-8-26。

表 2-8-26　参数 34090 的含义与功能

参数号	参数含义	设定值	功能
34090 REFP_MOVE_DIST_CORR	参考点偏移量（参考点移动距离修正量）	根据机床实际情况进行设定	用于修正机床轴建立参考点时的移动距离

机床轴寻找到零脉冲（零点标识）后，机床实际的移动距离由设定在参数 34080 参考点移动距离（带符号）和参数 34090 参考点移动距离修正量两个设定值的累加值决定。机床运行累加移动量后，完成参考点建立。机床实际位置传送到参数 34100 中。

（10）增量测量系统电子挡块偏移量　增量测量系统电子挡块偏移量通过参数 34092 进行设定。参数 34092 的含义与功能见表 2-8-27。

表 2-8-27　参数 34092 的含义与功能

参数号	参数含义	设定值	功能
34092 REFP_CAM_SHIFT	增量测量系统电子挡块偏移量	根据机床实际情况进行设定	用于带等距零脉冲的增量测量系统的电子挡块偏移量。机床减速开关被触发后，机床轴不立即寻找零脉冲而是移动过设定在 34092 REFP_CAM_SHIFT 的数据值后，才开始寻找零脉冲

（11）参考点位置　参考点位置通过参数 34100 进行设定。参数 34100 的含义与功能见表 2-8-28。

（12）通道回参考点时的轴顺序　通道回参考点时的轴顺序通过参数 34110 进行设定。参数 34110 的含义与功能见表 2-8-29。

表 2-8-28 参数 34100 的含义与功能

参数号	参数含义	设定值	功能
34100 REFP_SET_POS	参考点位置	默认设定为 0，根据机床实际情况进行设定	机床轴寻找到零脉冲（零点标识）后，机床实际的移动距离由设定在参数 34080 参考点移动距离（带符号）和参数 34090 参考点移动距离修正量两个设定值的累加值决定。机床运行完成累加移动量后的位置设定为参考点位置，也可进行参数 34100 REFP_SET_POS 设定值的修改

表 2-8-29 参数 34110 的含义与功能

参数号	参数含义	设定值	功能
34110 REFP_CYCLE_NR	通道回参考点时的轴顺序	0~8	用于定义数控机床通道回参考点时各轴顺序

回参考点操作说明如下。

1）数控机床回参考点时通过触发机床操作面板 MCP 上的"+"或"–"方向键移动。通过参数 11300 JOG_INC_MODE_LEVELTRIGGRD 可以设置回参考点时，"+"或"–"方向键是点动模式还是长按模式。

11300 JOG_INC_MODE_LEVELTRIGGRD=1 常按模式：按住"+"或"–"方向键，轴向回参考点方向运行。松开"+"或"–"方向键，轴停止运动。

11300 JOG_INC_MODE_LEVELTRIGGRD=0 点动模式：单击"+"或"–"方向键，轴会向回参考点方向运行，直到参考点建立完成轴停止运行。在回零过程中，如果再次单击"+"或"–"方向键，轴停止运动。

2）通过机床操作面板 MCP 上的"+""–"方向键接通 NC/PLC 接口信号 DB380×.DBX4.6 或 DB380×.DBX4.7 单独选择需要回参考点的轴和轴回参考点方向。也可激活 NC/PLC 通道接口信号 DB3200.DBX1.0（激活返回参考点），各轴按照设定在 MD 34110 REFP_CYCLE_NR 中的回参考点顺序依次完成回参考点工作。

（13）回参考点模式 回参考点模式通过参数 34200 进行设定。参数 34200 的含义与功能见表 2-8-30。

表 2-8-30 参数 34200 的含义与功能

参数号	参数含义	设定值	功能
34200 $MA_ENC_REFP_MODE	回参考点模式	0、1、3、4、8	用于选择数控机床各轴回参考点的模式

数控机床有以下几种回参考点模式。

1）参数 34200 $MA_ENC_REFP_MODE=0 绝对式回零模式。使用绝对编码器进行零点位置的设定，绝对编码器使用设定在参数 34100 中的值。

2）参数 34200 $MA_ENC_REFP_MODE=1 增量式回零模式。使用增量旋转式编码器 / 线性增量光栅尺的零脉冲回零。

3）参数 34200 $MA_ENC_REFP_MODE=3 距离编码回零模式。计算相邻的两个参考脉冲建立零点。

4）参数 34200 $MA_ENC_REFP_MODE=8 距离编码回零模式。计算相邻的 4 个参考脉冲建立零点。

（14）绝对位置编码器的标定状态　绝对位置编码器的标定状态通过参数 34210 进行设定。参数 34210 的含义与功能见表 2-8-31。

表 2-8-31　参数 34210 的含义与功能

参数号	参数含义	设定值	功能
34210 $MA_ENC_REFP_STATE	绝对位置编码器的标定状态	0、1、2	用于选择绝对位置编码器的状态

绝对位置编码器有以下几种状态。

1）参数 34210 $MA_ENC_REFP_STATE =0 编码器未标定。

2）参数 34210 $MA_ENC_REFP_STATE =1 编码器已使能，但尚未标定。

3）参数 34210 $MA_ENC_REFP_STATE =2 编码器已标定。

四、设置软限位

1. 机床限位保护类型

（1）机床限位保护类型　为保证数控机床的运行安全，每个直线轴的两端都会设立限位保护。数控的限位可分为硬限位和软限位两种形式，如图 2-8-23 所示。

（2）机床硬限位保护　当机床直线轴在某个方向运动到了允许的最大行程

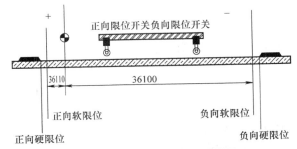

图 2-8-23　机床限位保护类型

位置触发硬限位保护，限位挡块切断限位开关信号后，使机床轴失去轴使能信号快速停止运动。

（3）机床软限位保护　软限位保护不会直接触发机床外围实际硬件激活限位保护，是以参考点为零点在参数 36110 和参数 36100 中设定各轴的正向最大移动范围和负向最大移动范围。直线轴在运行时，数控系统根据设定在参数 36110 和参数 36100 中的数值与机床各轴的实际位置进行比较，当机床轴的实际位置不小于设定在 36110 中的数值，或者不大于设定在 36100 中的数值时，激活软限位保护。

机床完成参考点建立后，参数 36110 和参数 36100 中的数值才生效。

2. 机床限位保护参数设定

（1）第 1 负向软限位　第 1 负向软限位通过参数 36100 进行设定。参数 36100 含义与功能见表 2-8-32。

表 2-8-32　参数 36100 的含义与功能

参数号	参数含义	设定值	功能
36100 POS_LIMIT_MINUS	第 1 负向软限位	根据机床轴实际移动范围设定	用于设定以机床参考点位置为零点，负向运行的最大距离

（2）第 1 正向软限位　第 1 正向软限位通过参数 36110 进行设定。参数 36110 的含义与功能见表 2-8-33。

表 2-8-33　参数 36110 的含义与功能

参数号	参数含义	设定值	功能
36110 POS_LIMIT_PLUS	第 1 正向软限位	根据机床轴实际移动范围设定	用于设定以机床参考点位置为零点，正向运行的最大距离

（3）第2负向软限位　第2负向软限位通过参数36120进行设定。参数36120的含义与功能见表2-8-34。

表2-8-34　参数36120的含义与功能

参数号	参数含义	设定值	功能
36120 POS_LIMIT_MINUS2	第2负向软限位	根据机床轴实际移动范围设定	用于设定以机床参考点位置为零点，负向运行的最大距离

第1、第2负向软限位生效方式如下。

1）NC/PLC接口信号DB380×.DBX1000.2=0，第1负向软限位生效。

2）NC/PLC接口信号DB380×.DBX1000.2=1，第2负向软限位生效。

（4）第2正向软限位　第2正向软限位通过参数36130进行设定。参数36130含义与功能见表2-8-35。

表2-8-35　参数36130的含义与功能

参数号	参数含义	设定值	功能
36130 POS_LIMIT_ PLUS2	第2正向软限位	根据机床轴实际移动范围设定	用于设定以机床参考点位置为零点，正向运行的最大距离

第1、第2正向软限位生效方式如下。

1）NC/PLC接口信号DB380×.DBX1000.3=0，第1正向软限位生效。

2）NC/PLC接口信号DB380×.DBX1000.3=1，第2正向软限位生效。

实训任务 2-8　NC 调试实训

实训任务2-8-1　机械传动参数设定

根据实训车间配置 SINUMERIK 828D 数控系统机床，画出 X、Y、Z 轴传动链示意图，在图上标注丝杠导程、齿轮传动或带传动主动轮、从动轮齿数，据此查看表（训）2-8-1 中的机械传动参数设定。

表（训）2-8-1　某数控机床机械传动参数设定

X 轴			Y 轴			Z 轴		
MD30130	MD30150	MD30160	MD30130	MD30150	MD30160	MD30130	MD30150	MD30160

实训任务2-8-2　查看系统速度参数设定

根据实训车间配置 SINUMERIK 828D 数控系统机床，查看系统速度参数设定，完成表（训）2-8-2 中内容。

表（训）2-8-2　某数控机床数控系统速度设定

速度类型	对应参数号	系统参数设定值
G00 速度		
手动快移速度		

（续）

速度类型	对应参数号	系统参数设定值
JOG 速度		
最大主轴速度		
第 1 挡主轴最高转速		

实训任务2-8-3　建立机床参考点

实训车间配置 SINUMERIK 828D 数控机床，各坐标轴使用绝对编码器，要求重新建立机床参考点（如果机床进行了螺距误差补偿则此项目略去）。具体要求如下。

1. 写出建立参考点的步骤

2. 参考点建立完成后操作演示

实训任务2-8-4　建立机床软限位

实训车间配置 SINUMERIK 828D 数控机床，在参考点建立基础上，建立机床正、负方向软限位，具体要求如下。

1. 设置软限位参数

完成表（训）2-8-3 中的内容。

表（训）2-8-3　建立机床软限位参数设定

软限位设定	对应参数号	参数设定值
第 1 正向软限位		
第 1 负向软限位		

2. 进行软限位有效性演示并记录系统报警

项目2-9　PLC 程序控制基础

项目导读

在完成本项目学习之后，掌握 PLC 程序控制基础知识和方法，同时学习：

◆ PLC 接口信号

◆ PLC 操作数应用

◆ PLC 程序符号命名与书写规则

◆子程序块使用方法

一、PLC接口信号

1. PLC 外围设备

以数控系统 PLC 为研究对象，其外围设备包括数控系统 NC、显示触摸屏 HMI、机床操作面板 MCP、机床本体 MT，相互之间基于 DB 数据块进行信号传递和控制，如图 2-9-1 所示。

图 2-9-1　PLC 及其外围设备

2. PLC 接口信号

PLC 与外围设备之间传递的信号，有请求信号（如 DB3000.DBX0.2 为 PLC 向 NCK 请求 JOG 工作方式信号）和应答信号（如 DB3100.DBX0.2 为 NCK 响应 PLC 关于 JOG 方式激活信号）。

实现数控系统 PLC 控制功能需要通过 DB 数据块与用户数据、HMI、NC、方式组、通道、轴/主轴、驱动、异步子程序、PLC 控制轴、刀具管理、PLC 用户报警、读写 NC 数据、PI 服务等进行相应信号双向传递，且对于不同控制对象和控制方式，DB 数据块具有不同的数据范围，如图 2-9-2 所示。

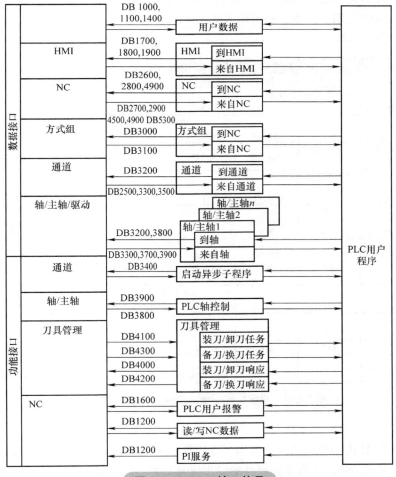

图 2-9-2　PLC 接口信号

二、PLC操作数说明

PLC可使用的操作数包括输入信号、输出信号、DB数据块、用户报警信号、定时器、计数器、累加器、特殊存储器等。

1. 输入信号

数控系统 PLC 输入信号来自两个方面，分别是机床操作面板 MCP 输入信号和通过输入输出模块 PP72/48 输入的信号。输入信号用"I+字节号+位号"表示，如 I0.0。来自不同硬件的输入信号具有不同地址，见表 2-9-1。

表 2-9-1　PLC 输入信号地址

序号	硬件模块名称	IP 地址号	输入地址范围
1	机床操作面板 MCP 输入	192.168.214.64	IB112~IB 125（以 MCP483 为例）
2	Profinet 连接第 1 块 PP 模块 72 个输入	192.168.214.9	I0.0~I8.7
3	Profinet 连接第 2 块 PP 模块 72 个输入	192.168.214.8	I9.0~I17.7
4	Profinet 连接第 3 块 PP 模块 72 个输入	192.168.214.7	I18.0~I26.7

标准机床操作面板 MCP 上的按钮、旋钮具体输入地址可参考 PLC 接口结构（B034），以机床操作面板 MCP483 为例，按钮、旋钮输入地址如图 2-9-3 所示。从图 2-9-3 中可以查出"JOG"按键输入地址为 IB112.3。

\multicolumn{9}{c}{MCP483 来自机床控制面板的信号（键）}
字节	位 7	位 6	位 5	位 4	位 3	位 2	位 1	位 0
IB 112	主轴速度修调				运行方式			
	D	C	B	A	JOG	TEACH IN	MDA	AUTO
IB 113	机床功能							
	REPOS	REF	Var. INC	10000 INC	1000 INC	100 INC	10 INC	1INC
IB 114	钥匙开关位 0	钥匙开关位 2	主轴启动	*主轴停止	开始进给	*停止进给	NC 启动	*NC 停止
IB 115	复位	钥匙开关位 1	单程序段	进给率修调				
				E	D	C	B	A
IB 116	方向键		快速进给	钥匙开关位 3	进给轴选择			
	+ R15	- R13	R14		X R1	第四轴 R4	第七轴 R7	R10
IB 117	进给轴选择							
	Y R2	Z R3	第五轴 R5	进给命令 MCS/WCS R12	R11	R9	第八轴 R8	第六轴 R6
IB 118	未定义用户键							
	T9	T10	T11	T12	T13	T14	T15	
IB 119	未定义用户键							
	T1	T2	T3	T4	T5	T6	T7	T8
IB 122	KT8	KT7	KT6	KT5	KT4	KT3	KT2	KT1
IB 123								KT9
IB 125			X31 引脚 6	X31 引脚 7	X31 引脚 8	X31 引脚 9	X3 引脚 10	

图 2-9-3　机床操作面板 MCP483 输入信号地址

2. 输出信号

数控系统 PLC 输出信号包括两个方面，分别是机床操作面板 MCP 输出信号和通过输入输出模块 PP72/48 输出的信号。来自不同硬件的输出信号具有不同地址，见表 2-9-2。

表 2-9-2 PLC 输出信号地址

序号	硬件模块名称	IP 地址号	输入地址范围
1	机床操作面板 MCP 输出	192.168.214.64	QB112~QB 119（以 MCP483 为例）
2	Profinet 连接第 1 块 PP 模块 48 个输出	192.168.214.9	Q0.0~Q5.7
3	Profinet 连接第 2 块 PP 模块 48 个输出	192.168.214.8	Q6.0~Q11.7
4	Profinet 连接第 3 块 PP 模块 48 个输出	192.168.214.7	Q12.0~Q17.7

机床操作面板输出信号地址可参考 PLC 接口结构（B034）。以机床操作面板 MCP483 为例，机床操作面板信号灯输出地址如图 2-9-4 所示。从图 2-9-4 中可以查出"AUTO"（自动）信号灯输出地址为 QB112.0。

字节	位 7	位 6	位 5	位 4	位 3	位 2	位 1	位 0
	MCP483 到达机床控制面板的信号（灯）							
QB 112	机床功能				运行方式			
	1000 INC	100 INC	10 INC	1INC	JOG	TEACH IN	MDA	AUTO
QB 113	开始进给	*停止进给	NC 启动	*NC 停止		机床功能		
					REPOS	REF	Var. INC	10000 INC
QB 114	进给轴选择					单程序块	主轴启动	*主轴停止
	方向键 - R13	X R1	第四轴 R4	第七轴 R7	R10			
QB 115				进给轴选择				
	Z R3	第五轴 R5	进给命令 MCS/WCS R12	R11	R9	第八轴 R8	第六轴 R6	方向键 + R15
QB 116	未定义用户键							Y R2
	T9	T10	T11	T12	T13	T14	T15	
QB 117	未定义用户键							
	T1	T2	T3	T4	T5	T6	T7	T8
QB 118							复位键	R14
QB 119		KT6	KT5	KT4	KT3	KT2	KT1	

图 2-9-4 机床操作面板 MCP483 输出信号地址

3. DB 数据块

在 SINUMERIK 828D 上应用了 DB 数据块。DB 数据块分为用户自定义数据块、系统功能数据块和 PLC 接口地址几种类型。

（1）DB 数据块结构 DB 数据块由数据块号、通道号或轴号、子区域号、索引地址号和位操作数组成。以数据块 DB3801.DBX1000.7 为例，各部分含义如图 2-9-5 所示，表示 Y 轴 PLC 向 NCK 回参考点请求信号。

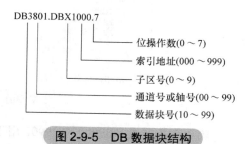

DB3801.DBX1000.7

位操作数(0～7)
索引地址(000～999)
子区域(0～9)
通道号或轴号(00～99)
数据块号(10～99)

图 2-9-5 DB 数据块结构

（2）用户自定义数据块 编写 PLC 程序会用到自定义数据块。根据编写程序的需要最多可以使用 64 个用户自定义数据块，数据块编号范围为 DB9000~DB9063。可以为每个 DB 数据块指定是否掉电保持。默认属性为掉电保持，当 DB 数据块第一次下载后的 PLC 第一次重启时，初始值会写入实际值一次，此后实际值在掉电时不会丢失。如果选择掉电不保持，则 DB 数据块的实际值在掉电时会清空，每次 PLC 重启时会将初始值写入实际值一次。

用户自定义数据块是否掉电保持通过"属性"对话框进行设定。如图 2-9-6a 所示，在指令树数据块中，选择用户数据块如 MCP[DB9000]，单击鼠标右键，选择快捷菜单中的"属性"命令，弹出"属性"对话框，如图 2-9-6b 所示。在该对话框中可以选择自定义数据块，如 DB9000，如果勾选"不保持"复选框，则数据块掉电后数据不保持。

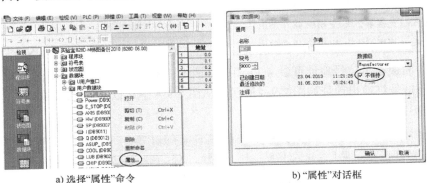

a) 选择"属性"命令　　　　　　　　　　b) "属性"对话框

图 2-9-6　用户自定义数据块属性设定

（3）系统功能数据块　系统功能数据块编号范围为 DB9900~DB9905，是系统预先定义好的特殊数据块，使用时只需从库中添加到项目。系统功能数据块的结构不能修改，只能修改数据的初始值和实际值。

DB9900 和 DB9902 是只读的，一旦这两个 DB 数据块下载到 PLC 中，实际值就为只读，不能通过 PLC 程序修改数据的实际值，也不能从计算机下载新的实际值到 PLC。对于初始值的修改是允许的，但是不会被写入实际值中。修改这两个只读 DB 数据块的唯一方法是开机时进入启动菜单，进行 PLC 初始化，重新下载 PLC 程序。

在用户数据块中添加系统功能数据块如图 2-9-7 所示。

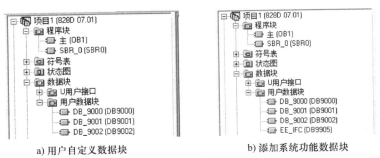

a) 用户自定义数据块　　　　　　　　　　b) 添加系统功能数据块

图 2-9-7　添加系统功能数据块

系统功能数据块 DB9900~DB9902 用于刀具管理用户接口，DB9903~DB9905 用于维护计划用户接口，具体含义可查看相关资料。

（4）PLC 接口地址　PLC 接口地址即为图 2-9-2 中用于用户数据、HMI、NC、方式组、通道、轴、主轴、驱动、异步子程序、PLC 控制轴、刀具管理、PLC 用户报警、读写 NC 数据、PI 服务等控制的 DB 数据块。PLC 接口地址传递方向及含义可以通过查找"PLC 接口结构"资料获得。

【示例 2-9-1】　查找 PLC 接口地址 DB3800.DBX4.3 含义及传递方向。

PLC 接口地址 DB3800~DB3805 各位操作数含义如图 2-9-8 所示。DB3800 表示 X 轴，DB3801 表示 Y 轴，依此类推。DB3800.DBX4.3 表示进给轴 X 停止，为 PLC 向 NCK 发出请求信号。

DB3800.-3805. PLC 变量		送至坐标轴或主轴的信号 Interface PLC → NCK (Read/Write)						
Byte	Bit 7	Bit 6	Bit 5	Bit 4	Bit 3	Bit 2	Bit 1	Bit 0
0000				进给倍率				
0001	H	G	F	E	D	C	B	A
	倍率生效	测量系统 2	测量系统 1	跟随操作方式	坐标轴/主轴禁止	固定点传感器	固定点到达应答	
0002			参考点值		夹紧过程进行	删除余程/主轴复位	伺服使能	
	4	3	2	1				
0003	程序测试轴/主轴使能	进给/主轴速度限制					固定点移动使能	
0004		移动键	快速叠加	移动键禁止	进给保持主轴停止		激活手轮	
	+	-					2	1
0005			机床功能(仅当 DB2600.DBX1.0=0)					
0008		连续点动	Var. INC	10000 INC	1000 INC	100 INC	10 INC	1 INC
	请求 PLC 轴/主轴			激活字节改变信号				请求 NC 轴/主轴
0009						C	伺服设定 B	A
1000	参考点凸轮信号			模限位使能	2nd 软限位开关		硬限位开关	
1002					+	-	+	-
							激活程序测试	禁止程序测试
DB3800.-3805.		送至主轴的信号						

图 2-9-8　PLC 接口地址示例

4. 用户报警信号

PLC 用户报警为机床维护、操作人员提供了有效的诊断手段。SINUMERIK 828D 提供了 248 个用户报警号，报警号范围是 700000~700247，对应接口信号为 DB1600.DBX0.0~DB1600.DBX30.7。当 PLC 梯形图中激活 DB1600.DBX 对应位信号时，就会出现对应编号的报警。报警号和报警信号之间对应关系如图 2-9-9 所示。

报警号	激活信号	报警属性	报警扩展变量
700000	DB1600.DBX0.0	14516[0]	DB1600.DBD1000
700001	DB1600.DBX0.1	14516[1]	DB1600.DBD1004
700002	DB1600.DBX0.2	14516[2]	DB1600.DBD1008
700003	DB1600.DBX0.3	14516[3]	DB1600.DBD1012
700004	DB1600.DBX0.4	14516[4]	DB1600.DBD1016
700005	DB1600.DBX0.5	14516[5]	DB1600.DBD1020
700006	DB1600.DBX0.6	14516[6]	DB1600.DBD1024
700007	DB1600.DBX0.7	14516[7]	DB1600.DBD1028
700008	DB1600.DBX1.0	14516[8]	DB1600.DBD1032
700009	DB1600.DBX1.1	14516[9]	DB1600.DBD1036
700010	DB1600.DBX1.2	14516[10]	DB1600.DBD1040
...			
700247	DB1600.DBX30.7	14516[247]	DB1600.DBD1998

图 2-9-9　报警号及报警信号之间的对应关系

【示例 2-9-2】 如图 2-9-10 所示，当机床操作面板"FEED STOP"（进给保持）处于激活状态时，要求用户报警显示"请按'Feed Start'键"提示。

在 NC_MCP 子程序块中网络 51 梯形图中，DB9000.DBX3.0 为进给保持中间变量，当该触点闭合时，激活用户报警信号 DB1600.DBX0.1，如图 2-9-11a 所示，此时屏幕显示用户报警信息"请按'Feed Start'按键"，对应报警号为 700001，报警显示如图 2-9-11b 所示。

图 2-9-10　进给保持激活

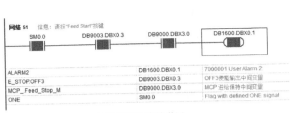

a) 用户报警信号激活

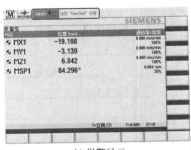

b) 报警显示

图 2-9-11　报警激活及报警显示

可按照以下步骤编辑 700001 报警文本内容。

按"MENU SELECT"键，按〖HMI〗HSK5 水平软键和〖报警文本〗VSK2 垂直软键，进入报警文本编辑界面，如图 2-9-12 所示。700001 报警文本就是在这个界面编辑的，通过 Alt+S 组合键可以在中文与英文输入法之间切换。

5. 定时器

（1）定时器类型　定时器按照计量时间单位来分，SINUMERIK 828D 数控系统有两种规格的定时器。

图 2-9-12　报警文本编辑界面

1）定时器 T0~T15，计量单位为 100ms。

2）定时器 T16~T127，计量单位为 10ms。

按照定时器计时和导通方式来分，可分为 TON、TONR、TOF 三种形式。

1）TON。使能输入信号为 ON 时，开始定时，定时时间到，定时器线圈接通；如果定时过程中接通条件为 OFF，定时器定时时间复位。

2）TONR。使能输入信号为 ON 时，开始定时，定时时间到，定时器线圈接通；如果定时过程中接通条件为 OFF，定时器定时时间保持，定时器使能输入信号再次为 ON 时，继续定时剩下的时间，直到定时完成。

3）TOF。使能输入信号为 ON 时，定时器线圈接通，并开始定时，定时时间到，定时器线圈断开；如果定时过程中接通条件为 OFF，定时器定时时间复位。

（2）定时器格式　定时器属于功能指令，在指令树"指令"中选用，如图 2-9-13 所示。定时器功能指令在梯形图中格式如图 2-9-14 所示。符号含义如下。

图 2-9-13　指令树中定时器功能指令

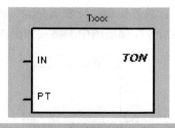

图 2-9-14　定时器功能指令格式

1）Txxx：定时器号。

2）IN：使能输入信号。

3）PT：预设时间。

（3）定时器工作状态　以接通延时定时器（TON）为例，在使能输入信号变为 ON 时，开始计时。定时器 Txxx 当前值大于或等于预设时间 PT 时，定时器位变为 ON；当使能输入变为 OFF 时，当前值被清除。

【示例 2-9-3】　子程序块 NC_MCP 梯形图网络 50，DB9000.DBB10 为进给倍率开关中间变量。当进给倍率开关置于 0 挡时，DB9000.DBB10=1，定时器 T0 使能输入信号"IN"导通，延时 200ms，定时器 T0 线圈导通，T0 触点闭合，DB9000.DBX9.7 线圈导通，如图 2-9-15 所示。

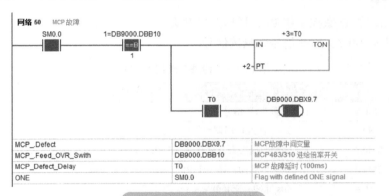

图 2-9-15　定时器应用

DB9000.DBX9.7 线圈导通后，触发报警信号 DB1600.DBX0.3，如图 2-9-16 所示。此时屏幕显示报警号为 700003 报警，内容为"MCP 故障，请重新上电"。

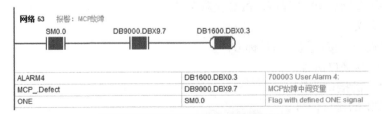

图 2-9-16　定时器触发报警信号

6. 计数器

计数器用来累计输入脉冲的次数，如用于加工中心刀库换刀计数等场合。SINUMERIK 828D 数控系统共计有 64 个计数器，计数器符号范围为 C0~C63。

（1）计数器类型　计数器分为 3 种类型，分别是增计数器、减计数器、增/减计数器。各计数器功能指令在梯形图中的格式如图 2-9-17 所示。

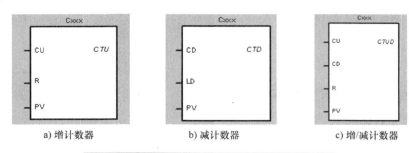

a) 增计数器　　　　　　b) 减计数器　　　　　　c) 增/减计数器

图 2-9-17　计数器功能指令在梯形图中的格式

（2）计数器工作状态　以增计数器为例，计数器工作状态如下：

1) 增计数器输入 CU 上出现上升沿时，增计数器功能指令 CTU 便从当前值开始向上计数。

2) 当前值 Cxxx 不小于预设值 PV 时，计数器位 Cxxx 接通。

3) 复位输入 R 被接通时，计数器复位。

4) 达到最大值 32767 时，计数器停止计数。

7. 特殊存储器

SINUMERIK 828D 数控系统 PLC 梯形图经常会用到系统定义好的、具有一定功能的特殊存储器位信号，见表 2-9-3。这些信号为只读信号。

表 2-9-3　特殊存储器位信号

序号	特殊存储器位信号	位信号功能
1	SM0.0	逻辑 "1" 信号
2	SM0.1	第一个 PLC 周期为 "1"，随后为 0
3	SM0.2	缓冲数据丢失，只有第一个 PLC 周期有效（0—数据正常；1—数据丢失）
4	SM0.3	系统再启动：第一个 PLC 周期为 "1"，随后为 0
5	SM0.4	60s 脉冲，交替变化：30s 为 "0"；30s 为 "1"
6	SM0.5	1s 脉冲，交替变化：0.5s 为 "0"；0.5s 为 "1"
7	SM0.6	PLC 周期循环，交替变化：一个周期为 "0"，一个周期为 "1"

三、PLC 程序符号命名与书写规则

为了便于书写及阅读 PLC 程序，PLC 主程序块、子程序块中所使用符号应遵循一定的约定。

1. 引导字符含义

用下面的方式表示接口信号的目标方向。

1) P_ —— PLC 的接口信号。

2) H_ —— HMI 的接口信号。

3) N_ —— NCK 的接口信号。

4) M_ —— MCP 的接口信号。

2. 随后字符含义

随后字符表示接口区：

1) N_ —— NCK 接口信号区。

2）C_—通道接口信号区。

3）1_—轴接口信号区。

4）M_—机床面板 MCP 接口信号区。

3.缩写符号含义

缩写字符表达及其含义见表2-9-4。

表2-9-4 缩写字符及其含义

序号	缩写字符	含 义
1	HWL	硬限位（取自 Hardware Limit）
2	HW	手轮（取自 Handwheel）
3	RT	快速移动（取自 Rapid Traverse）
4	TK	点动键（取自 Traverse key）
5	ACT	生效（取自 Active）
6	SEL	已选择（取自 Selected）
7	EN	使能（取自 Enable）
8	REQ	请求（取自 Require）
9	FH	进给保持（取自 Feed Hold）
10	RDIS	读入禁止（取自 Read Disable）
11	E_STOP	急停（取自 Emergency Stop）
12	LUB	润滑（取自 Lubrication）
13	TAILS	尾座（取自 Tailstock）
14	HYD	液压（取自 Hydraulic）

【示例2-9-4】 在 PLC 主程序 MAIN 中调用 PLC_INPUT 子程序块。在子程序块中，对各输入信号进行了命名，同时将各输入信号与物理地址关联，如图2-9-18所示。其中"E_Stop"表示急停信号，输入地址为 I0.4；"HW_EN"表示手轮使能信号，输入地址为 I2.4。依此类推，方便阅读和理解。

4.字符书写规则

字符书写规则如下。

1）缩写字符用大写字母表示，如 ACT（取自 Active）。

2）完整字符首字母大写，如 Type。

3）数据块的字符采用大写。

四、子程序块使用方法

1.PLC 机床数据设置

（1）PLC 机床数据用途 西门子公司提供的

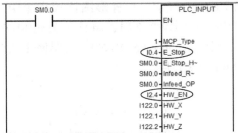

图 2-9-18 PLC 程序符号命名示例

SINUMERIK 828D 数控系统子程序，是通用程序，使用时需要根据实际的硬件结构通过 PLC 机床数据进行设定，以激活对应的 DB 数据块，实现 PLC 控制功能，如手轮类型选用（电子手轮、第三方手轮、西门子 Mini HHU）、机床操作面板类型选用（MCP483、MCP310、第三方操作面板）、刀库刀位数等。表2-9-5列出了 SINUMERIK 828D 子程序常用 PLC 机床数据。

（2）PLC 机床数据应用示例 分别基于 MD14510 整型数和基于 14512 布尔变量的 PLC 机床数据应用示例如下。

表 2-9-5　SINUMERIK 828D 子程序 PLC 机床数据

序号	PLC 地址	NC 参数	数据类型	描　述
1	DB4500.DBW0	14510[0]	INT	刀库刀位数
2	DB4500.DBW2	14510[1]	INT	手轮类型：0—电子手轮；1—第三方手轮；2—西门子 Mini HHU
3	DB4500.DBBW4	14510[2]	INT	润滑时间，单位：s
4	DB4500.DBBW6	14510[3]	INT	润滑间隔时间，单位：min
5	DB4500.DBBW8	14510[4]	INT	润滑压力低报警输出延迟时间，单位：s
6	DB4500.DBW10	14510[5]	INT	刀塔换刀监控时间，单位：ms
7	DB4500.DBW12	14510[6]	INT	刀塔锁紧时间，单位：ms
8	DB4500.DBX1000.0	14512[0].0	BOOL	用于主轴自动优化的强制使能
9	DB4500.DBX1001.0	14512[1].0	BOOL	X 轴第二测量系统激活
10	DB4500.DBX1001.1	14512[1].1	BOOL	Y 轴第二测量系统激活
11	DB4500.DBX1001.2	14512[1].2	BOOL	Z 轴第二测量系统激活
12	DB4500.DBX1001.3	14512[1].3	BOOL	SP 轴第二测量系统激活
13	DB4500.DBX1001.4	14512[1].4	BOOL	第四轴第二测量系统激活
14	DB4500.DBW1002	14512[2]	INT	取消上电清除密码功能：1—取消；0—保留
15	DB4500.DBX1005.3	14512[5].3	BOOL	控制模式：0—可受控润滑；1—非受控润滑
16	DB4500.DBX1005.4	14512[5].4	BOOL	激活上电第一次润滑的参数

【示例 2-9-5】　数控机床手轮类型设置。数控铣床配置西门子 Mini HHU 手轮，将 PLC 机床数据 14510[1] 设置为 2，表明使用西门子 Mini HHU 手轮，如图 2-9-19 所示。

与 PLC 机床数据 14510[1] 对应的 DB4500.DBW2 被赋值为 2。查看手轮 "NC_HANDWHEEL" 子程序网络 1，如图 2-9-20 所示。在梯形图比较指令中，当 DB4500.DBW2=2 时，将该值通过 MOV 指令赋值给 DB9005.DBW0，表明使用西门子 Mini HHU 手轮。

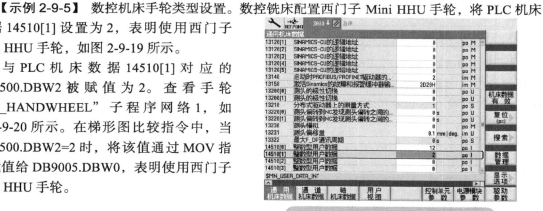

图 2-9-19　手轮 PLC 机床数据设定

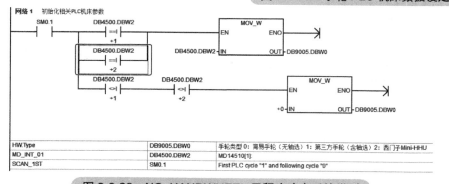

图 2-9-20　NC_HANDWHEEL 子程序确定手轮类型

【示例2-9-6】 激活数控系统 X 轴第二测量系统。

PLC 机床数据 14512[1].0 类型为布尔变量，数据设置界面如图 2-9-21a 所示。光标移至"23H"处，单击 ⊙ 按钮，进入位选择设定界面，如图 2-9-21b 所示，参数 14512[1].0 对应的是 Bit0，勾选意味着该位信号为 1，对应的 DB4500.DBX1001.0 为 1，定义为 X 轴第二测量系统激活。

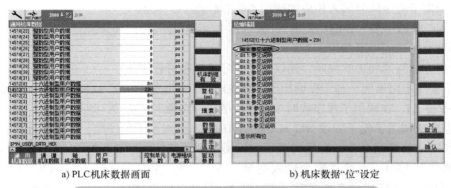

a) PLC机床数据画面　　　　　　　　b) 机床数据"位"设定

图 2-9-21　激活 X 轴第二测量系统 PLC 机床数据设定

查看轴控制"NC_AXIS_CONTROL"子程序网络，如图 2-9-22a 所示。当 DB4500.DBX1001.0 为 1 时，触发 DB9004.DBX0.0 信号，激活 X 轴第二测量系统中间变量，如图 2-9-22b 所示，由此触发测量系统 2 DB3800.DBX1.6 信号，如图 2-9-23 所示。

a) 初始化程序　　　　　　　　　　b) 符号注释

图 2-9-22　激活 X 轴第二测量系统初始化程序

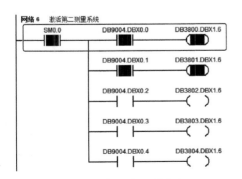

a) 激活第二测量系统程序

AXIS.MEAS2_Act_4TH	DB9004.DBX0.4	激活第四轴第二测量系统
AXIS.MEAS2_Act_SP	DB9004.DBX0.3	激活主轴第二测量系统
AXIS.MEAS2_Act_X	DB9004.DBX0.0	激活X轴第二测量系统
AXIS.MEAS2_Act_Y	DB9004.DBX0.1	激活Y轴第二测量系统
AXIS.MEAS2_Act_Z	DB9004.DBX0.2	激活Z轴第二测量系统

b) 符号注释

图 2-9-23　激活 X 轴第二测量系统信号

2. 子程序使用规则及应用

（1）子程序使用规则　子程序使用遵循下面规则。

1）根据机床的实际需求选择铣床版子程序或车床版子程序。

2）根据机床所需的功能在主程序（OB1）中调用相应的子程序。

3）在调用子程序块时填入相应的选项参数和外部 I/O 地址。

4）在 NC 参数中填入相应功能所需的参数。

5）不需要的功能可不调用。

6）为更好地阅读和理解程序，建议采用符号地址查看程序。

（2）子程序应用示例　基于在调用子程序块时填入相应的选项参数和外部 I/O 地址示例。

【示例 2-9-7】　在调用子程序块时填入相应的选项参数和外部 I/O 地址示例。

在主程序中调用手轮子程序 NC_HANDWHEEL。在调用子程序前，先在子程序块中编辑好需要输入和输出的变量名称、变量类型、数据类型和注释，如图 2-9-24 所示。如名称为"HW_K_SEL"的变量 LB0，变量类型为输入变量"IN"，功能注释为"是否使用 MCP 上手轮方式按键：0 不使用；1 使用"；又如名称为"HW_Mode_LED"的变量 L1.1，变量类型为输出变量"OUT"，功能注释为"MCP 上手轮方式按键指示灯"。

	名称	变量类型	数据类型	注释
	EN	IN	BOOL	
LB0	HW_K_SEL	IN	BYTE	是否使用MCP上手轮方式按键：0.不使用；1.使用
L1.0	HW_Mode_K	IN	BOOL	MCP上手轮方式按键
		IN_OUT		
L1.1	HW_Mode_LED	OUT	BOOL	MCP上手轮方式按键指示灯
		TEMP		

图 2-9-24　子程序中变量定义

主程序调用手轮子程序"NC_HANDWHEEL"，如图 2-9-25a 所示，定义的变量需要赋值或给出输入输出地址，如图中红色"？？？"处。在"HW_K_SEL"的变量处输入 1，表示使用 MCP 上手轮方式按键；在"HW_Mode_K"变量处输入 I119.7，表示按键地址；在"HW_Mode_LED"变量处输入 Q117.7，表示按键指示灯地址，如图 2-9-25b 所示。

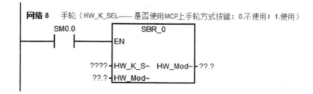

a）调用子程序块

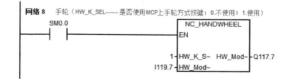

b）输入外部 I/O 地址

图 2-9-25　调用子程序块时输入外部 I/O 地址

PLC 程序控制基础实训

实训任务2-9-1　标记I/O地址

如图（训）2-9-1所示，机床操作面板 MCP，对应于每个按钮、旋钮、指示灯，标记 I/O 地址。

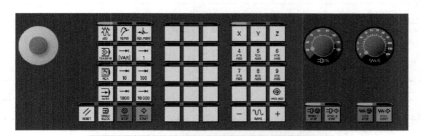

图（训）2-9-1　机床操作面板 MCP I/O 地址

实训任务2-9-2　查找PLC接口地址

根据表（训）2-9-1要求，查找以下信号 PLC 接口地址。

表（训）2-9-1　PLC 信号接口地址

序号	信号名称	PLC-NCK 接口信号地址	NCK-PLC 接口信号地址
1	自动方式		
2	MDI 方式		
3	JOG 方式		
4	回参考点方式		
5	进给倍率		
6	移动键 "+"		
7	移动键 "−"		
8	快移键		
9	增量尺寸 1		
10	增量尺寸 10		
11	增量尺寸 100		
12	轴 / 主轴禁用		
13	进给停止 / 主轴停止		
14	激活手轮 1		

实训任务2-9-3　编辑、显示报警文本

按照以下流程进入报警文本编辑界面：按 "MENUSELECT"，按〖调试〗→〖HMI〗→〖报警文本〗软键，选择 "制造商 PLC 报警文本"，按〖确认〗软键，进入报警文本编辑界面，界面会显示全部编辑好的报警文本。完成下面实训内容。

1）根据给定的报警号，在表（训）2-9-2 中填写报警信息及对应报警 DB1600. 信号。

2）新编辑并显示一条报警信息。按机床操作面板上的 T3 按钮，显示报警号 700020、报警内容为 "ABC" 的报警信息。记录所编辑的梯形图，对报警文本编辑界面、报警文本显示界面进行截图。

表（训）2-9-2　报警号及报警信号

序号	报警号	报警信号	报警文本
1	700000		
2	700001		
3	700002		
4	700003		
5	700004		
6	700005		
7	700006		
8	700007		
9	700008		
10	700009		
11	700010		
12	700011		

实训任务2-9-4　定时器使用

图（训）2-9-2所示为子程序块 NC_EMG_STOP 梯形图网络4，分析系统上电时序，并查找、分析梯形图完成以下实训内容。

1）定时器 T1 通过怎样的方式预设时间？预设时间为多少？

2）定时器 T2 通过怎样的方式预设时间？预设时间为多少？

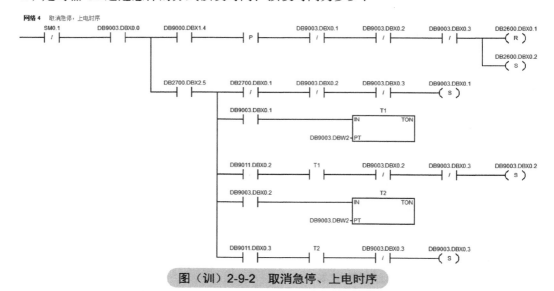

图（训）2-9-2　取消急停、上电时序

实训任务2-9-5　激活数控系统Y轴第2测量系统

激活数控系统 Y 轴第 2 测量系统，完成以下实训内容。

1）在子程序块 NC_AXIS_CONTROL 中查找梯形图，找出对应于激活 Y 轴第 2 测量系统的 PLCDB 信号 DB4500。

2）设置对应的 PLC 机床接口数据，并截屏。

3）建立 PC 与数控系统之间的通信，监控激活 Y 轴第 2 测量系统时梯形图状态。

项目 2-10　PLC 基本功能子程序控制

项目导读

在完成本项目学习之后，掌握 PLC 子程序块类型，同时学习以下子程序块功能及控制原理：

◆ 输入信号子程序 PLC_INPUT
◆ 输出信号子程序 PLC_OUTPUT
◆ 机床操作面板子程序 NC_MCP
◆ 机床操作面板手动控制子程序 NC_JOG_MCP
◆ 程序控制子程序 NC_PROGRAN_CONTROL
◆ 急停控制子程序 NC_EMG_STOP
◆ 轴控制子程序 AXIS_CONTROL
◆ 手轮控制子程序 NC_HANDWHEEL
◆ 主轴控制子程序 NC_SP_CONTROL
◆ 异步子程序控制 PLC_ASUP
◆ 报警灯子程序控制 AUX_ALARM_LAMP

PLC 基本功能子程序用于实现数控系统 PLC 基本控制功能，包括以下子程序。

1）机床操作面板控制子程序 NC_MCP（SBR0）。
2）机床操作面板手动控制子程序 NC_JOG_MCP（SBR1）。
3）程序控制功能子程序 NC_PROGRAM_CONTROL（SBR2）。
4）急停控制子程序 NC_EMG_STOP（SBR3）。
5）轴控制子程序 NC_AXIS_CONTROL（SBR4）。
6）手轮控制子程序 NC_HANDWHEEL（SBR5）。
7）主轴控制子程序 NC_SP_CONTROL（SBR7）。
8）输入信号子程序 PLC_INPUT（SBR11）。
9）输出信号子程序 PLC_OUTPUT（SBR12）。
10）异步控制子程序 PLC_ASUP（SBR13）。
11）报警灯控制子程序 AUX_ALARM_LAMP（SBR25）。

一、输入信号子程序PLC_INPUT

1. 输入信号子程序作用

输入信号子程序用来处理机床操作面板 MCP 上的按键，经过 PP72/48 输入的机床侧信号输入地址。子程序顺序号为 SBR11。

2. 机床操作面板 MCP 上的按键输入地址定义

（1）机床操作面板类型选择　机床操作面板根据用户使用情况分为 MCP483、MCP310、第三方 MCP 等 3 种类型，不同类型机床操作面板其按键输入地址是不一样的。通过给局部变量 LB0 赋值确定操作面板类型，如图 2-10-1 所示。

	名称	变量类型	数据类型	注释
	EN	IN	BOOL	
LB0	MCP_Type	IN	BYTE	MCP类型：1.MCP483；2.MCP310；3.第三方MCP
L1.0	E_Stop	IN	BOOL	急停输入信号
L1.1	E_Stop_HW	IN	BOOL	手轮急停输入信号

图 2-10-1　机床操作面板类型选择变量

（2）机床操作面板按键地址输入　针对不同类型机床操作面板，进行有条件程序跳转 JMP，跳转至不同标签 LBL 处，进行各面板按键地址输入。

如图 2-10-2 所示，信号 DB9000.DBB15 不同取值代表不同机床操作面板，当取值为 1 时，"JMP" 至标签 LBL1 处，输入 MCP483 面板地址；取值为 2 时，"JMP" 至标签 LBL2 处，输入 MCP310 面板地址；取值为 3 时，"JMP" 至标签 LBL3 处，输入第三方 MCP 面板地址。

在各跳转指令标签中是不同机床操作面板输入地址。图 2-10-3 所示为标签 LBL1 程序，用于输入 MCP483 机床操作面板按键地址，MCP483 部分按键物理地址及中间变量对应关系见表 2-10-1，其余依此类推。

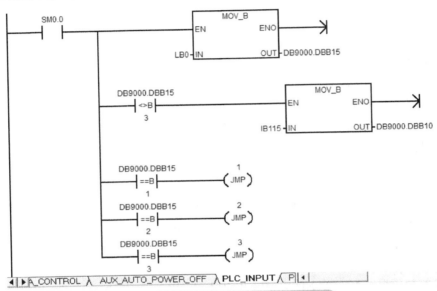

图 2-10-2　机床操作面板选择跳转指令

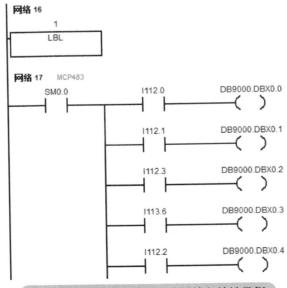

图 2-10-3　MCP483 机床按键输入地址示例

表 2-10-1　MCP483 部分按键物理地址及中间变量

序号	按键名称	输入物理地址	中间变量
1	自动方式	I112.0	DB9000.DBX0.0
2	MDA 方式	I112.1	DB9000.DBX0.1
3	示教方式	I112.2	DB9000.DBX0.4
4	点动方式	I112.3	DB9000.DBX0.2
5	主轴速度倍率 C	I113.6	DB9000.DBX0.3

3. 机床侧信号输入

（1）机床侧输入信号定义　机床侧输入信号指通过 PP72/48 输入模块、机床操作面板用户专用输入接口 X51、X52、X55 输入至系统的信号。机床类型不同、工作要求不同、外围设备及传感元器件配置不同，则输入信号类型不同、数量不一样；机床侧输入信号电气接线不同，信号地址也不相同。为了便于 PLC 程序通用化和方便程序编辑，机床侧输入信号通常采用局部变量进行定义。常用机床侧输入信号类型及其局部变量之间的对应关系见表 2-10-2。

表 2-10-2　机床侧输入信号类型及其局部变量之间的对应关系

序号	信号类型	信号名称	局部变量	信号注释
1	急停	E_STOP/ E_STOP_HW	L1.0/L1.1	急停 / 手轮急停
2	上电时序	Infeed RDY/Infeed OP	L1.2/L1.3	伺服准备就绪 / 伺服启动
3	手轮	HW_EN HW_X HW_Y HW_Z	L1.4~L1.7	手轮使能 手轮轴选 X 手轮轴选 Y 手轮轴选 Z
		F1 F2 F3	L2.0~L2.2	手轮倍率 ×1 手轮倍率 ×10 手轮倍率 ×100
		手轮 + 手轮 − 手轮快速	I122.3~I122.5	手轮移动 + 手动移动 − 手轮快速
4	硬限位 / 回零	X_HWL_P X_HWL_N Y_HWL_P Y_HWL_N Z_HWL_P Z_HWL_N	L2.3~L2.7/L3.0	X 轴正限位 /X 轴负限位 Y 轴正限位 /Y 轴负限位 Z 轴正限位 /Z 轴负限位
		REF_X REF_Y REF_Z REF_4TH	L3.1~L3.4	X 轴回零 Y 轴回零 Z 轴回零 第 4 轴回零
5	主轴松紧刀	SP_Clamp SP_Unclamp SP_Unclamp_K	L3.5~L3.7	主轴紧刀 主轴松刀 主轴松刀按键
6	冷却	Cool_Level Cool_OVRLD Cool_K	L4.0~L4.2	切削液液位低 切削泵电动机过载 冷却开关按键

（续）

序号	信号类型	信号名称	局部变量	信号注释
7	润滑	LUB_Level LUB_P LUB_OVRLD LUB_K	L4.3~L4.6	润滑液位低 润滑压力低 润滑泵电动机过载 机床润滑按键
8	排屑器	Chip_OVRLD Chip_FWD_K Chip_REV_K	L4.7/L5.0/L5.1	排屑电动机过载 排屑器正转按键 排屑器反转按键
9	机床照明	Light_K	L5.2	机床照明按键
10	气压检测	Air_PRESS	L5.3	气源压力低
11	卡盘	Chuck_Clamp Chuck_Unclamp Foot_Switch	L5.4~L5.6	卡盘夹紧/ 卡盘放松 卡盘脚踏开关
12	安全门	Door_Open	L5.7	安全门打开检测开关

（2）物理地址输入　子程序 PLC_INPUT 中定义好机床侧输入信号局部变量后，便可以在主程序调用子程序 PLC_INPUT 时，按照各输入信号与 PP72/48 及机床操作面板用户专用输入接口的具体连接输入物理地址了，如手轮使能 HW_EN 物理地址为 I2.4。物理地址输入如图 2-10-4 所示。

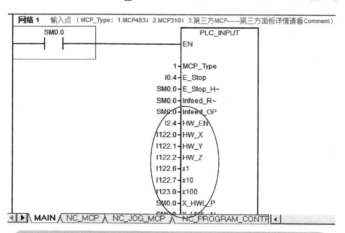

图 2-10-4　主程序调用 PLC_INPUT 定义输入信号地址

4. 输入信号自定义数据块

输入信号子程序 PLC_INPUT 用到了自定义数据块。机床侧输入信号自定义数据块为 DB9011.，数据块范围为 DB9011.DBX0.0~DB9011.DBX8.3；机床操作面板自定义数据块为 DB9000.，数据块范围为 DB9000.DBX0.0~DB9000.DBX9.2，DB9000.DBB10（进给倍率开关），DB9000.DBB12（主轴倍率开关），DB9011.DBB15（机床操作面板选择），输入信号自定义数据块定义见表 2-10-3。

5. PLC 机床数据

输入信号子程序 PLC_INPUT 刀库输入信号中，用到了两个 PLC 机床数据，分别是 DB4500.DBX1002.1 和 DB4500.DBX1002.2，分别对应于机床数据 14512[2].1、14512[2].2，需要对机床数据进行相应设置。

表 2-10-3 输入信号自定义数据块定义

序号	信号类型	局部变量	输入信号自定义数据块
1	急停	L1.0	DB9011.DBX0.0
		L1.1	DB9011.DBX0.1
2	上电时序	L1.2	DB9011.DBX0.2
		L1.3	DB9011.DBX0.3
3	手轮	L1.4~L1.7	DB9011.DBX0.4~DB9011.DBX0.7
		L2.0~L2.2	DB9011.DBX1.2~DB9011.DBX1.4
		I122.3~I122.5	DB9011.DBX1.5~DB9011.DBX1.7
4	硬限位/回零	L2.3~L2.7/L3.0	DB9011.DBX2.5~DB9011.DBX3.2
		L3.1~L3.4	DB9011.DBX2.0~DB9011.DBX2.3
5	主轴松紧刀	L3.5~L3.7	DB9011.DBX3.7~DB9011.DBX4.1
6	冷却	L4.0~L4.2	DB9011.DBX4.2~DB9011.DBX4.4
7	润滑	L4.3~L4.6	DB9011.DBX4.5~DB9011.DBX5.0
8	排屑器	L4.7/L5.0/L5.1	DB9011.DBX5.1~DB9011.DBX5.3
9	机床照明	L5.2	DB9011.DBX5.4
10	气压检测	L5.3	DB9011.DBX5.5
11	卡盘	L5.4~L5.6	DB9011.DBX5.6~DB9011.DBX6.0
12	安全门	L5.7	DB9011.DBX6.1
13	刀库	L6.0~L8.1	DB9011.DBX6.2~DB9011.DBX8.3
14	MCP483	IB112~IB125	DB9000.DBX0.0~DB9000.DBX9.2 DB9000.DBB10（进给倍率开关） DB9000.DBB12（主轴倍率开关） DB9000.DBB15（机床操作面板类型）

二、输出信号子程序PLC_OUTPUT

1. 输出信号子程序作用

输出信号子程序用来处理机床操作面板 MCP 指示灯信号、经过 PP72/48 输出的机床侧信号输出地址，如各种使能信号、指示灯信号等。输出信号子程序顺序号为 SBR12。

2. 机床操作面板 MCP 指示灯输出地址定义

机床操作面板按键上都有指示灯，当选择某个按键时系统通过触发 QB 信号导通指示灯。不同类型操作面板指示灯地址不同，通过跳转指令定义不同面板指示灯输出地址，如图 2-10-5 所示。跳转（JMP）至 LBL1 时定义 MCP483 面板指示灯；跳转（JMP）至 LBL2 时定义 MCP310 面板指示灯；跳转（JMP）至 LBL3 时定义第三方面板指示灯。

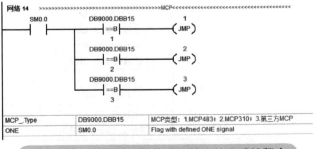

图 2-10-5 不同机床操作面板输出信号跳转程序

在各跳转指令标签中，是不同机床操作面板指示灯输出地址。图 2-10-6 所示为标签 LBL 1 程序，用于输出 MCP483 机床操作面板指示灯地址，部分指示灯物理地址及中间变量对应关系见表 2-10-4，其余依此类推。

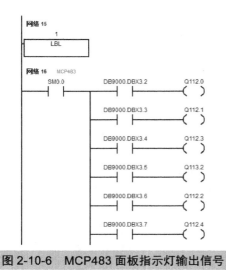

图 2-10-6　MCP483 面板指示灯输出信号

表 2-10-4　MCP483 部分按键指示灯物理地址及中间变量

序号	按键名称	中间变量	输出物理地址
1	自动方式	DB9000.DBX3.2	Q112.0
2	MDA 方式	DB9000.DBX3.3	Q112.1
3	点动方式	DB9000.DBX3.4	Q112.3
4	回参考点	DB9000.DBX3.5	Q113.2
5	示教	DB9000.DBX3.6	Q112.2
6	增量尺寸1	DB9000.DBX3.7	Q112.4

3. 机床侧信号输出

（1）机床侧输出信号定义　机床侧输出信号包括 EP 使能、手轮、主轴松紧刀、冷却、润滑、排屑、照明、卡盘、报警灯、安全门、刀库等输出信号。机床侧输出信号在 PLC_OUTPUT 子程序中采用局部变量进行定义。常用机床侧输出信号类型及其局部变量之间的对应关系见表 2-10-5。

表 2-10-5　机床侧输出信号类型及其局部变量

序号	信号类型	信号名称	局部变量	信号注释
1	使能输出	EP	L0.0	EP 使能
		OFF1	L0.1	OFF1 使能
		OFF3	L0.2	OFF3 使能
2	手轮	HW_LED	L0.3	手轮选择灯
3	主轴松紧刀	SP_Unclamp	L0.4	主轴松刀
		SP_Unclamp_LED	L0.5	主轴松刀状态指示灯
4	冷却	Coolant	L0.6	切削液输出
		COOL_LED	L0.7	切削液开指示灯
5	润滑	LUB	L1.0	润滑输出
		LUB_LED	L1.1	润滑指示灯
6	排屑器	Chip_FWD	L1.2	排屑器正转输出
		Chip_FWD_LED	L1.4	排屑器正转指示灯
		Chip_REV	L1.3	排屑器反转输出
		Chip_REV_LED	L1.5	排屑器反转指示灯
7	机床照明	Light	L1.6	机床照明灯输出
		Light_LED	L1.7	机床照明灯指示灯
8	卡盘	Chuck_Clamp	L2.0	卡盘夹紧
		Chuck_Clamp_LED	L2.1	卡盘夹紧指示灯
9	报警灯	Lamp_R	L2.2	红灯输出
		Lamp_Y	L2.3	黄灯输出
		Lamp_G	L2.4	绿灯输出
10	安全门	Door_Open	L2.5	安全门打开输出
		Door_Open_LED	L2.6	安全门打开状态指示灯

（2）物理地址输出　子程序 PLC_OUTPUT 中定义好机床侧输出信号局部变量后，便可以在主程序调用子程序 PLC_OUTPUT 时，按照各输出信号与 PP72/48 输出接口的具体连接输出物理地址了，如使能信号 EP 输出地址为 Q4.2，如图 2-10-7 所示。

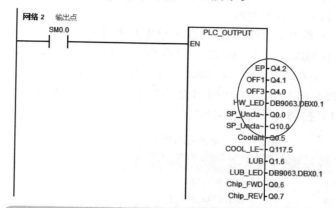

图 2-10-7　主程序调用 PLC_OUTPUT 定义输出信号地址

4. 输出信号自定义数据块

输出信号子程序 PLC_OUTPUT 用到自定义数据块。机床侧输出信号自定义数据块为 DB9012.，数据块范围为 DB9012.DBX0.0 ~ DB9012.DBX4.7；机床操作面板自定义数据块为 DB9000.，数据块范围为 DB9000.DBX3.2 ~ DB9000.DBX5.5、DB9000.DBX6.7、DB9000.DBX8.0 ~ DB9000.DBX8.3、DB9000.DBX9.4 ~ DB9000.DBX9.6，见表 2-10-6。

表 2-10-6　输出信号子程序自定义数据块

序号	信号类型	局部变量	输出信号自定义数据块
1	使能输出	L0.0、L0.1、L0.2	DB9012.DBX0.0 ~ DB9012.DBX0.2
2	手轮	L0.3	DB9012.DBX0.3
3	主轴松紧刀	L0.4、L0.5	DB9012.DBX1.0 ~ DB9012.DBX1.1
4	冷却	L0.6、L0.7	DB9012.DBX1.2 ~ DB9012.DBX1.3
5	润滑	L1.0、L1.1	DB9012.DBX1.4 ~ DB9012.DBX1.5
6	排屑器	L1.2、L1.3、L1.4、L1.5	DB9012.DBX1.6 ~ DB9012.DBX1.7 DB9012.DBX2.0 ~ DB9012.DBX2.1
7	机床照明	L1.6、L1.7	DB9012.DBX2.2 ~ DB9012.DBX2.3
8	卡盘	L2.0、L2.1	DB9012.DBX2.4 ~ DB9012.DBX2.5
9	报警灯	L2.2、L2.3、L2.4	DB9012.DBX2.6 ~ DB9012.DBX3.0
10	安全门	L2.5、L2.6	DB9012.DBX3.1 ~ DB9012.DBX3.2
11	刀库	L2.7 ~ L4.3	DB9012.DBX2.7 ~ DB9012.DBX4.7

三、机床操作面板子程序NC_MCP

1. 机床操作面板子程序作用

机床操作面板子程序用于实现机床操作面板相关功能，包括机床操作方式组选择，程序启动、停止、复位控制，带倍率开关主轴控制，带倍率开关进给轴控制，WCS/MCS 转换、读入禁止等功能，同时包含 MCP 故障报警功能。机床操作面板子程序顺序号为 SBR0。

2. 机床操作面板自定义数据块及机床数据使用

（1）机床操作面板自定义数据块　机床操作面板自定义数据块为 DB9000.，主要用于对机床操作面板按钮、旋钮、指示灯输入输出变量 I/O 信号中间变量，已经在输入信号子程序 PLC_INPUT、输出信号子程序 PLC_OUTPUT 中进行了定义。

（2）机床数据　在机床操作面板子程序 NC_MCP 中没有使用机床数据。

3. 机床操作方式组 PLC 程序控制

（1）机床操作方式组 PLC 控制信号　机床操作方式组 PLC 程序控制包括手动 JOG、示教 TEACH IN、手动编程 MDA、自动 AUTO、回参 REF POINT、断点重启 REPOS 等工作方式选择以及 ×1、×10、×100、×1000、×10000、变步距 VAR 等增量方式选择。机床操作面板 PLC 程序控制既有 PLC 向 NCK、HMI 向 PLC 的请求信号，也有 NCK 向 PLC 应答信号，机床操作方式组所用到 PLC 控制信号见表 2-10-7。

表 2-10-7　机床操作方式组 PLC 控制信号

序号	机床操作方式组	HMI → PLC	PLC → NCK	NCK → PLC
1	JOG	DB1800.DBX0.2	DB3000.DBX0.2	DB3100.DBX0.2
2	MDA	DB1800.DBX0.1	DB3000.DBX0.1	DB3100.DBX0.1
3	AUTO	DB1800.DBX0.0	DB3000.DBX0.0	DB3100.DBX0.0
4	REF POINT	DB1800.DBX1.2	DB3000.DBX1.2	DB3100.DBX1.2
5	TEACH IN	—	DB3000.DBX1.0	DB3100.DBX1.0
6	REPOS	DB1800.DBX1.1	DB3000.DBX1.1	DB3100.DBX1.1
7	SET INC Active in BAG（增量方式激活）	—	DB2600.DBX1.0	—
8	×1	—	DB3000.DBX2.0	DB3100.DBX2.0
9	×10	—	DB3000.DBX2.1	DB3100.DBX2.1
10	×100	—	DB3000.DBX2.2	DB3100.DBX2.2
11	×1000	—	DB3000.DBX2.3	DB3100.DBX2.3
12	×10000	—	DB3000.DBX2.4	DB3100.DBX2.4
13	VAR（变增量方式）	—	DB3000.DBX2.5	DB3100.DBX2.5

（2）机床操作方式组增量方式　只有在增量方式信号 DB2600.DBX1.0 激活的情况下，×1、×10、×100、×1000、×10000 增量方式才能起作用。如图 2-10-8a 所示，增量方式信号 DB2600.DBX1.0 未激活，即使单击 ⊞ 按钮，接通 ×1 倍率 DB3000.DBX2.0 PLC 向 NCK 请求信号，×1 倍率应答信号 DB3100.DBX2.0 仍未激活，×1 倍率功能不起作用，如图 2-10-8b 所示。

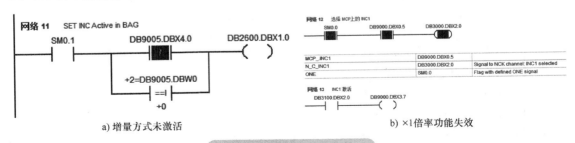

a) 增量方式未激活　　　　　　　　　　　　b) ×1 倍率功能失效

图 2-10-8　增量方式未激活

（3）机床操作方式组变增量方式　首先选择变增量方式 "VAR"，PLC 程序中激活变增量方式信号 DB3100.DBX2.5，同时还需要设置变增量方式步距，步骤如下。

【MENU SELECT】→〖加工〗→〖 ＞ 〗→〖设置〗。

进入变增量步距设置界面，如图 2-10-9 所示，如将可变增量设置为 5，手动方式向下移动坐标轴，每点动一次，按照步距为 5μm 改变坐标值。

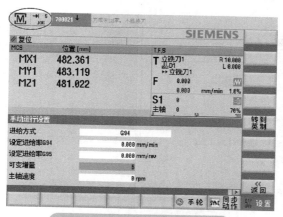

图 2-10-9　可变增量步距设置

4. 复位 PLC 程序控制

（1）复位作用　复位（RESET）键作用如下。

1）使机床停止执行当前运行的程序。

2）数控装置与机床保持同步。

3）现在已进入基本准备就绪状态，可开始执行程序。

4）清除激活报警。

数控系统上电后，松开急停按钮，进行复位操作后，伺服系统才能励磁上电。注意数控系统上电操作顺序。

（2）复位信号　复位请求信号及应答信号见表 2-10-8。

表 2-10-8　复位请求及应答信号

按钮功能	HMI → PLC	PLC → NCK	NCK → PLC
复位	DB1700.DBX7.7	DB3000.DBX0.7	DB3300.DBX3.7

5. "程序控制" PLC 控制

（1）程序控制作用　程序控制包括程序启动、程序停止、单段等程序控制方式。只有在 MDA、AUTO 方式下才允许程序启动、程序停止，只有在程序运行方式下程序停止才有效。

（2）程序控制信号　程序控制请求信号 DB3200. 和应答信号 DB3300，见表 2-10-9。

表 2-10-9　程序控制请求和应答信号

程序控制方式	HMI → PLC	PLC → NCK	NCK → PLC
程序启动	DB1700.DBX7.1	DB3200.DBX7.1	DB3300.DBX3.0 DB3300.DBX3.5
程序停止	DB1700.DBX7.3	DB3200.DBX7.3	DB3300.DBX3.2
单段	—	DB3200.DBX0.4	—

（3）单段工作方式　单段工作方式用于对零件加工程序进行逐段测试。选择单段工作方式时，循环启动后，程序只运行一个程序段。单段工作方式 PLC 程序控制方式时，按一次单段按钮，单段方式生效，单段请求信号 DB3200.DBX0.4 置位（S），且激活 DB9000.DBX5.1 指示灯

信号，如图 2-10-10a 所示；再按一次单段按钮，单段请求信号 DB3200.DBX0.4 复位（R），单段方式失效，如图 2-10-10b 所示。

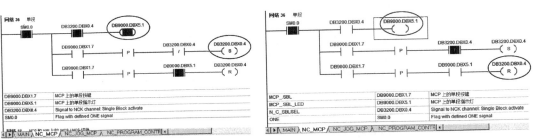

a) 按一次"单段"置位　　　　　　　　　　b) 按一次"单段"复位

图 2-10-10　HMI 显示 PLC 程序初始化状态

6. 带倍率开关主轴 PLC 程序控制

（1）主轴 PLC 程序控制信号　带倍率开关主轴 PLC 程序控制包括主轴启动、停止及主轴倍率开关控制，PLC 程序控制请求及应答信号见表 2-10-10。

表 2-10-10　带倍率开关主轴 PLC 程序控制请求及应答信号

主轴控制方式	自定义 DB 块（中间变量）	PLC→NCK	NCK→PLC
主轴启动	DB9000.DBX2.6 主轴启动按键 DB9000.DBX5.4 主轴启动指示灯	—	—
主轴禁止	DB9000.DBX2.7 主轴禁止按键 DB9000.DBX3.1 主轴禁止中间变量 DB9000.DBX5.5 主轴禁止指示灯	DB3803.DBX4.3 主轴停止	—
进给轴、 主轴休眠	—	—	DB390X.DBX1.4
急停激活	—	—	DB2700.DBX0.1
主轴倍率激活	DB9000.DBB12 主轴倍率开关 DB9000.DBB13 主轴倍率中间变量	DB3803.DBB2003 主轴倍率	—

（2）主轴禁止条件　满足以下条件主轴禁止，且主轴禁止指示灯亮。

1）所有进给轴静止且按"SPINDLE STOP"按钮时。

2）急停已经激活。

3）系统上电时。

【示例 2-10-1】　图 2-10-11 所示为主轴启动使能 / 禁止 PLC 梯形图。当按系统急停按钮时，NCK 至 PLC 应答信号 DB2700.DBX0.1 导通，激活主轴禁止中间变量 DB9000.DBX3.1，主轴处于禁止状态，同时激活主轴禁止指示灯信号 DB9000.DBX5.5。

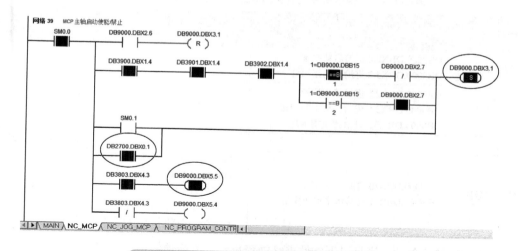

图 2-10-11　主轴启动使能／禁止 PLC 梯形图

（3）主轴倍率控制　主轴倍率开关用于控制主轴速度，输入信号地址为 I112.4 ～ I112.7，I112.0 ～ I112.3 为运动方式输入信号，如图 2-10-12 所示。因此，需要对主轴倍率开关信号 DB9000.DBB12 进行移位处理，然后将处理好的主轴倍率中间变量 DB9000.DBB13 作为请求信号传递给 NCKDB3803.DBB2003，实现主轴倍率调速功能，如图 2-10-13 所示。

字节	位 7	位 6	位 5	位 4	位 3	位 2	位 1	位 0
IB 112	主轴速度倍率				运行方式			
	D	C	B	A	点动	示教	MDA	自动

图 2-10-12　IB112 信号的主轴倍率

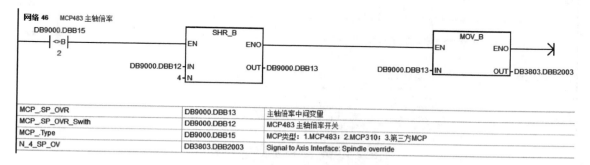

MCP_SP_OVR	DB9000.DBB13	主轴倍率中间变量
MCP_SP_OVR_Swith	DB9000.DBB12	MCP483 主轴倍率开关
MCP_Type	DB9000.DBB15	MCP类型：1.MCP483；2.MCP310；3.第三方MCP
N_4_SP_OV	DB3803.DBB2003	Signal to Axis Interface: Spindle override

图 2-10-13　主轴倍率控制 PLC 梯形图

7. 带倍率开关进给轴 PLC 程序控制

（1）进给轴 PLC 程序控制信号　进给轴用于实现机床坐标轴运动，进给轴 PLC 程序控制包括进给轴启动使能、停止、进给轴倍率、进给轴快移倍率控制。进给轴 PLC 程序控制请求及应答信号见表 2-10-11。

表 2-10-11　带倍率开关进给轴 PLC 程序控制请求及应答信号

进给轴控制方式	自定义 DB 块（中间变量）	PLC → NCK	NCK → PLC
进给启动	DB9000.DBX2.4 进给启动按键 DB9000.DBX5.2 进给启动指示灯	—	
进给禁止	DB9000.DBX2.5 进给禁止按键 DB9000.DBX3.0 进给保持中间变量 DB9000.DBX5.3 进给禁止指示灯	DB3200.DBX6.0 禁用进给率	
急停激活	—		DB2700.DBX0.1
进给倍率激活	DB9000.DBB10 进给倍率开关 DB9000.DBB11 进给倍率中间变量	DB380X.DBB0 手动进给倍率 DB3200.DBB4 自动进给倍率 DB3200.DBB5 快移倍率 DB3200.DBX6.6 快移倍率激活 DB3200.DBX6.7 进给倍率激活	

（2）进给轴禁止条件　满足以下条件进给轴禁止，且进给轴禁止指示灯亮。

1）按下进给禁止键时。

2）急停已经激活。

3）系统上电时。

（3）进给倍率控制　进给倍率控制包括各轴手动进给倍率、自动进给倍率和快移倍率控制，同时还需要激活倍率。如果手动进给倍率、自动进给倍率没有激活，则倍率无效，不能通过旋转倍率开关改变进给速度，坐标轴按照系统设定或程序给定的速度 100% 运行。

【示例 2-10-2】　数控系统坐标轴 JOG 方式下运行速度设定为 2000mm/min。如图 2-10-14 所示，进给倍率信号 DB3200.DBB4 没有导通，JOG 方式下运行坐标轴，同时旋转倍率开关，坐标轴实际运行速度随倍率开关挡位不同发生相应改变，说明该信号不影响手动运行速度；MDI 方式下运行加工程序如 "G01 X200.0 Y200.0 F200.0"，旋转倍率开关，坐标轴始终按照程序给定速度 200mm/min 运行，说明该信号影响自动运行速度。

图 2-10-14　自动进给倍率控制

8. WCS / MCS 切换 PLC 程序控制

（1）WCS / MCS 切换 PLC 程序控制信号　WCS / MCS 分别代表工件坐标系和机床坐标系，通过机床操作面板上的 ⊕ 按钮或 HMI 上的〖实际值 MCS〗软键进行坐标系切换，此时所显示的坐标轴实际值参照于当前所选择的坐标系。WCS / MCS 切换 PLC 程序控制请求及应答信号见表 2-10-12。

表 2-10-12 WCS / MCS 切换 PLC 程序控制请求及应答信号

坐标系切换	自定义 DB 块（中间变量）	PLC → HMI	HMI → PLC
WCS / MCS	DB9000.DBX6.4HMI 上 WCS 激活中间变量 DB9000.DBX6.5MCP 上 WCS 激活中间变量 DB9000.DBX6.6MCP 上 WCS/MCS 按键 DB9000.DBX6.7MCP 上 WCS/MCS 指示灯	DB1900.DBX5000.7 WCS 中实际值	DB1900.DBX0.7WCS/ MCS 选择

（2）WCS / MCS 切换控制方式 WCS / MCS 坐标系切换，无论是 MCP 按钮，还是 HMI 上的软键，都是采用按一次按钮或软键为 WCS 方式，再按一次为 MCS 方式，交替进行。

9. 读入禁止 PLC 程序控制

为了确保数控机床安全工作，在数控系统 PLC 程序设计上具有一些安全保护措施。除了急停信号处理外，系统还具备读入禁止功能。如当数控机床换刀时、气源压力低于设定值时、润滑油液位低于设定值时，触发读入禁止信号 DB3200.DBX6.1（PLC → NCK），此时系统不读取加工程序。

【示例 2-10-3】 如图 2-10-15a 所示，因不满足机床工作条件导通了读入禁止信号 DB3200.DBX6.1，此时 MDA 方式下循环启动加工程序，系统出现"缺少读入使能"提示，无法运行加工程序，如图 2-10-15b 所示，这便是读入禁止生效了。

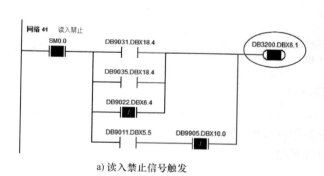

a) 读入禁止信号触发   b) 程序缺少读入使能

图 2-10-15 读入禁止示例

10. MCP 故障报警 PLC 程序控制

机床操作面板 MCP 共有 3 个 PLC 报警，对应的报警提示、PLC 报警信号、报警号、报警原因，见表 2-10-13。

表 2-10-13 机床操作面板 MCP PLC 报警

报警提示	PLC 报警信号	报警号	报警原因
请按 "Feed Start" 键	DB1600.DBX0.1	700001	系统处于进给禁止状态
请按 "Spindle Start" 键	DB1600.DBX0.2	700002	系统处于主轴禁止状态
请重新上电	DB1600.DBX0.3	700003	MCP 故障

四、机床操作面板手动控制子程序 NC_JOG_MCP

1. 机床操作面板手动控制子程序作用

机床操作面板手动控制子程序用于实现进给坐标轴选择、坐标轴运动方向选择以及快速移动选择，机床操作面板手动控制子程序顺序号为 SBR1。

2. 机床操作面板手动 PLC 程序控制

（1）机床操作面板手动 PLC 控制信号　机床操作面板手动 PLC 程序控制包括 X、Y、Z、第 4 轴等轴选择信号，正向移动"+"、负向移动"–"方向选择信号以及快速移动信号等，见表 2-10-14。

表 2-10-14　机床操作面板手动 PLC 程序控制信号

控制方式	自定义 DB 块（中间变量）	PLC → NCK	NCK → PLC
坐标轴选择	1）DB9000.DBX7.0 ~ DB9000.DBX7.2 MCP X/Y/Z 轴选按键 2）DB9000.DBX8.0 ~ DB9000.DBX8.2 MCPX/Y/Z 轴选指示灯	—	—
坐标轴方向	1）DB9000.DBX9.0 MCP "+" 键 2）DB9000.DBX9.1 MCP "–" 键 3）DB9000.DBX9.3 MCP 上同时按"+""–"中间变量	1）DB380X.DBX4.7 移动键正向 2）DB3200.DBX100X.7 移动键正向（WCS 中轴） 3）DB380X.DBX4.6 移动键负向 4）DB3200.DBX100X.6 移动键负向（WCS 中轴）	—
快速移动	DB9000.DBX9.2 MCP 快移按键	DB380X.DBX4.5 各轴快移	—
其他	1）DB9000.DBX0.2 手动方式按键 2）DB9005.DBX4.0 激活手轮 3）DB9011.DBX0.4 Mini 手轮使能按键 4）DB9011.DBX0.5 ~ DB9011.DBX0.7 手轮轴选 X/Y/Z 5）DB9000.DBX6.5 MCP 上 WCS 激活中间变量	1）DB3800.DBX4.0 激活手轮 1 2）DB3200.DBX1000.0 激活手轮 1（WCS 中的轴）	DB3100.DBX1.2 回参考点方式

（2）机床操作面板坐标轴选择　机床操作面板坐标轴选择 PLC 程序按照以下要求设计。

1）手动方式下、手轮方式下都可以进行坐标轴选择。

2）手动方式下同一时刻只允许一个轴动作，不允许两个及两个以上坐标轴同时动作。

因此，坐标轴选择 PLC 程序控制逻辑中，当一个坐标轴选择信号置位（S）时，其余坐标轴信号复位。以 X 轴选为例，如图 2-10-16 所示，当按 DB9000.DBX7.0X 轴选按键时，DB9000.DBX8.0X 轴选指示灯信号置位（S），其余坐标轴指示灯信号复位（R）。

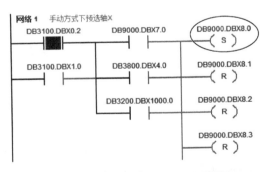

图 2-10-16　X 轴选择 PLC 程序

（3）取消所有坐标轴预选　有 3 种方式可以取消机床操作面板上所有坐标轴预选，分别如下。

1）手动及回参考点方式下选择了某坐标轴，再按手动方式键 JOG，可以取消轴选。

2）机床操作面板上手轮处于激活状态，再按手轮激活键使手轮休眠，同时可以取消轴选。

3）通过机床操作面板上按键激活手轮方式，激活手轮上使能信号，当手轮上轴选信号处于第 5 轴时，可以取消轴选。

【示例 2-10-4】　图 2-10-17 所示为取消所有坐标轴 PLC 程序控制方式之一。当数控系统处于回参考点方式时，DB3100.DBX1.2 导通，此时按手动方式键，当 DB9000.DBX0.2 上升沿触发时，DB9000.DBX8.0 ~ DB9000.DBX8.2 X/Y/Z 轴选指示灯信号复位，意味着取消了所有坐标轴预选。

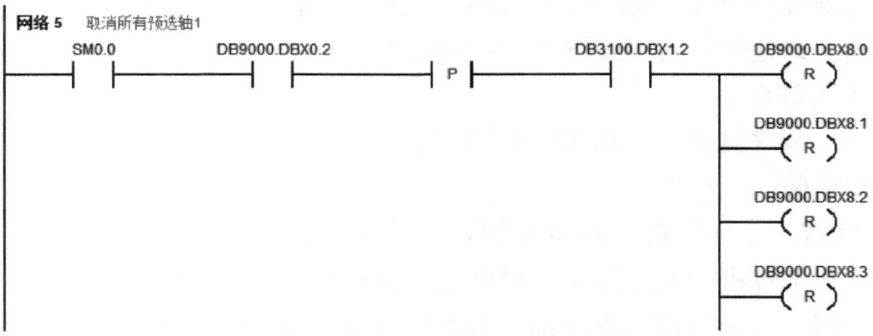

图 2-10-17　取消所有坐标轴预选 PLC 程序控制

（4）坐标轴移动方向选择　坐标轴移动方向选择需满足以下要求。

1）不能同时选择机床操作面板上"+""–"方向键。

2）只有同时松开机床操作面板上"+""–"方向键后，才能选择坐标轴朝着正方向或负方向移动。

【示例 2-10-5】　如图 2-10-18 所示的 PLC 程序，同时按下"+"和"–"键，需同时松开"+"和"–"键。同时按下"+"（DB9000.DBX9.0）和"–"键（DB9000.DBX9.1），中间变量 DB9000.DBX9.3 置位，意味着坐标轴任何方向都不能移动；只有当同时松开"+"和"–"键时，DB9000.DBX9.3 才能复位，坐标轴才可以朝选定的方向移动。

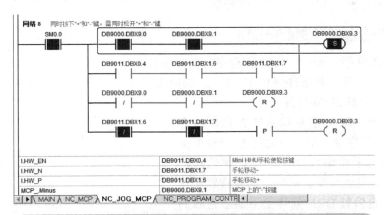

图 2-10-18　"+"和"–"键同时按下需同时松开 PLC 程序控制

（5）坐标轴移动控制　坐标轴移动同时满足以下条件。

1）手动方式下。

2）没有同时按下"+""–"方向键。

3）明确的坐标轴单一移动方向信号。

4）轴选信号。

5）WCS/MCS 选择信号。

（6）坐标轴快移　根据轴选信号，按机床操作面板快移键后，触发各轴快移信号。

五、程序控制子程序 NC_PROGRAN_CONTROL

程序控制子程序包括程序测试 PRT、空运行 DRY、程序有条件停止 M01、手轮偏置 DRF、跳转程序段 SKP 等功能，用于控制程序运行方式。程序控制子程序各功能 PLC 程序激活后，需要同时选择这些功能方能生效。MDA 或 AUTO 方式下，单击 按钮，再按〖程序控制〗软键，可以进入程序控制方式选择界面，如图 2-10-19 所示。

1. 程序控制方式作用

（1）程序测试　程序测试功能用来检查加工程序的正确性，勾选程序测试功能后可以对程序的语法及格式进行检验。

（2）空运行 DRY　空运行的作用也是用来检验加工程序的正确性，同时观察刀具走刀路线是否发生干涉，不对工件进行实际加工。程序空运行时不以程序中给定的速度运行，而是按照设定的空运行速度运行，空运行速度高于加工时进给速度。MDA 或 AUTO 方式下，单击 按钮，再按〖 > 〗和〖设置〗软键，即可进入空运行速度设置界面，如图 2-10-20 所示。

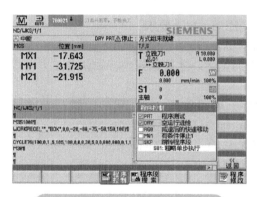

图 2-10-19　程序控制选择界面

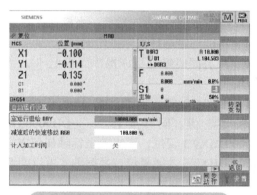

图 2-10-20　空运行速度设定界面

（3）程序有条件停止 M01　M01 为程序有条件停止指令。程序执行至 M01 指令时，如果勾选择了〖程序控制〗下"有条件停止 1"方式，M01 功能才能有效。此时进给停止，主轴停转，常用于关键尺寸的检验或临时暂停。

（4）手轮偏置 DRF　手轮偏置指在自动或者 MDA 方式下运行程序加工时，利用手轮产生增量式零点偏移。激活手轮偏置 DRF 功能，手轮移动时，工件坐标系不发生改变，机械坐标系按照手轮移动量变化。手轮偏置 DRF 偏移量不显示在轴的实际值显示区中，显示区域如图 2-10-21 所示。

（5）跳转程序段　当程序段前出现"/"字符时，如果同时勾选了〖程序控制〗下"跳转程序段"方式，则程序跳过此程序段不予执行。

2. 程序控制 PLC 程序控制

（1）程序控制 PLC 控制信号　程序控制 PLC 控制信号见表 2-10-15。

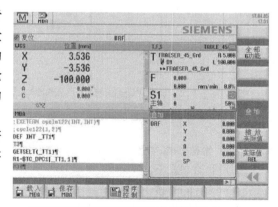

图 2-10-21　手轮偏置 DRF 偏移量显示

表 2-10-15　程序控制 PLC 控制信号

程序控制方式	HMI → PLC	PLC → NCK	NCK → PLC
程序测试	DB1700.DBX1.7 选择程序测试	DB3200.DBX1.7 激活程序测试	
空运行	DB1700.DBX0.6 选择空运行方式	DB3200.DBX0.6 激活空运行	
程序有条件停止	DB1700.DBX0.5 选择 M01	DB3200.DBX0.5 激活 M01	DB3100.DBX0.0 自动 DB3100.DBX0.1MDA
手轮偏置	DB1700.DBX0.3 选择手轮偏置	DB3200.DBX0.3 激活手轮偏置	
跳转程序段	DB1700.DBX2.0 DB1700.DBX3.0 DB1700.DBX3.1 选择跳过程序段	DB3200.DBX2.0 DB3200.DBX15.6 DB3200.DBX15.7 激活跳过程序段	

（2）程序控制 PLC 控制方式　程序控制 PLC 控制方式很直接：勾选某种方式后由 HMI 信号触发 PLC 信号，再由 PLC 信号触发 NCK 信号。以空运行方式为例，PLC 梯形图如图 2-10-22 所示。

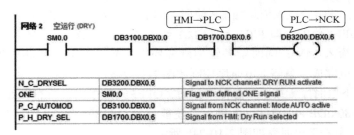

图 2-10-22　空运行控制 PLC 程序

六、急停控制子程序 NC_EMG_STOP

1. 急停控制子程序的作用

急停控制子程序用于系统故障时及故障排除后对急停信号的处理，包括松开"急停"按钮后系统上电时序的控制，按下"急停"按钮后系统下电时序控制，急停控制子程序顺序号为 SBR3。

2. 急停控制 PLC 程序控制

（1）急停控制硬件连接　急停控制牵涉的硬件有 PPU、PP72/48、伺服驱动模块，当按下"急停"按钮后，PP72/48 输出信号控制信号 Q4.0 ~ Q4.2，控制 PPU 的 OFF1（X122.1）使能及 OFF3（X122.2）使能，控制伺服驱动的 EP（X21.3）使能，伺服停止工作。急停控制硬件连接如图 2-10-23 所示。

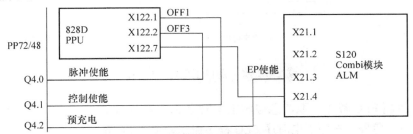

图 2-10-23　急停控制硬件连接

（2）急停控制关联信号　与急停控制相关的信号包括急停信号、驱动总线就绪信号、脉冲使能信号、控制使能信号、脉冲使能信号等，急停控制关联信号含义见表 2-10-16。

表 2-10-16　急停控制关联信号

信号名称	PLC → NCK	NCK → PLC
急停	DB2600.DBX0.1	—
应答急停	DB2600.DBX0.2	—
急停已激活	—	DB2700. DBX0.1
驱动总线就绪	—	DB2700.DBX2.5
脉冲使能	DB380X.DBX4001.7	
控制系统使能	DB380X.DBX2.1	

（3）急停控制上电时序　松开"急停"按钮并按"复位"按钮后，驱动总线信号就绪，DB2700.DBX2.5=1，此时给电源模块加 EP 使能，即电源模块上 X21.3 给入 24V，X21.4 接 0V；延时后 PPU 上加 OFF1 使能，即 PPU 上 X122.1 给入 24V，X122.7 接 0V；然后加 OFF3 使能，即 PPU 的 X122.2 给入 24V；同时给各轴加脉冲使能信号 DB380x.DB4001.7 和控制使能信号 DB380x.DB2.1，上电完成，急停上电时序控制如图 2-10-24a 所示。

（4）急停控制下电时序　按下"急停"按钮，OFF3 使能下电，所有轴处于静止状态，各轴脉冲使能信号 DB380x.DB4001.7=0，各轴控制使能信号 DB380x.DB2.1=0，OFF1 使能下电，延时后 EP 使能下电，急停下电时序如图 2-10-24b 所示。

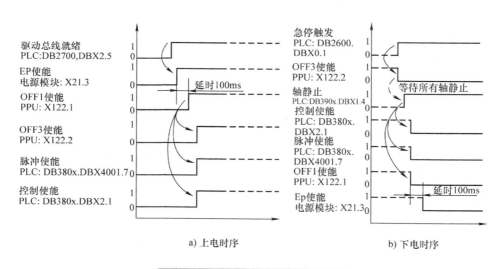

a) 上电时序　　　　　　　　　b) 下电时序

图 2-10-24　急停上电、下电时序

（5）急停控制 PLC 程序　取消急停时上电时序 PLC 程序控制如图 2-10-25 所示，符合上电时序逻辑。按下"急停"按钮下电时序 PLC 程序控制如图 2-10-26 所示。

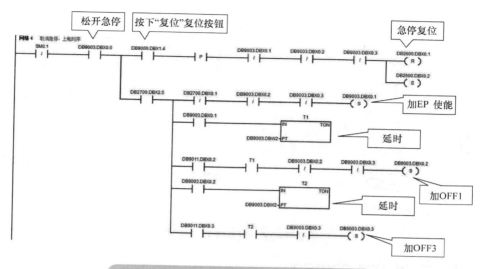

图 2-10-25 取消急停上电时序 PLC 程序控制

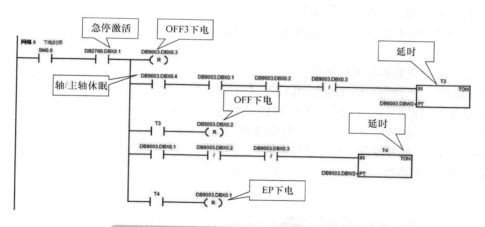

图 2-10-26 按下急停下电时序 PLC 程序控制

在 HMI 上可以监控 PPU 的 X122 端口状态，依次按〖调试〗→〖机床数据〗→〖控制单元参数〗软键，搜索 r722，bit1=1 代表 OFF1 使能已加上；bit2=1 代表 OFF3 使能已加上。图 2-10-27 所示为 OFF1/OFF3 使能加上后监控的 r722 状态。

（6）驱动未就绪报警 如果急停未解除，OFF3 信号（DB9003.DBX0.3）无使能输出，触发报警信号 DB1600.DBX0.0=1，系统显示 700000 "驱动未就绪" 报警。驱动未就绪 PLC 程序如图 2-10-28 所示。

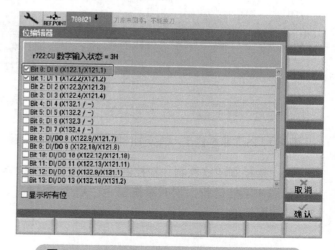

图 2-10-27 r722 参数监控 OFF 1/OFF3 状态

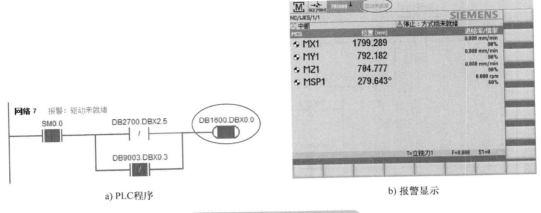

b) 报警显示

a) PLC程序

图 2-10-28　驱动未就绪报警

七、轴控制子程序 AXIS_CONTROL

1. 轴控制子程序的作用

轴控制子程序的作用包括：激活轴脉冲使能信号和轴控制使能信号；激活第一、第二测量系统信号；激活轴倍率信号；激活各轴硬限位信号和各轴回参考点信号。轴控制子程序顺序号为 SBR4。

2. 激活轴脉冲使能和轴控制使能

（1）轴脉冲使能控制　轴脉冲使能信号为 DB380X.DBX4001.7。如果轴脉冲使能信号没有导通，坐标轴是不能运行的。如 X 轴 DB3800.DBX4001.7=0，JOG 方式下运行 X 坐标轴，系统提示"缺少轴使能 X1"，如图 2-10-29 所示。此时按照以下步骤进行轴诊断，轴诊断界面如图 2-10-30 所示，OFF1 信号、脉冲使能等信号是缺失的，该界面可以帮助判断轴的状态。

操作：单击 按钮，再按〖诊断〗和〖轴诊断〗软键。

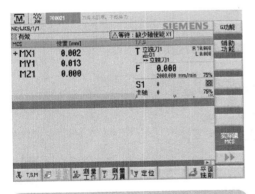

图 2-10-29　系统提示"缺少轴使能 X1"

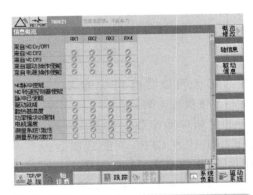

图 2-10-30　轴脉冲使能缺失时轴诊断界面

（2）轴控制使能控制　轴控制使能信号为 DB380X.DBX2.1。如果轴控制使能信号没有导通，坐标轴同样不能运行，同时系统提示"缺少轴使能"，此时轴诊断界面如图 2-10-31 所示，显示缺少轴控制使能。

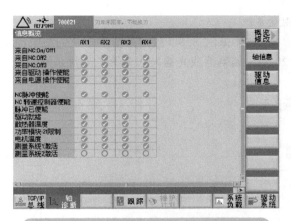

图 2-10-31 轴控制使能缺失时轴诊断界面

（3）激活轴脉冲使能和轴控制使能 当激活轴脉冲使能和轴控制使能时，DB380X.DBX4001.7=1，DB380X.DBX2.1=1，如图 2-10-32 所示，此时轴诊断界面如图 2-10-33 所示，各坐标轴能够正常运行。

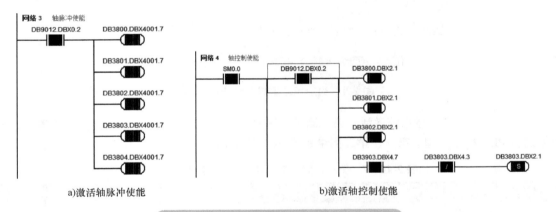

a)激活轴脉冲使能　　　　　　　　　b)激活轴控制使能

图 2-10-32 激活轴脉冲使能和轴控制使能

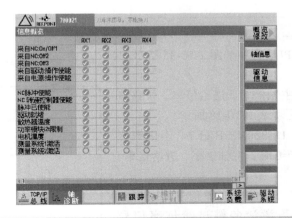

图 2-10-33 激活轴脉冲使能和轴控制使能轴诊断界面

3.激活第一、第二测量系统

（1）第二测量系统　SINUMERIK 828D 数控系统主轴及伺服电动机除了自带编码器外，还可以通过 SMC30、SMC20 增加编码器或光栅尺作为第二测量系统，第二测量系统连接示例如图 2-10-34 所示。

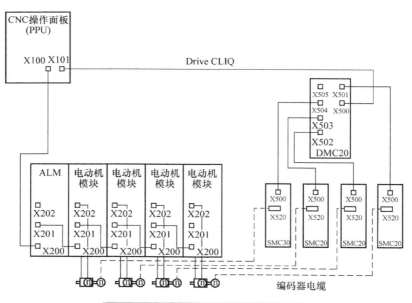

图 2-10-34　第二测量系统连接示例

（2）第一、第二测量系统激活　第二测量系统硬件连接完成后，除了进行必要的配置外，还需要进行 PLC 程序处理。第一、第二测量系统 PLC 控制相关信号见表 2-10-17。

表 2-10-17　第一、第二测量系统 PLC 控制相关信号

信号作用	自定义数据块	PLC→NCK	NCK→PLC
激活 X、Y、Z、主轴、第 4 轴第二测量系统	DB9004.DBX0.0~DB9004.DBX0.4	—	DB4500.DBX1001.0~DB4500.DBX1001.4
第一测量系统	—	DB380X.DBX1.5	—
第二测量系统	—	DB3800.DBX1.6	—

第一测量系统激活 PLC 程序如图 2-10-35 所示。

4.激活倍率

倍率控制类型包括主轴倍率、进给倍率、快移倍率等，与倍率相关的信号见表 2-10-18 所示。

（1）倍率有效信号 DB380X.DBX1.7　当倍率有效信号 DB380X.DBX1.7=0 时，主轴倍率、进给倍率、快进倍率全部无效。

（2）激活进给倍率　在倍率有效信号 DB380X.DBX1.7=1 的前提下，需激活各轴进给倍率信号 DB380X.DBB0=1，进给倍率激活信号 DB3200.DBX6.7=1，进给倍率 DB3200.DBB4=1。

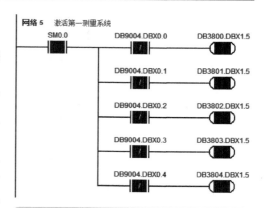

图 2-10-35　第一测量系统激活 PLC 程序

表 2-10-18　倍率相关信号

信号名称	PLC→NCK	信号注释
倍率有效	DB380X.DBX1.7	包括主轴倍率、进给倍率、快进倍率的控制
快进倍率激活	DB3200.DBX6.6	快移倍率控制，发送至 NC 通道的信号
快进倍率	DB3200.DBB5	快进倍率，发送至 NC 通道的信号
进给倍率激活	DB3200.DBX6.7	进给倍率控制，发送至 NC 通道的信号
进给倍率	DB3200.DBB4	进给倍率，发送至 NC 通道的信号
进给倍率	DB380X.DBB0	各轴进给倍率控制
主轴倍率	DB3803.DBX2003	主轴倍率

（3）激活快进倍率　在倍率有效信号 DB380X.DBX1.7=1 的前提下，需激活快进倍率信号 DB3200.DBX6.6=1，快进倍率信号 DB3200.DBB5=1。

5. 硬限位控制

硬限位控制包括硬限位复位控制、硬限位置位控制以及触发硬限位控制信号 DB380X.DBX1000.1/ DB380X.DBX1000.0。

（1）硬限位复位 PLC 程序　当各轴在工作行程范围内运行时，各轴硬限位信号处于复位状态。如图 2-10-36 所示，DB9011. DBX2.5 ~ DB9011.DBX3.2 为各轴正、负硬限位输入信号，DB9004.DBX2.0 ~ DB9004. DBX2.5 为各轴正、负硬限位中间变量，当各轴挡块释放限位开关时，中间变量 DB9004.DBX2.0 ~ DB9004.DBX2.5 处于复位状态。

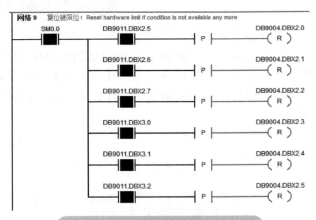

图 2-10-36　硬限位复位 PLC 程序

（2）硬限位置位 PLC 程序　当坐标轴运动到机床行程极限位置，挡块压下限位开关时，硬限位处于置位状态。以 X 轴为例，当 X 轴正向运行压下限位开关时，DB9011.DBX2.5=0，X 轴正向限位中间变量 DB9004.DBX2.0=1 置位，表明 X 轴正向超程了，此时 X 轴只能朝负方向移动，PLC 程序如图 2-10-37 所示。

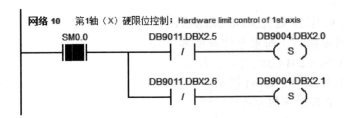

图 2-10-37　硬限位置位 PLC 程序

（3）硬限位触发NCK信号　当机床各轴正、负方向硬限位超程时，须触发NCK正向超程信号DB380X.DBX1000.1、负向超程信号DB380X.DBX1000.0。以X轴正向超程为例，如图2-10-38a所示，DB3800.DBX1000.1=1，表明X轴正向超程，此时系统出现"轴X1/MX1到达硬限位开关"报警，同时JOG方式下正方向移动X轴出现"等待轴使能X1"提示，如图2-10-38b所示。

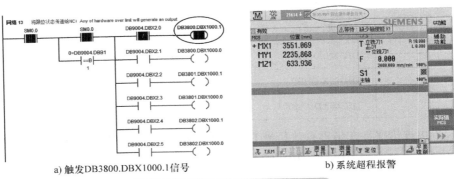

a）触发DB3800.DBX1000.1信号　　　　　　b）系统超程报警

图2-10-38　硬限位控制PLC程序

6. 回参考点控制

（1）回零开关地址输入　SINUMERIK 828D数控系统标配绝对值电动机，故在主程序中调用轴控制子程序时只需在REF_ATC中填入0表示机床没有回零开关，如图2-10-39a所示，并在各轴参考点硬限位输入信号REF_X、REF_Y、REF_Z等各轴回零开关输入信号输入1，如图2-10-39b所示。

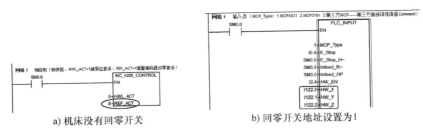

a）机床没有回零开关　　　　　　b）回零开关地址设置为1

图2-10-39　没有回零开关输入信号设置

如果有回零开关，则REF_ACT设置为1，REF_X、REF_Y、REF_Z等各轴回零开关地址输入具体的地址，如图2-10-40所示。

（2）回零PLC程序控制　DB380X.DBX1000.7是PLC至NCK的回零信号，如果系统有回零开关，则LB1=1，触发DB380X.DBX1000.7=1，表示允许回零，回零允许PLC程序如图2-10-41所示。

（3）回零操作　有两种操作方式可以回零。

1）回参考点方式下，选择某坐标轴，按循环启动按钮，坐标轴自动回零。

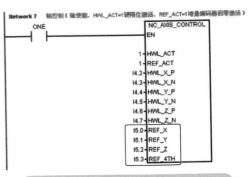

图2-10-40　各轴回零开关地址输入

2）回参考点方式下，选择某坐标轴，按正方向按钮，坐标轴回零。

7. 禁止轴移动

轴控制子程序在气压低，主轴未紧刀时禁止坐标轴移动。以 X 轴为例，若主轴未紧刀，进给轴停止信号 DB3800.DBX4.3＝1，禁止 X 轴移动，JOG 方式下移动坐标轴系统显示"缺少轴使能 X1"，禁止轴移动 PLC 程序如图 2-10-42 所示。

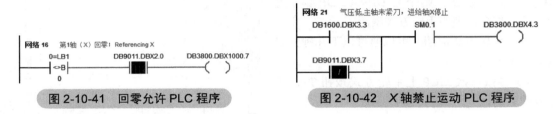

图 2-10-41　回零允许 PLC 程序　　　　图 2-10-42　X 轴禁止运动 PLC 程序

八、手轮控制子程序NC_HANDWHEEL

1. 手轮控制子程序作用

手轮控制子程序用于确定手轮类型（包括 Mini HHU 手轮、第 3 方手轮及简易手轮）、手轮轴选、手轮倍率选择、从增量方式返回连续工作方式等。手轮控制方式内容及其对应的信号如图 2-10-43 所示。手轮控制子程序顺序号为 SBR5。

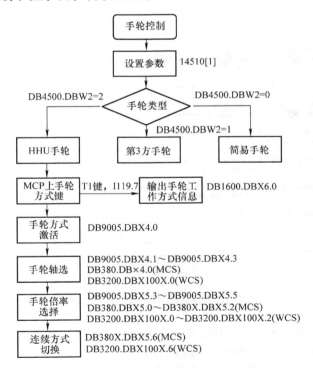

图 2-10-43　手轮控制方式及其信号

2. 手轮控制相关 PLC 数据初始化

手轮类型的确定是通过机床 PLC 数据 14510[1] 进行设定的。当设定为 2 时，表示使用西门子 Mini HHU 手轮，PLC 数据设定界面如图 2-10-44 所示。

3. 手轮方式激活与取消

（1）手轮方式激活　通过机床操作面板 MCP 上的 T1 按钮（地址 I119.7）激活手轮方式。手轮方式在 JOG 方式下激活，手轮方式激活信号为 DB9005.DBX4.0。选择 JOG 工作方式，按 MCP 上的 T1 按钮，则信号 DB9005.DBX4.0 置位，信号灯亮，表明手轮方式激活。

（2）手轮方式取消　可以通过以下几种方式取消手轮方式。

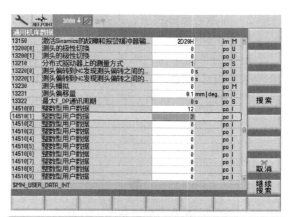

图 2-10-44　PLC 数据设定为使用 Mini HHU 手轮

1）再按一次 MCP 上手轮方式按钮 T1，手轮方式取消。

2）按回参考点按钮，取消手轮方式。

3）再按一次手动方式 JOG 按钮，取消手轮方式。

4）选择 MDA 方式，取消手轮方式。

5）选择 AUTO 方式，取消手轮方式。

手轮方式取消与激活 PLC 程序如图 2-10-45 所示。

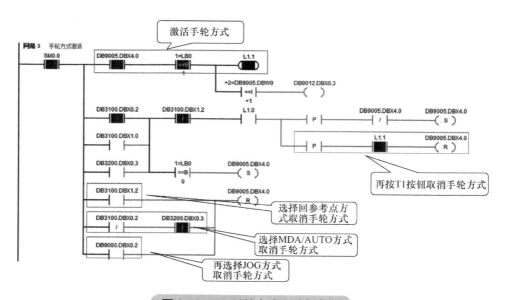

图 2-10-45　手轮方式取消与激活

手轮方式激活后，系统显示"手轮已选择"提示，如图 2-10-46a 所示，"手轮已选择"提示需要激活 DB1600.DBX6.0 信号，如图 2-10-46b 所示。

4. 手轮轴选控制

（1）手轮轴选信号　西门子 Mini HHU 手轮轴选为旋钮选择方式，有 0、Z、X、Y、4、5 共计 5 挡，采用格雷码编码。手轮轴选相关信号见表 2-10-19。其中 DB9005.DBB6 为手轮轴选编码，当 DB9005.DBB6=6 时，表示选择了 X 轴；当 DB9005.DBB6=7 时，表示选择了 Y 轴；当 DB9005.DBB6=2 时，表示选择了 Z 轴。

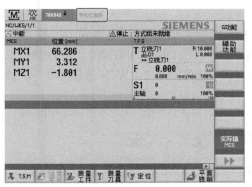

a) 显示"手轮已选择"

b) 提示PLC程序

图 2-10-46　系统显示"手轮已选择"

表 2-10-19　手轮轴选相关信号

信号名称	用户自定义数据	PLC→NCK
手轮轴选编码	DB9005.DBB4 DB9005.DBB6	—
激活手轮坐标轴	—	DB380X.DBX4.0（MCS） DB3200.DBX100X.0（WCS）
手轮轴选 X、Y、Z	DB9011.DBX0.5 DB9011.DBX0.6 DB9011.DBX0.7	
手轮轴选 X、Y、Z 中间变量	DB9005.DBX4.1 DB9005.DBX4.2 DB9005.DBX4.3	

（2）手轮轴选 PLC 程序　以使用西门子 Mini HHU 手轮 X 轴选择为例，PLC 程序如图 2-10-47 所示，选择机床操作面板手动 JOG 方式，按 T1 键激活手轮，当手轮上轴选置于 X 轴挡位，DB9005.DBB6=6，触发 DB3800.DBX4.0=1，选择机床操作面板 MCS 机械坐标系方式，则机械坐标系 MCS 下可以通过手轮方式运动 X 坐标轴。

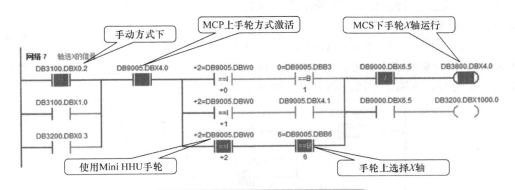

图 2-10-47　手轮轴选 X 轴 PLC 程序

5. 手轮倍率控制

手轮倍率有 F1（×1）、F2（×10）、F3（×100）3 个挡位，只有在手轮方式下、按手轮使能键手轮倍率才生效。手轮倍率 PLC 至 NCK 控制信号分别是 DB380X.DBX5.0 ~ DB380X.DBX5.2（MCS 坐标系下）、DB3200.DBX100X.0 ~ DB380X.DBX100X.2（WCS 坐标系下），如 F1（×1）手轮倍率控制 PLC 程序如图 2-10-48 所示。

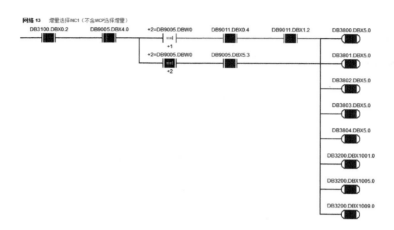

图 2-10-48　F1（×1）手轮倍率控制 PLC 程序

6. 取消手轮（增量）方式

机床坐标连续行程信号为 DB380X.DBX5.6（MCS）、DB3200.DBX100X.6（WCS），只要松开手轮上使能键，DB380X.DBX5.6=1，DB3200.DBX100X.6=1，便取消了手轮（增量）方式，机床处于连续运行方式。取消手轮（增量）方式，PLC 程序如图 2-10-49 所示。

九、主轴控制子程序 NC_SP_CONTROL

1. 主轴控制子程序作用

主轴控制子程序用于实现主轴正常运行指示、手动主轴松刀使能控制、主轴松刀、主轴松刀 / 紧刀到位故障报警等功能。主轴控制子程序顺序号为 SBR7。

2. 主轴控制子程序

（1）主轴正常运行指示　DB3903.DBX4.7/

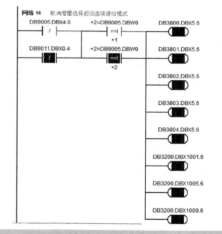

图 2-10-49　取消手轮（增量）方式 PLC 程序

DB3903.DBX4.6 分别代表主轴正、反转信号，输出信号 Q1.1 为机床三色灯绿灯信号，当主轴正常运行时，绿灯亮，主轴正常运行 PLC 程序如图 2-10-50 所示。

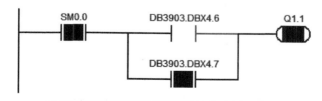

图 2-10-50　主轴正常运行指示 PLC 程序

（2）手动主轴松刀使能置位　如果不使用机床操作面板松刀使能键，则手动主轴松刀使能信号同时满足以下条件方能激活。

1）主轴没有正转和反转。

2）数控系统没有工作任务。

3）手动方式下。

如果使用机床操作面板松刀使能键，则除了满足上述条件外，按松刀使能键才能激活手动松刀使能信号。主轴手动松刀使能控制 PLC 程序如图 2-10-51 所示。

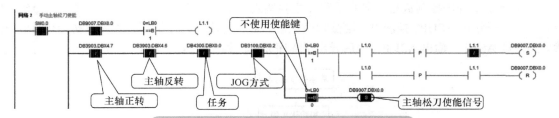

图 2-10-51　主轴手动松刀使能控制 PLC 程序

（3）手动主轴松刀使能复位　满足以下任意一个条件，手动主轴松刀使能信号复位。

1）JOG 方式下能够激活主轴松刀使能信号，按一次松刀使能键，手动主轴松刀使能信号置位，再按一次松刀使能键，手动主轴松刀使能信号复位。

2）JOG 方式以外的其他工作方式（如 MDA 方式、AUTO 方式）都使手动主轴松刀使能信号复位。

3）按复位键后手动主轴松刀使能信号复位。

（4）主轴松刀、紧刀到位信号故障报警　加工中心主轴紧刀、松刀状态由限位开关向数控系统发出信号，主轴松刀、紧刀限位开关布局如图 2-10-52 所示。当按松刀键，计时器 T20 延时 200ms 后，如果松刀限位开关还没有动作，DB9011.DB4.0=0，常闭触点没有断开，则发出松刀到位信号故障报警；同样，松开松刀键，松刀中间变量 DB9035.DB38.0=1，紧刀计时器

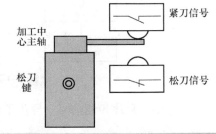

图 2-10-52　主轴松刀、紧刀限位开关布局

T21 开始计 200ms 后，如果紧刀限位开关还没有动作，则系统发出紧刀到位信号故障报警。主轴松刀、紧刀到位信号故障报警 PLC 程序如图 2-10-53 所示。

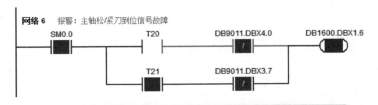

图 2-10-53　主轴松刀、紧刀到位信号故障报警 PLC 程序

十、异步子程序控制PLC_ASUP

1.异步子程序作用

使用异步子程序功能，可以通过 PLC 程序来触发一些 NC 程序，它不受任何操作模式的限

制，可以中断其他加工程序，运行完异步子程序后再返回到加工程序继续运行，被中断的一行程序不再运行。SINUMERIK 828D 数控系统支持两个异步子程序，这两个异步子程序必须事先存放在制造商循环目录中。文件名必须是 PLCASUP1.SPF 和 PLCASUP2.SPF，在同一时刻，只有一个异步子程序能执行。PLCASUP1.SPF 优先级高于 PLCASUP2.SPF。

异步子程序要先初始化才能启动，初始化后只要 NCK 不复位或断电，可以多次启动。异步子程序顺序号为 SBR13。

2. 异步子程序控制流程与信号

（1）异步子程序控制流程　异步子程序主要实现 3 个控制任务，分别是异步子程序 ASUP1 控制、异步子程序 ASUP2 控制以及清除口令控制。对于异步子程序控制，首先是初始化 ASUP，然后是启动 ASUP，输出 ASUP，最后异步子程序完成。异步子程序控制流程如图 2-10-54 所示。

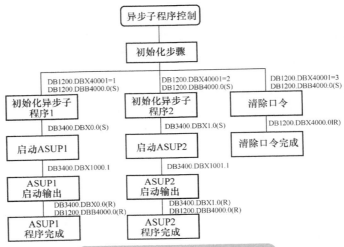

图 2-10-54　异步子程序控制流程

（2）异步子程序控制信号　异步子程序控制信号及其含义见表 2-10-20。

表 2-10-20　异步子程序控制信号

信号作用	自定义数据块	PLC → NCK	NCK → PLC
步骤号	DB9013.DBW0	—	
PI 索引	—	DB1200.DBB4001 1：ASUP1 2：ASUP2 3：删除口令 4：数据存储	—
PI 服务启动	—	DB1200.DBX4000.0	
PI 服务结束	—	—	DB1200.DBX5000.0
PI 服务故障	—	—	DB1200.DBX5000.1
Asup 1 启动	—	DB3400.DBX0.0	
Asup 2 启动	—	DB3400.DBX1.0	
Asup 1 结束	—	—	DB3400.DBX1000.1
Asup 2 结束	—	—	DB3400.DBX1001.1
Asup 1 不可编号	—	—	DB3400.DBX1000.2
Asup 1 不可启动	—	—	DB3400.DBX1000.3

3. 异步子程序 PLC 控制

（1）主程序中调用异步子程序　使用异步子程序功能，首先要在主程序中调用异步子程序 PLC_ASUP，如图 2-10-55 所示。

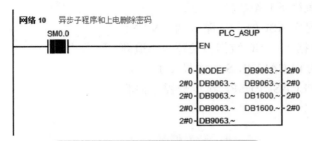

图 2-10-55　主程序调用异步子程序

（2）初始化异步子程序　初始化异步子程序 ASUP1、异步子程序 ASUP2、清除口令都需要激活信号 DB1200.DBX4000.0，表明 PI 服务启动。

【示例 2-10-6】　以机床操作面板键 T10 为触发信号，初始化异步子程序 ASUP1。

T10 键的地址为 I118.6，按 DB1200.DBX4000.0 键置位，ASUP1 初始化，ASUP1 只有初始化后，才能执行异步子程序。ASUP1 初始化 PLC 程序如图 2-10-56 所示。

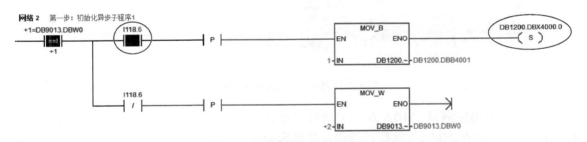

图 2-10-56　异步子程序初始化 PLC 程序示例

（3）异步子程序启动　激活 DB3400.DBX0.0、DB3400.DBX1.0，则意味着启动异步子程序 ASUP1、ASUP2。

【示例 2-10-7】　以机床操作面板上的 T11 键为触发信号，启动异步子程序 ASUP1。

T11 键的地址为 I118.5，按该键后，信号 DB3400.DBX0.0 置位，表明启动了异步子程序 ASUP1，同时输出指示灯信号 L1.4 指示异步子程序 ASUP1 运行。启动异步子程序 ASUP1 PLC 程序如图 2-10-57 所示。实际上，当异步子程序 ASUP1 运行结束后，信号 L1.4 复位，指示灯熄灭。

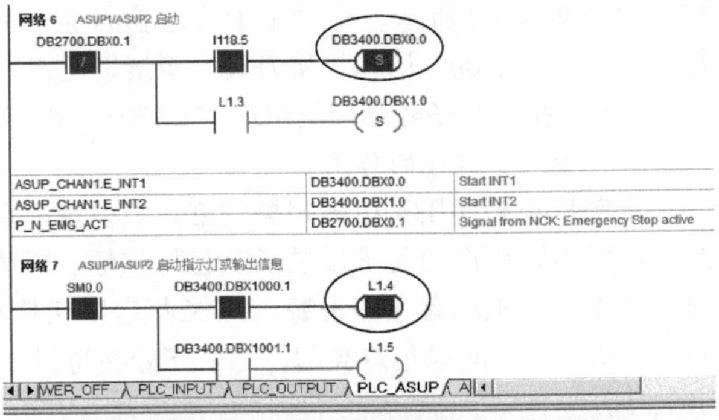

图 2-10-57　启动异步子程序 ASUP1 PLC 程序示例

4. 异步子程序应用

【示例 2-10-8】　异步子程序应用示例。SINUMERIK 828D 数控系统 MDA 方式下运行测试程序如图 2-10-58 所示。在执行程序段 G01X140Y150Z-5 的过程中，用户可以通过异步子程序随时中断该程序段执行，并将刀具提升至 Z100 处。

具体步骤如下。

1）编写异步子程序 ASUP1 PLC，并在主程序中调用 PLC_ASUP，将程序下载至数控系统中。

2）新建异步子程序 ASUP1。在路径为【MENU SELECT】→〖系统数据〗→NC 数据→循环→制造商循环下，新建文件名为 PLCASUP1.SPF 的异步子程序，如图 2-10-59a 所示，PLCASUP1.SPF 异步子程序内容如图 2-10-59b 所示。

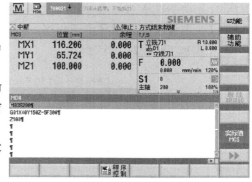

图 2-10-58　测试程序

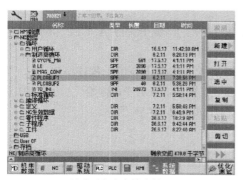 

a) 异步子程序存放路径　　　　　　　b) 异步子程序

图 2-10-59　新建异步子程序

3）异步子程序测试：MDA 方式下运行程序，在程序段"G01X140Y150Z-5"执行过程中，按机床操作面板上的键 T10 初始化异步子程序，按下 T11 键启动 ASUP1，此时终止原有程序段执行，转去执行异步子程序 ASUP1，屏幕上显示执行异步子程序信息及程序内容，如图 2-10-60 所示。待异步子程序执行完成后，执行原程序中"Z100"语句，将刀具升至指定位置。

十一、报警灯子程序控制AUX_ALARM_LAMP

1. 报警灯子程序的作用

报警灯子程序用于机床报警的红、黄、绿三色灯控制。根据不同用户的需求提供了三色灯闪烁、蜂鸣器功能的选项。当机床有急停报警、NCK 报警时机床红色灯亮起，如果有蜂鸣器时会同时发出报警声，当机床运行时绿色灯亮起，当机床处在待机状态时黄色灯亮起。报警灯子程序控制顺序号为 SBR25。

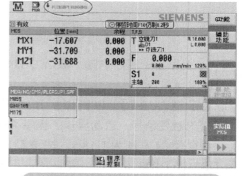

图 2-10-60　执行异步子程序界面

2. 报警灯子程序 PLC 程序控制

（1）报警灯子程序信号　报警灯子程序控制信号见表 2-10-21。

表2-10-21　报警灯子程序控制信号

信号作用	NCK → PLC	PLC → HMI
急停已激活	DB2700.DBX0.1	—
NCK 报警已激活	DB2700.DBX3.0	—
运行	DB3300.DBX3.0	—
PLC 报警	—	DB1600.DBD0

（2）报警灯 PLC 程序　当急停报警或 NCK 报警时，激活红灯输出信号 DB9012.DBX2.6，红灯指示 PLC 程序如图 2-10-61 所示；当 MDA、AUTO 方式下系统正常运行时，绿灯亮，绿灯指示 PLC 程序如图 2-10-62 所示；系统待机状态黄灯亮，黄灯指示 PLC 程序如图 2-10-63 所示。

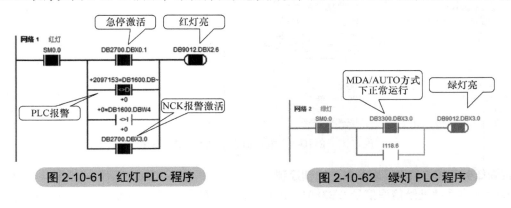

图 2-10-61　红灯 PLC 程序　　　　图 2-10-62　绿灯 PLC 程序

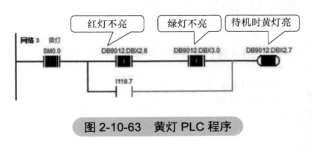

图 2-10-63　黄灯 PLC 程序

实训任务 2-10　PLC 基本功能子程序控制实训

实训任务2-10-1　增量控制方式

1. JOG 方式下，选择 ×1、×10、×100 增量方式，移动坐标轴，观察坐标值的变化，完成表（训）2-10-1 中的实训内容。

表（训）2-10-1　增量工作方式机床坐标变化

增量方式倍率	X 轴正向点动坐标变化	Y 轴负向点动坐标变化
×1		
×10		
×100		

2. 建立 PLC Programming Tool 软件与数控系统通信，×10 增量方式下，观察机床操作面板子程序 NC_MCP 中相应变量激活状态，并截屏显示。

实训任务2-10-2　带倍率开关主轴控制

1. 建立 PLC Programming Tool 软件与数控系统之间的通信，对于 NC_MCP 梯形图中主轴控制部分，分析主轴启动使能建立的逻辑关系，并将主轴启动时联机调试状态截屏。

2. 如图（训）2-10-1 所示，建立 PLC Programming Tool 软件与数控系统之间的通信，分析主轴倍率控制 PLC 梯形图中移位指令 SHR_B 输入字节和输出字节值的关系；旋转倍率开关，观察屏幕上所显示的主轴运行速度和倍率值。

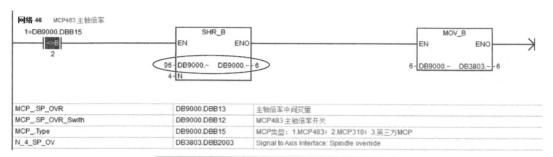

MCP_.SP_OVR	DB9000.DBB13	主轴倍率中间变量
MCP_.SP_OVR_Swith	DB9000.DBB12	MCP483 主轴倍率开关
MCP_.Type	DB9000.DBB15	MCP类型：1.MCP483；2.MCP310；3.第三方MCP
N_4_SP_OV	DB3803.DBB2003	Signal to Axis Interface: Spindle override

图（训）2-10-1　主轴倍率控制 PLC 梯形图

实训任务2-10-3　带倍率开关进给轴控制

1. 分别将手动进给倍率信号 DB3801.DBB0、自动进给倍率信号 DB3200.DBB4、进给倍率激活信号 DB3200.DBX6.7 置 0，将进给倍率开关位置分别置于 50%、100%，按照表（训）2-10-2 的要求移动坐标轴，记录实际速度值。

表（训）2-10-2　进给倍率速度控制

挡位开关位置	DB3801.DBB0=0 JOG 移动 X 轴	DB3200.DBB4=0 MDA 方式下运行程序 G01X100.0Y200.0F100.0	DB3200.DBX6.7=0 MDA 方式下运行程序 G01X0Y0F100.0
倍率开关置于 50%			
倍率开关置于 100%			

2. 分析手动进给倍率信号 DB3801.DBB0、自动进给倍率信号 DB3200.DBB4、进给倍率激活信号 DB3200.DBX6.7 对坐标轴速度的影响，并得出结论。

实训任务2-10-4　读入禁止PLC程序控制

图（训）2-10-2 所示为读入禁止 PLC 梯形图，用面板上的 T6 键作为换刀键，导通信号 DB9031.DBX18.4，触发读入禁止信

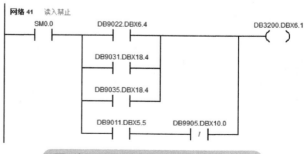

图（训）2-10-2　读入禁止 PLC 程序

号，完成以下工作。

1. 按照工作要求修改相应的 PLC 程序，所涉及程序修改后梯图是：＿＿＿＿＿＿＿＿＿。

2. MDA 方式下编写一段加工程序，循环启动，写出看到的现象并分析结果。

实训任务2-10-5　MCP报警PLC程序控制

将进给倍率开关旋至 0 挡，完成以下实训内容。

1. 观察显示屏幕是否出现报警，如有，请记录报警提示。

2. 建立 PLC Programming Tool 软件与数控系统之间的通信，查看 MCP 报警部分梯形图，分析报警产生原因，并得出结论。

实训任务2-10-6　机床操作面板手动控制

1. 手动方式下在机床操作面板上选择 Y 坐标轴，用 3 种方式取消 Y 轴选择，同时监控并分析 NC_JOG_MCP 中取消 Y 轴梯形图状态，完成表（训）2-10-3 中的内容。

表（训）2-10-3　Y轴取消 PLC 程序控制 3 种方式

取消 Y 轴选择 3 种方式	取消 Y 轴操作步骤	取消 Y 轴时梯形图状态截屏
方式一：		
方式二：		
方式三：		

2. 坐标轴移动 PLC 程序需要分别触发 MCS/WCS 坐标轴移动信号，以 X 轴正方向移动为例，需要分别触发 DB3800.DBX4.7 正向移动（MCS 方式下）和 DB3200.DBX1000.7 正向移动（WCS 方式下）信号，根据表（训）2-10-4 中要求信号状态修改梯形图，完成表中条件下的"坐标轴移动"，观察现象并得出结论。

表（训）2-10-4　MCS/WCS 方式下坐标轴移动

信号状态	坐标轴移动	结　论
DB3800.DBX4.7=0	WCS 方式下移动 X+	
	MCS 方式下移动 X+	
DB3200.DBX1000.7=0	WCS 方式下移动 X+	
	MCS 方式下移动 X+	

注：实验完成后请恢复 PLC 正确梯形图。

实训任务2-10-7 程序控制

在程序控制子程序 NC_PROGRAM_CONTROL 中，针对空运行 PLC 程序网络，将 SM0.0 改为 SM0.1，观察梯形图导通情况，同时在〖程序控制〗软键下选择"空运行进给"方式，MDA 方式下空运行一段程序。按照要求操作并记录所观察到的现象。

1）修改后 PLC 程序空运行方式导通情况截屏。

2）空运行方式选择截屏。

3）MDA 方式下空运行情况说明。

实训任务2-10-8 急停控制

按下和松开"急停"按钮，监控 EP 使能、脉冲使能、轴控制使能等信号状态，完成表（训）2-10-5 所要求的内容。

表（训）2-10-5 急停控制使能信号监控

监控项目	监控操作要求	信号状态监控	
		按下"急停"时	松开"急停"时
EP 使能检查	用万用表检查电源模块的 X21.3(+) 和 X21.4(−) 之间的电压		
OFF1/OFF3 使能	在 HMI 上监控 PPU 的 X122 端口状态，按照下面步骤操作：〖机床数据〗-〖>〗-〖控制单元数据〗中监控 r722 中 bit1 和 bit2 状态		
脉冲使能/控制使能	在〖诊断〗-〖>〗-〖NC/PLC 变量〗中监控各轴的 DB380x.DBX4001.7、DB380x.DBX2.1 状态		
关于急停控制的结论			

实训任务2-10-9 轴控制使能

图（训）2-10-3 所示为轴控制使能 PLC 程序，按照表（训）2-10-6 中的要求进行实验并得出结论。

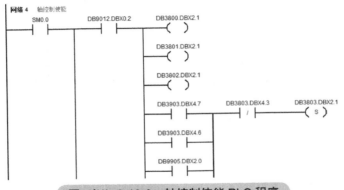

图（训）2-10-3 轴控制使能 PLC 程序

表（训）2-10-6 轴控制使能实训要求

序号	工作要求	工作记录
1	修改梯形图，将 SM0.0 改为 SM0.1，并将梯形图下载并运行，截图显示信号 DB380X.DBX2.1 状态	PLC 程序运行状态截图
2	进入轴诊断界面，截图显示轴诊断状态	轴诊断界面截图
3	JOG 方式下运行坐标轴，说明坐标轴运行状况并记录看到的报警	坐标轴运行状态描述
		屏幕显示报警截屏
4	恢复梯形图并下载，检查各坐标轴运行状态	JOG 方式下各坐标轴运行状态测试

实训任务2-10-10　X轴倍率控制

按照表（训）2-10-7 中的要求分别依次修改梯形图，并进行机床坐标轴移动实验，记录实验结果。

表（训）2-10-7 X轴倍率控制

按照信号要求修改梯形图	工作要求	
	JOG 方式下移动 X 轴，记录倍率开关置于 100、50 时的实际速度	JOG 方式下快移 X 轴，记录倍率开关置于 100、50 时的实际速度
DB3800.DBX1.7=0		
DB3800.DBB0=0		
DB3200.DBX6.6=0 DB3200.DBX6.7=0		
DB3800.DBX1.7=1 DB3800.DBB0=1 DB3200.DBX6.6=1 DB3200.DBX6.7=1		

实训任务2-10-11 手轮控制

按照以下要求实验并通过分析 PLC 程序得出结论。

1. 将 PLC 数据 14510[1] 设置为 3，选择机床操作面板手轮方式，用手轮移动坐标轴，写出看到的现象，并分析导致这一现象的原因。实验结束后恢复正确设置。

2. 如图（训）2-10-4 所示，NC_HANDWHEEL 梯形图网络 6 为手轮轴选信号译码程序，将功能指令 WAND_B 中 IN1 设置为 3，下载 PLC 程序，在手轮上进行 X、Y、Z 轴选择，并移动坐标轴，观察看到的现象，并分析产生这一现象的原因。实验结束后恢复正确设置。

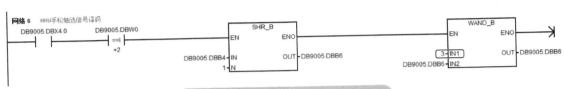

图（训）2-10-4 手轮轴选信号译码

实训任务2-10-12 异步子程序控制

1. 将系统当前访问等级设置为"制造商"，运行 PLC_ASUP 程序，观察当前访问等级是否发生变化，分析产生变化的原因。

2. 运行异步子程序时不按机床操作面板上的 T10 键，只按 T11 键，能否进行异步子程序操作？说明现象并分析原因。

模块3
CHAPTER 3
数控系统样机调试与功能测试

项目 3-1　数控系统样机调试

项目导读

在完成本项目学习之后，掌握数控系统调试内容及调试步骤，同时学习：

◆配置机床附加轴

◆数控系统伺服优化

一、SINUMERIK 828D数控系统调试顺序

SINUMERIK 828D 数控系统调试内容及顺序包括：数控系统硬件连接检查，工具软件安装，加载标准数据，语言、口令、时间设置，配置 MCP 及外围设备，配置驱动，NC 轴分配，NC 机床数据配置，驱动优化，创建数据管理等，调试内容及调试顺序如图 3-1-1 所示。

二、SINUMERIK 828D数控系统调试内容

1. 数控系统硬件连接检查

在保证数控系统各种电压等级供电正常的情况下，还要对数控系统硬件连接进行可靠性检查。数控系统硬件连接检查包括以下方面。

（1）PPU 接口连接　PPU 接口连接应检查以下接口。

1）PPU 通过 Drive-CLIQ 接口与驱动电源模块、电机模块（书本型）连接，或与 Combi 驱动器模块接口连接，或与集线器 DM20 的连接，或与轴控制扩展模块 NX10 的连接。

2）PPU 通过 Profinet 接口与 PP72/48 I/O 模块、机床操作面板 MCP 之间的连接。

3）PPU 通过 X1 接口与 24V 直流电源的连接。

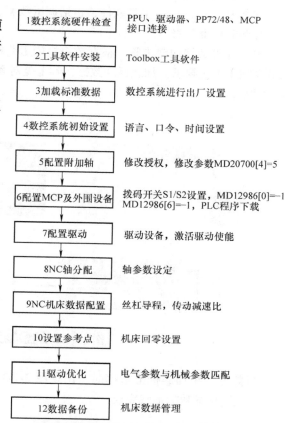

图 3-1-1　数控系统调试内容及调试顺序

4）PPU 通过 X122 接口与 OFF1、OFF3 使能信号的连接。

5）PPU 通过 X143 接口与手轮的连接。

（2）驱动器接口连接　驱动器接口连接应检查以下接口。

1）驱动器 380V 电源输入接口连接。

2）驱动器伺服电动机电源输出接口连接。

3）驱动器与 PPU 之间 Drive-CLIQ 接口 X200 连接。

4）驱动器电动机编码器反馈接口 X202/X203 连接。

5）驱动器 24V 直流电源接口 X24 连接。

6）驱动器 EP 使能接口 X21 连接。

（3）PP72/48 接口　PP72/48 接口连接应检查以下接口。

1）24V 直流电源接口 X1 连接。

2）Profinet 接口 X2 连接。

3）输入输出信号接口 X111/X222/X333 连接。

（4）MCP 机床操作面板接口　MCP 机床操作面板接口连接主要检查以下接口。

1）与 PPU 或与 PP72/48 连接接口 Profinet 连接。

2）用户专用的输入接口 X51、X52、X55（如用于 HHU 手轮轴选、倍率等输入信号）和输出接口 X53、X54 连接。

2. 工具软件安装

安装 828D Toolbox 工具软件，包括调试数据、PLC 编程工具和 StartUp-Tool 驱动调试软件。

3. 加载标准数据

（1）标准数据加载步骤　根据数控机床工艺范围（如数控车床、数控铣床）加载标准数据，以适合加工工艺要求。加载标准数据实际上是对系统进行出厂设置，加载标准数据操作步骤如图 3-1-2 所示。

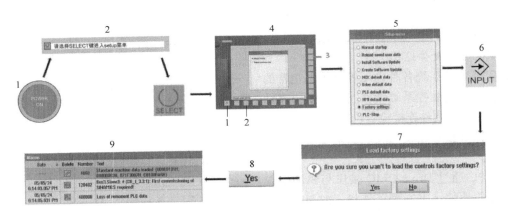

图 3-1-2　数控系统加载标准数据步骤

当数控系统加载标准数据时，出现图 3-1-3 所示"报警"界面，并提示"首次开机调试成功！"，表明标准数据加载完成。

（2）标准数据加载完成系统特征　标准数据加载完成后，可看到以下现象。

1）机床操作面板 MCP 上所有按键不起作用，按键指示灯全部不亮。

2）系统恢复至英文菜单。

3）数控系统当前访问等级：钥匙开关 0。

4）系统中无 PLC 程序，如图 3-1-4 所示。

5）各轴机床数据 MD30130=0、MD30240=0，表示各轴输出方式、编码器无效，图 3-1-5 所示为 X 轴机床数据状态。

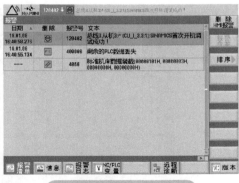

图 3-1-3　开机调试成功

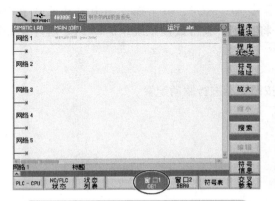

图 3-1-4　标准数据加载后无 PLC 程序

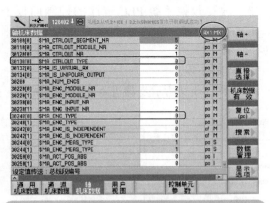

图 3-1-5　标准数据加载后 X 轴机床数据初始化

4. 数控系统初始设置

数控系统初始设置包括语言、口令、时间设置。

1）将语言设置为用户熟悉的语言，如简体中文。

2）为了方便调试，将口令设置为"SUNRISE"，获得制造商权限。

3）设置正确时间：年、月、日、小时、分钟、秒。

5. 配置附加轴

数控系统加载标准数据后已经根据机床类型通过参数 MD20070（通道内有效的机床轴号）配置了主轴和进给轴数量，如铣床数控系统加载标准数据时配置 3 个进给轴和 1 个主轴，如图 3-1-6 所示。

如果需要配置附加轴，首先需要修改授权，然后设置轴机床数据 MD20070[4]=5，如图 3-1-7 所示。

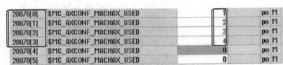

图 3-1-6　加载标准数据机床轴配置

6. 配置 MCP 及外围设备

1）正确设置 MCP 拨码开关位置。S2 拨码开关 7、9、10 开关拨至 ON；第一块 PP72/48D PN 拨码开关 S1 中 1、4、9、10 开关拨至 ON，第二块 PP72/48D PN 拨码开关 S1 中 4、9、10 开关拨至 ON。

2）设置系统参数：MD12986[6]=-1（激活 MCP），MD12986[0]=-1（激活第一块 PP72/48D PN），MD12986[1]=-1（激活第二块 PP72/48D PN）。

a) 修改授权　　　　　　　　　　b) 修改轴机床数据

图 3-1-7　配置附加轴

3）编写数控系统 PLC 程序的控制面板子程序 NC_MCP、机床操作面板手动控制子程序 NC_JOG_MCP 部分，在主程序中调用子程序，将程序下载至数控系统，启动 PLC 程序，如图 3-1-8 所示。

7. 配置驱动

按照图 3-1-9 所示步骤进入驱动配置界面，按照提示进行驱动配置。

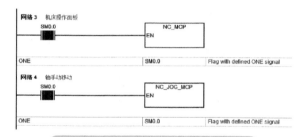

图 3-1-8　激活机床操作面板子程序　　　　图 3-1-9　配置驱动操作步骤

驱动配置完成后，系统加载了 OFF1、OFF3 使能控制信号，检查控制单元参数 r722，bit1=1，bit2=2，表示系统具备了轴脉冲使能和轴控制使能信号，如图 3-1-10 所示。

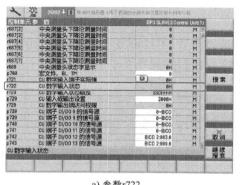

a) 参数r722　　　　　　　　　　b) 参数r722显示信号输入状态

图 3-1-10　控制单元参数 r722

8. NC 轴分配

驱动配置完成后，针对机床各轴通过参数设定进行轴分配，NC 轴分配参数设定见表 3-1-1。

表 3-1-1　NC 轴分配参数设定

参数号	参数含义	设定值示例			
MD30110	给定值：驱动器号 / 模块号	参数位 [0]	SP 1	X 2	Y 3	Z 4
MD30130	给定值：输出类型	参数位 [0]	SP 1	X 1	Y 1	Z 1
MD30220	实际值：驱动器号	参数位 [0]	SP 1	X 2	Y 3	Z 4
MD30240	编码器类型	参数位 [0] 注：1- 增量编码器；4- 绝对编码器	SP 1	X 4	Y 4	Z 4
MD31020	编码器每转脉冲数	参数位 [0] [1]	SP 2048 2048	X 512 2048	Y 512 2048	Z 512 2048

NC 轴分配完成后，JOG 方式下各坐标轴便可以运行了。

9. NC 机床数据配置

NC 机床数据配置见表 3-1-2。

表 3-1-2　NC 机床数据配置

参数号	参数含义	参数设定说明
MD31030	丝杠螺距	进给轴丝杠实际导程
MD31050	齿数比分母	电动机端齿轮齿数（减速比分母）
MD31060	齿数比分子	丝杠端齿轮齿数（减速比分子）
MD32100	电动机正转（出厂设定） 电动机反转	1 −1
MD34200	绝对值编码器位置设定	接近开关作为主轴定向信号

10. 设置机床参考点

机床参考点设置流程如图 3-1-11 所示，按照该步骤操作完成后，便建立了机床参考点，坐标轴前面会出现参考点符号。

11. 伺服优化

为了让机床的电气和机械特性相匹配，得到最佳的加工效果，在数控系统功能调试结束后，需要对各轴进行伺服优化。伺服优化流程如图 3-1-12 所示。

12. 机床数据备份

机床调试完成后，为了防止数据丢失，应对调试好的机床数据进行备份，备份流程如图 3-1-13 所示。

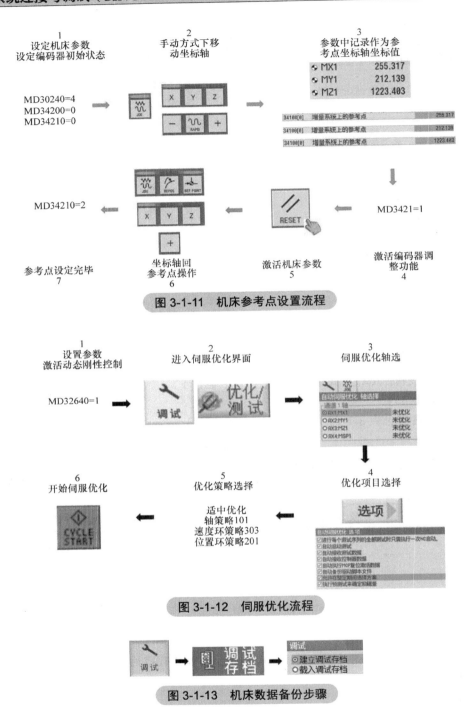

图 3-1-11　机床参考点设置流程

图 3-1-12　伺服优化流程

图 3-1-13　机床数据备份步骤

实训任务 3-1　数控系统样机调试实训

实训任务3-1-1

对 SINUMERIK 828D 数控系统进行出厂设置，完成表（训）3-1-1 中的内容。

表（训）3-1-1　SINUMERIK 828D 数控系统出厂设置

工作要求	工作内容记录	
进行系统出厂设置操作步骤		
出厂设置完成特征	检查面板按键功能	
	检查系统当前语言	
	检查系统当前访问等级	
	检查系统 PLC 程序	

实训任务3-1-2

针对出厂设置的 SINUMERIK 828D 数控系统，进行数控系统调试，并记录调试过程，完成表（训）3-1-2 中的内容。

表（训）3-1-2　SINUMERIK 828D 数控系统调试

数控系统调试内容	调试过程记录
设置语言、口令、时间	
配置 MCP 及外围设备	
PLC 程序下载	
配置驱动	
NC 轴分配	
NC 机床数据配置	
设置参考点	
机床基本动作测试	
数据备份	

项目 3-2　数控系统功能测试

项目导读

在完成本项目学习之后，掌握数控系统测试项目以确认数控系统功能实现，同时学习：

◆ 数控装置配置确认

◆ 数控系统功能测试项目

一、数控装置配置确认

1. NC 数控系统配置确认

NC 数控系统配置确认包括以下内容。

1）PPU 型号。查看 PPU 背面西门子标识，如配置 PPU 型号标识如图 3-2-1 所示。

2）机床控制面板 MCP 型号。查看机床操作面板 MCP 标识，如图 3-2-2 所示。

图 3-2-1　PPU 标识

图 3-2-2　MCP 标识

3）输入输出模块 PP72/48 型号及模块数量。PP72/48 型号标识如图 3-2-3 所示。

4）所使用手持单元类型。HHU 手持单元型号标识如图 3-2-4 所示。

图 3-2-3　PP72/48 标识

图 3-2-4　MINI 手轮标识

5）确认数控系统 CF 卡版本。PPU 背面右上角盖板下查看系统 CF 卡版本。

2.驱动器部件配置确认

1）书本型驱动器确认。包括电源模块（SLM/ALM）、电动机模块（单轴/双轴）、电抗器（根据电源模块功率选择）、电源接口模块（55kW以上电源模块需要）型号规格，某规格书本型驱动器型号标识如图3-2-5所示。

2）Combi驱动器确认。确认功率模块（3轴/4轴）、电抗器、紧凑书本型电动机模块（选配）型号规格，某规格Combi驱动器型号标识如图3-2-6所示。

图 3-2-5　书本型驱动器标识　　　　图 3-2-6　Combi 驱动器标识

3）伺服电动机确认。包括1FK7系列带Drive-CLIQ接口各轴同步伺服电动机型号规格。

4）主轴电动机确认。1PH8系列带Drive-CLIQ接口主轴伺服电动机型号规格或模拟量主轴、变频器型号规格。

5）编码器接口模块确认（选配）。当电动机不带Drive-CLIQ接口，或者电动机配置第二编码器或者使用模拟量主轴时，选配SMC30（转化TTL/HTL信号）或SMC20（转化1Vpp）型号规格。

6）Drive-CLIQ集线器模块DMC20型号规格确认（选配）。

7）轴控制扩展模块NX10型号规格确认（选配）。

3.电缆配置确认

1）连接PP72/48、MCP机床操作面板连接电缆Profinet规格、数量确认。

2）驱动器连接电缆Drive-CLIQ规格、数量确认。

3）电动机电缆规格、数量确认，特别注意带抱闸电动机电缆型号、规格确认。

4）信号电缆型号、规格确认，特别注意信号电缆不可与Drive-CLIQ电缆混用，连接电动机的信号电缆带有24V供电，Drive-CLIQ电缆没有。

二、数控系统硬件连接确认

1）检查828D系统配置书本型驱动器各接口连接的正确性和可靠性。

2）检查828D系统配置Combi驱动器各接口连接的正确性和可靠性。

三、数控系统功能测试

数控系统调试完成后，须进行功能测试以确认系统功能是否实现。

1.急停功能测试

（1）按下急停按钮　按下急停按钮后，检查系统是否出现急停报警，通过【MENU SELECT】→〖诊断〗→〖轴诊断〗步骤，进入"信息概览"界面，查看各轴使能信号状态，如图3-2-7所示。

（2）松开急停按钮 松开急停按钮后，按【RESET】按钮，同样进行轴诊断，检查各轴使能信号，并通过查看控制单元数据 r722 的 bit1/bit2 位检查 OFF1/OFF3 使能状态。

2. MCP 功能测试

MCP 功能测试主要包括：方式组测试，主轴、进行使能信号测试，倍率信号测试等，MCP 主要功能测试项目见表 3-2-1。

3. 程序控制测试

程序控制测试主要包括程序测试 PRT、空运行进给 DRY、有条件停止 M01、手轮偏移 DRF 以及跳转程序段 SKP 等。程序控制测试项目见表 3-2-2。

图 3-2-7 按下急停按钮后"轴诊断"界面

表 3-2-1 MCP 主要功能测试项目

MCP 测试项目	测试要求	测试结果记录
回参考点方式	建立参考点。JOG 方式或手轮方式下将机床移至拟作为参考点的位置，将坐标值设置于参数 34100[0] 中，按照步骤设置参考点	参考点设置完成后进行回参考点操作，X、Y、Z 轴前出现宝马图标 □ X 轴建立参考点 □ Y 轴建立参考点 □ Z 轴建立参考点
JOG 方式	JOG 方式下各轴正、负方向移动	□ X+ □ X− □ Y+ □ Y− □ Z+ □ Z−
	JOG 方式下坐标轴移动实际速度、设定速度与倍率的关系	□实际速度与设定速度、倍率一致
	JOG 方式下坐标轴快移实际速度、设定速度与倍率的关系	□实际速度与设定速度、倍率一致
	JOG 方式下选择坐标轴，同时按 +、− 键	□坐标轴不能移动
	JOG 方式下选择坐标轴，同时按 +、− 键，然后松开其中一个键	□坐标轴不能移动
	JOG 方式下同时移动多个轴	□坐标轴不能同时移动
MDA 方式	MDA 方式下编写一段坐标轴移动程序，循环启动	□ MDA 方式程序正常运行
	MDA 方式下编写主轴正、反转程序，并检查主轴旋转方向、旋转速度	□主轴运行正常
AUTO 方式	AUTO 方式下程序启动	□程序启动生效
	AUTO 方式下程序停止	□程序停止生效
	AUTO 方式下单段运行程序	□单段生效
	AUTO 方式下进给倍率为 0	□方式组未就绪
	AUTO 方式下进给倍率 100%	□速度值正确
	AUTO 方式下主轴倍率 50%	□速度值正确
增量方式	选择增量方式	□选择增量方式生效
	选择 ×1、×10、×100 增量倍率	□ ×1 倍率正确 □ ×10 倍率正确 □ ×100 倍率正确
	可变增量方式 VAR 选择可变增量方式，设置可变增量布局	□可变增量方式生效
单段方式	按机床操作面板上"SINGLE BLOCK"键，NC 程序段每运行一个语句需要循环启动一次	□单段运行方式有效

表 3-2-2 程序控制测试

程序控制测试项目	测试要求	测试结论
程序测试 PRT	在 HMI 界面上选择程序测试 PRT 方式，编写一段含坐标轴运动的程序并在自动模式下运行，HMI 坐标变化，机床坐标轴不产生实际运动。PRT 只在自动方式下生效	□程序测试方式有效
空运行进给 DRY	在 HMI 界面上选择空运行进给 DRY 方式，并在系统中设定空运行速度，轴的进给速度为设定数据中的空运行速度。DRY 只在自动模式下生效	□空运行进给方式有效
有条件停止 M01	在 HMI 界面上选择有条件停止 M01 方式，NC 程序在运行到 M01 时会暂停，等待按程序启动键继续运行程序	□有条件停止方式有效
手轮偏移 DRF	在 HMI 界面上选择手轮偏移 DRF 方式，可以在自动模式下通过手轮移动轴，移动的距离会被存储到 DRF 偏置中（选项功能）	□手轮偏移方式有效
跳转程序段 SKP	在 HMI 界面上选择跳转程序段 SKP 方式，NC 程序中出现段跳跃标记 "/" 的程序段将不会执行	□跳转程序段方式有效

4. 手轮功能测试

手轮功能测试包括手轮方式选择、手轮使能、手轮轴选、手轮倍率等，手轮测试项目见表 3-2-3。

表 3-2-3 手轮功能测试

手轮功能测试项目	测试要求	测试结论
手轮急停	按下手轮急停、松开手轮急停	□手轮急停有效
手轮方式选择	MCP 面板手轮方式选择	□手轮方式选择有效
手轮使能	按下、松开手轮使能按键	□手轮使能有效
手轮各挡位倍率	切换手轮倍率，旋转手轮，观察坐标轴变化	□手轮各挡位倍率有效
手轮轴选	切换手轮轴选，旋转手轮，观察坐标轴变化	□手轮轴选有效

5. 机床限位功能测试

机床限位功能测试包括机床软限位测试或机床硬限位测试，软限位位置通过参数 MD36100（负向软限位）、MD36110（正向软限位）进行设定；硬限位通过限位开关控制。机床限位功能测试见表 3-2-4。

表 3-2-4 机床限位功能测试

限位功能测试项目	测试要求	测试结论
X 轴正向限位	X 轴正向移至机床最大有效行程位置	□X 轴正向限位有效
X 轴负向限位	X 轴负向移至机床最大有效行程位置	□X 轴负向限位有效
Y 轴正向限位	Y 轴正向移至机床最大有效行程位置	□Y 轴正向限位有效
Y 轴负向限位	Y 轴负向移至机床最大有效行程位置	□Y 轴负向限位有效
Z 轴正向限位	Z 轴正向移至机床最大有效行程位置	□Z 轴正向限位有效
Z 轴负向限位	Z 轴负向移至机床最大有效行程位置	□Z 轴负向限位有效

6.三色灯测试

三色灯用于指示机床状态，三色灯测试见表 3-2-5。

表 3-2-5　三色灯测试

三色灯测试项目	测试要求	测试结论
按下急停按钮	红灯指示	□红灯亮
程序运行	绿灯指示	□绿灯亮
机床待机	黄灯指示	□黄灯亮

数控系统测试完成后，要做好数据备份工作。

实训任务 3-2　数控系统测试实训

实训任务3-2-1　NC数控系统配置确认

针对 SINUMERIK 828D 数控系统，进行 NC 数控系统配置确认，完成表（训）3-2-1 中的内容。

表（训）3-2-1　NC 数控系统配置确认

NC 数控系统确认项目	型号规格	配置数量
PPU		
机床控制面板 MCP		
输入输出模块 PP72/48		
手持单元		
数控系统 CF 卡		

实训任务3-2-2　驱动器部件配置确认

针对 SINUMERIK 828D 数控系统，进行驱动器部件配置确认，完成表（训）3-2-2 中的内容。

表（训）3-2-2　驱动器部件配置确认

驱动器部件确认项目	型号规格	配置数量
驱动器		
伺服电动机		
主轴电动机		
编码器接口模块（选配）		
DMC20（选配）		
NX10（选配）		

实训任务3-2-3　数控系统功能测试

对照表 3-2-1~ 表 3-2-5，按照要求对调试好的数控系统进行功能测试，并记录在表中。

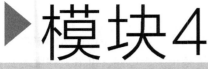

模块4
CHAPTER 4

智能制造新技术

拓展项目4-1 西门子数字化整体解决方案

拓展导读

通过本拓展内容研读，了解数字化企业总体框架及5个层级，了解针对机床制造商的数字双胞胎技术，针对机床用户的数字双胞胎技术以及基于西门子工业云机床管理技术的基本架构及应用。

目前，工业领域正在全球范围内发挥越来越重要的作用，是推动科技创新、经济增长和社会稳定的重要力量。但与此同时，市场竞争变得越发激烈，制造企业也经受着日益严峻的挑战。例如，为了在激烈的全球竞争中保持优势，制造企业要最大化利用资源，将生产变得更加高效；为适应不断变化的客户需求，制造企业必须尽可能地缩短产品上市时间，对市场的响应更加快速；为满足市场多元化的需求，制造企业还要快速实现各环节的灵活变动，将生产变得更加柔性。

针对这些挑战，西门子面向制造企业的整体数字化解决方案应运而生，它可以帮助企业实现数字化转型，直面挑战，抓住机遇，缩短产品上市时间，提高生产效率和灵活性，在激烈的市场竞争中立于不败之地。

一、数字化企业总体框架

凭借在电气化、自动化和数字化领域的丰厚经验，西门子先进的数字化企业解决方案，可在数字化工厂内部的各层级架构，乃至云端的纵向无缝集成，以及从设计、生产制造至消费端的横向集成，能够支持企业进行涵盖其整个价值链的整合及数字化转型。

目前，西门子将数字化工厂内部的各层级架构，大致分为5个层级，具体如下。

1）企业层。在企业层中，主要设计产品开发、产品仿真模拟及企业日常管理，主要包括ERP和PLM软件。

2）管理层。在管理层，承接了ERP和PLM的部分功能，以执行制造为主，主要包括MES软件系统和工厂工程组态。

3）操作层。操作层主要由DCS和SCADA系统构成，执行MES发出的具体指令。

4）控制层。控制层是以PLC和HMI为主体的模块构成。

5）现场层。最底层的现场层主要是由具体的现场设备构成，包括机器人、机床、泵阀等设备。

各个层级之间通过工业通信网络连接。

作为涵盖现场层、控制层、操作层的西门子"TIA 全集成自动化"理念是一项可帮助提高工程组态效率的工业自动化解决方案。其开放式的系统架构涵盖了整个生产过程，可最大程度地实现所有自动化部件的互操作性：采用高度一致的数据管理、全球性标准以及统一的接口，可缩短工程组态时间，降低成本，缩短产品上市时间，提高生产灵活性。

数字化企业总体框架如图 4-1-1 所示。

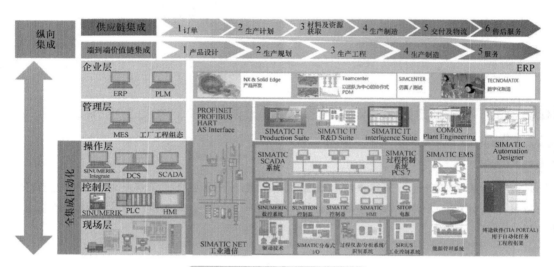

图 4-1-1　数字化企业总体框架

二、机床制造业车间数字化

随着数字化变革的不断深入，具体到机床行业而言，机床最终用户和机床制造厂商同样需要应对市场需求的变化等诸多挑战，为此，西门子提供了针对机床最终用户和机床制造厂商两种不同维度的机床制造业数字化解决方案，帮助客户应对这些挑战，降低成本，提高生产质量、生产灵活性和生产效率，缩短客户和市场需求响应时间，开创全新、创新业务领域，提升市场竞争力。

1. 机床制造业车间数字化 IT 框架

机床制造业车间数字化工厂平台提供了高度集成的自动化、信息化整体解决方案。主要特点如下。

1）PLM 与 ERP 信息化系统的贯通，提供主数据、工艺路线、设计数据、物料清单、生产订单，并可与 MES 系统进行信息交换。

2）借助 Teamcenter 和机床制造业车间资源管理软件，将西门子 SIMATIC 生产管理层 MES 系统、数据流程管理、机床数据采集分析、NC 加工程序管理、车间资源管理等系统，以及工厂自动化底层的控制层和现场层的各种控制单元和设备之间的串联与交互，有效地实现从产品设计到生产的自动化和智能化，并可以进行订单信息、生产计划、订单排产、NX 工艺数据、NC 加工程序、刀具资源数据、机床状态及报警信息的有效管理，确保车间生产产能最大化。

机床制造业车间数字化 IT 框架如图 4-1-2 所示。

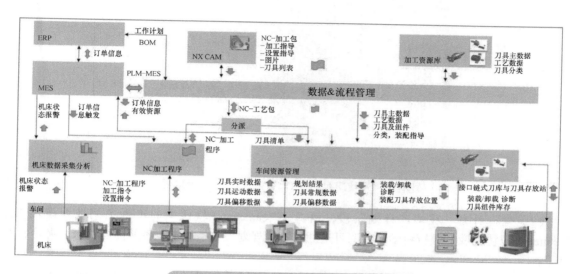

图 4-1-2　机床制造业车间数字化 IT 框架

2.机床制造业车间数字化整体解决方案

面向机床制造、产品制造两大机械制造领域，西门子提供了针对机床制造商、机床用户的数字化整体解决方案，即数字化双胞胎技术。机械制造业车间数字化整体解决方案如图 4-1-3 所示。

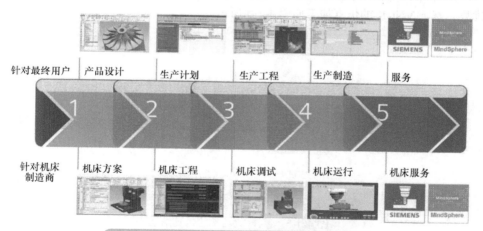

图 4-1-3　机床制造业车间数字化整体解决方案

3.机床最终用户数字化解决方案

针对机床最终用户，西门子可提供涵盖整个产品生命周期的全数字化方案，涉及产品设计、生产规划、生产工程、生产执行及服务五大环节。用户可以使用 NX-CAD 和 NX-CAM 来高效、精确地设计从产品研发到零件生产的全部过程。此外，所有环节基于统一的数据管理平台 Teamcenter 共享数据，互相支持和校验，实现设计产品和实际产品的高度一致，数字化双胞胎在整个过程中发挥着重要作用。

（1）产品设计　在产品设计阶段，西门子 NX CAD 软件可以协助用户方便、高效地完成工件三维模型设计，图 4-1-4 所示为使用 NX CAD 软件进行叶片三维建模。

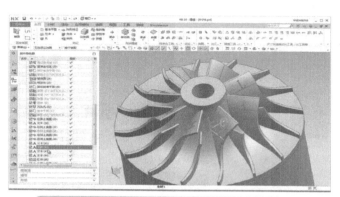

图 4-1-4　使用 NX CAD 软件进行叶片三维建模

（2）生产计划　在生产计划阶段，西门子 Teamcenter 软件中的工件工艺规划模块 Part Planner 可以协助我们进行科学、透明可追溯的资源规划，包括加工工件所需的机床、夹具、刀具等。

（3）生产工程　在生产工程阶段，西门子 NX CAM 软件可以帮助我们快速创建加工所需的 NC 加工程序、刀具清单等，以满足客户设计生产任何复杂产品的需要。并可在工件实际加工之前，凭借基于 NX CAM 和 VNCK 构建的虚拟机床，进行与真实机床近乎 100% 仿真加工，提前验证 NC 加工程序的正确性，发现并且规避可能的机械干涉和碰撞，精确预知生产节拍，为后续生产执行阶段的实际工件在物理机床的加工提供了安全保障，缩短试制时间，集中体现数字化双胞胎的优势。基于 VNCK 的仿真加工如图 4-1-5 所示。

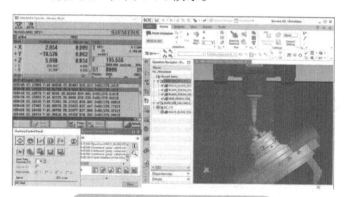

图 4-1-5　基于 VNCK 的仿真加工

在生产制造过程中需要不断地检查并改进加工过程，AnalyzeMyWorkpiece Toolpath 可以分析加工程序，并在早期就优化加工程序，使机床加工最优化，挖掘加工过程中的最大潜能，最大限度地提高工件加工表面质量和生产产能。基于 Analyze MyWorkpiece Toolpath 的加工程序分析与优化如图 4-1-6 所示。

（4）生产制造　另一层面，数字化的支柱是全部机床设备的网络化丰富的车间资源管理软件和 SINUMERIK Integrate 模块为该过程提供支持高效透明的车间资源管理软件和刀具管理软件，让加工所需刀具的库存数量和存放位置一目了然，刀具安装、实际尺寸的测量和数据的输入方便可靠，使原本复杂的切削刀具管理变得清晰可控，进而提高资源利用率和灵活性，极大地减少刀具库存成本。

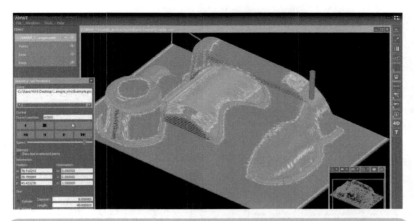

图 4-1-6　基于 Analyze MyWorkpiece Toolpath 的加工程序分析与优化

使用机床性能分析软件 AnalyzeMyPerformance 可以实时采集机床状态，并完美地显示和分析机床的整体设备效率 (OEE)、可用性，并且可以将这些数据上传到制造执行系统（MES）用于生产安排，从而使机床产能最大化。

4. 机床制造厂商数字化解决方案

对于机床制造商而言，西门子可提供涵盖从机床方案、机床工程、机床调试、机床运行，直至机床服务的整个产品生命周期的全数字化方案。在机床开发周期的最初阶段，机床制造商可以使用西门子 PLM 工业软件 NX 数字化设计平台中的全新解决方案 MCD（Mechatronics Concept Designer，机电一体化概念设计系统），根据系统工程原则跟踪客户的要求，直至完成机床的设计。

（1）机床设计　机床方案设计阶段，利用 MCD 软件，机械工程师可进行设备的三维形状和运动学的详细建模设计，可为机床工程和机床调试准备好模型。

（2）机床工程　机床工程阶段，电气工程师可根据模型数据选择最佳的传感器和执行器等。例如，从 MCD 软件里导出数据到 Sizer 软件中，进行电动机选型和系统配置。

（3）机床调试　机床调试阶段，在机床进入物理生产之前，软件编程人员可以根据模型数据设计机械的基本逻辑控制的虚拟行为，并结合真实的 SINUMERIK 840D sl 系统和机床的三维模型进行虚拟调试，实现和实际物理机床一模一样的整个机床的调试、测试和功能验证。

以上 3 个阶段，通过 MCD 软件，可形成机械、电气和软件设计人员并行协同工作态势，并可对设计概念进行仿真、评估、验证，提前验证设计需求的合理性及可行性、避免方案设计上的错误和经济损失，并缩短多达 50% ~ 65% 的实际调试时间，大大提高产品研发速度和缩短设计周期。图 4-1-7 所示为基于 SINUMERIK 840D sl 数控系统虚拟调试机床三维模型。

另一层面，借助 TIA 博图 WinCC，无需具备高级语言编程技能，任何熟悉工艺的专业人员都能创建用于操作和监视的 OEM 界面，极大程度地使机床操作变得简单、高效，并满足个性化的要求。

（4）服务　在整个数字化解决方案中，服务也具有不可或缺的重要地位，凭借 Manage MyMachines 可以轻松、快速地将数控机床与 MindSphere 云平台相连，实时采集、分析和显示相关机床数据，使用户能清晰地了解机床的当前以及历史运行状态，从而为缩短机床停机时间、提高生产产能、优化生产服务和维修流程、预防性维护提供可靠依据。

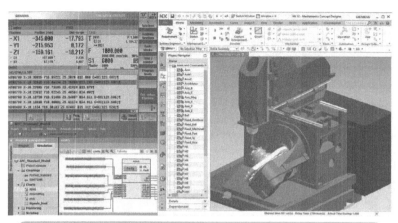

图 4-1-7　基于 SINUMERIK 840D sl 系统虚拟调试机床三维模型

拓展项目 4-2　SINUMERIK 828D 数控系统与机器人联机实现方案

拓展导读

通过本拓展内容研读，建立配置 SINUMERIK 828D 系统数控机床与机器人联机实现方案基本思路，包括：

◆ SINUMERIK 828D 数控系统与机器人之间的通信连接

◆ SINUMERIK 828D 数控系统与机器人 I/O 接口定义

◆ SINUMERIK 828D 数控系统工作流程设计

◆ SINUMERIK 828D 数控系统辅助功能指令定义

在自动化工厂，数控机床需要与工业机器人、机械手等设备配合，实现自动化生产。从设备集成角度，需要制订数控机床与工业机器人联机实现方案。以配置西门子 828D 系统数控机床与机器人联机通信为例，联机实施方案包括数控系统与工业机器人的通信连接、数控系统与机器人 I/O 接口定义、数控系统工作流程设计以及控制指令定义等。

一、数控机床配置要求

要实现机床自动化生产，需采用工业机器人或机械手进行自动上下料及刀具自动更换，由数控机床、工业机器人所构成的自动化生产单元如图 4-2-1 所示。为保证工业机器人或机械手在数控机床加工时配合默契，及时、准确无误地上下料，不与机床发生干涉，机床控制必须做到以下几点。

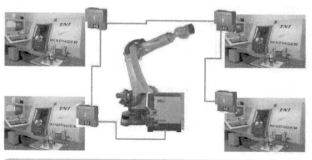

图 4-2-1　数控系统与机器人连接组成自动化生产单元

1）实现机床与外部设备通信。

2）机床配置自动卡盘和自动防护门。

3）为了加工时能很好地控制机床，必须开发必要的辅助加工指令。

4）为了手动状态下也能控制机床，需添加防护门开关、卡盘松紧等按钮。

二、数控系统与机器人联网通信

1.通信建立

SINUMERIK 828D 数控系统与机器人的连接可以通过 PN-PN 耦合器，PN-PN 耦合器用于连接两个 Profinet 网络的通信，从而实现 SINUMERIK 828D 与机器人之间的通信，如图 4-2-2 所示，数控系统 PPU、机床操作面板 MCP 以及工业机器人之间通过 PN-PN 耦合器联网进行信号交互和传递。

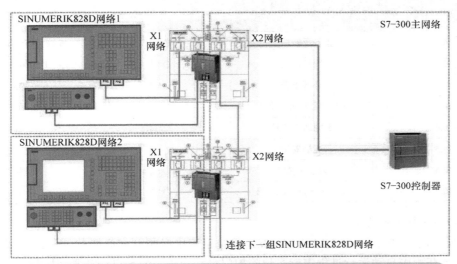

图 4-2-2　PN-PN 耦合器建立 SINUMERIK 828D 数控系统与机器人通信连接

2.通信方式

通过 PN-PN 耦合器可以连接两个或多个 Profinet 网络，每台设备的 Profinet 网络作为独立的输入输出设备在整个网络中互相通信，数据输入输出的方式必须相互对应，通信方式如图 4-2-3 所示。

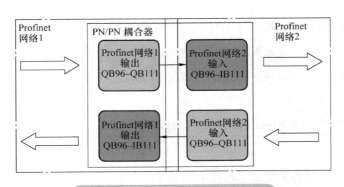

图 4-2-3　Profinet 的 I/O 通信方式

三、SINUMERIK 828D数控系统与工业机器人联机实现

为了实现 SINUMERIK 828D 数控系统与工业机器人的联机，需要针对数控系统的 PLC 程序进行软件二次开发。SINUMERIK 828D 数控系统的 PLC 控制程序包含一个主程序和多个子程序，根据连接机器人的功能要求，编写相应的工业机器人子程序，然后从主程序中调用该子程序即

可。以工业机器人配合 SINUMERIK 828D 数控系统实现自动上下料为例，按照以下流程工作。

1. 输入输出地址定义

为满足通信要求，在 PLC 已用的 I/O 通信地址基础上，新设定与卡盘、机床防护门、机器人通信的 I/O 接口，PLC I/O 地址定义见表 4-2-1。

表 4-2-1　PLC 新增 I/O 地址定义

输入信号		输出信号	
地址定义	功能说明	地址定义	功能说明
I6.0	正、反转加工	Q4.0	B 轴工作台旋转到位
I6.1	周期启动	Q4.1	Y 轴移动到位
I6.2	外部报警	Q4.2	允许进入机台
I6.3	工作台旋转动作信号	Q4.3	自动模式
I6.4	Y 轴动作信号	Q4.4	机台报警
I6.5	光栅安全	Q4.5	运行中
I6.6	联机/脱机	Q4.6	上料准备
I6.7	上料/下料完成信号	Q4.7	下料准备

2. 辅助功能指令定义

要实现自动生产，在 SINUMERIK 828D 数控系统中必须开发必要的辅助加工指令（M 代码），使机床在程序自动运行过程中能实现防护门自动开关、卡盘自动夹紧和松开、提前呼叫机器人上下料等，辅助功能指令定义见表 4-2-2。

表 4-2-2　辅助功能指令 M 定义

M 指令	功能说明
M60	机床防护门关
M61	机床防护门开
M73	卡盘张开，机床准备，给机器人发送掉头信号
M74	卡盘夹紧，机床准备（进给保持、读入禁止）
M75	卡盘张开，机床准备（进给保持、读入禁止）
M14	卡盘张开，机床准备（进给保持、读入禁止），给机器人发送上料信号
M15	机床准备（进给保持、读入禁止），给机器人发送下料信号

3. PLC 程序编制

SINUMERIK 828D 数控系统加工程序中的 M 指令，译码后由 NCK 送给 PLC，M0~M99 中，每个 M 指令译码后占用 DB 数据块区的一位地址，不同 M 指令对应不同的 DB 数据块区地址。如 M14、M15 分别对应的地址为 DB2500.DBX1001.6 和 DB2500.DBX1001.7。当机床程序中出现 M14、M15 指令时，CNC 对加工程序进行译码，PLC 在一个扫描周期内信号为 1。

要实现 M 指令所设计的功能，就要利用上述信号，并通过 PLC 程序进行控制。如开发 M14、M15 指令编写的 PLC 控制程序如图 4-2-4 所示。当在加工程序中读到代码 M14 时，DB2500.DBX1001.6=1，Q4.6 导通，工业机器人进入上料准备模式。

网络14 上料准备M14,在程序结束前min的时候提前呼叫机器人DB2500.DBX1001.6

```
  SM0.0        DB2500.DBX1001.6                              Q4.6
──┤ ├──────────┤ ├────────────────────────┤P├──────────────( S )
```

网络15

```
  SM0.0             I6.7                                     Q4.6
──┤ ├──────────────┤ ├──────────────────────┤P├─────────────( R )
```

网络16 下料准备M15,在程序结束前min的时候提前呼叫机器人DB2500.DBX1001.7

```
  SM0.0        DB2500.DBX1001.7                              Q4.7
──┤ ├──────────┤ ├────────────────────────┤P├──────────────( S )
```

网络17

```
  SM0.0             I6.7                                     Q4.7
──┤ ├──────────────┤ ├──────────────────────┤P├─────────────( R )
```

图 4-2-4　辅助功能 M 代码 PLC 程序编制

其他的 M 辅助功能按照相同的原理进行设计，根据自动化生产线单元的工艺要求完成数控系统的基本改造，使其满足自动生产需求。

数控机床经过二次开发和改造可以满足工厂的个性化需求，通过联网以及 PLC 程序的开发实现数控机床与机器人、机械手等设备配合，实现自动化生产，达到低成本、高效率的效果。

拓展项目 4-3　SINUMERIK 828D 数控系统与测头连接实施方案

拓展导读

通过本拓展内容研读，了解基于 SINUMERIK 828D 数控系统应用测头对工件进行在线测量的实施方案，包括测头连接、参数设定及 PLC 程序编制，并给出了应用示例。

一、测头类型

SINUMERIK 828D 数控系统为集成机床测头提供了完善的解决方案，包括方便灵活的人机界面及测量循环等。机床内的测头主要分刀具测头和工件测头两种，工件测头如图 4-3-1 所示，刀具测头如图 4-3-2 所示。

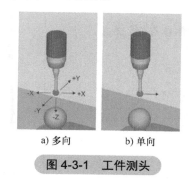

a) 多向　　　　b) 单向

图 4-3-1　工件测头

a) 铣床用　　　　b) 车床用

图 4-3-2　刀具测头

二、测头连接、调试及使用

1. 测头连接、调试及使用步骤

在 SINUMERIK 828D 数控系统上的测头连接、调试及使用分为 5 步，具体如下。

1）测头信号与 SINUMERIK 828D 数控系统连接。

2）SINUMERIK 828D 系统参数配置。

3）PLC 编程。

4）检测开关信号。

5）执行测量循环，完成标定、检测工作。

2.测头连接

测头连接在 PPU X122/X132 上，PPU X122/132 输入输出信号电气连接如图 4-3-3 所示，PPU X122/132 引脚分配如图 4-3-4 所示。

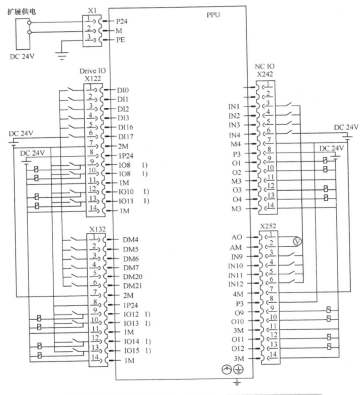

图 4-3-3　X122/132 接口输入输出信号电气连接

引脚	引脚分配：信号名称	信号类型	含义
1	DI 0 / DI 4	I	数字量输入
2	DI 1 / DI 5	I	数字量输入
3	DI 2 / DI 6	I	数字量输入
4	DI 3 / DI 7	I	数字量输入
5	DI 16 / DI 20	I	数字量输入
6	DI 17 / DI 21	I	数字量输入
7	2M	GND	引脚 1...6 的接地
8	1P24EXT	VI	引脚电源 9,10,12,13
9	DI O8 / O12 / NO4	B	数字量输入/输出
10	DI O9 / O13 / NO5	B	数字量输入/输出
11	1M	GND	引脚 9,10,12,13 的接地
12	DI O10 / O14 / NO6	B	数字量输入/输出
13	DI O11 / O15 / NO7	B	数字量输入/输出
14	1M	GND	引脚 9,10,12,13 的接地
I=输入; B=双向; GND=参考电位;		V_I=电压输入	

图 4-3-4　PPU X122/132 引脚分配

以雷尼绍测头为例，测头导线含义及接法如图 4-3-5 所示。测头信号与 SINUMERIK 828D 数控系统连接如图 4-3-6 所示。

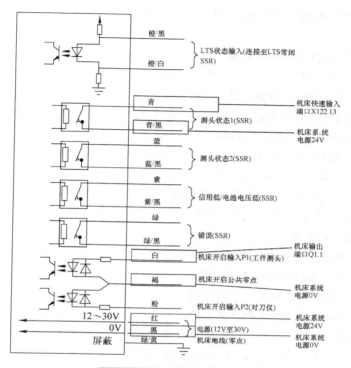

图 4-3-5　雷尼绍测头接线

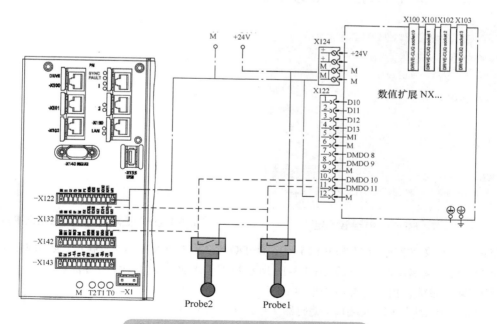

图 4-3-6　测头信号与 828D 数控系统连接

第一测量信号接到 PPU 的 X 122 的 13 针脚，同时 X122 的 8 针脚接 24V。

第二测量信号接到 PPU 的 X 132 的 13 针脚，同时 X132 的 8 针脚接 24V。

若同时连接工件测头和刀具测头，通常将工件测头连接到第一测量信号接口，刀具测头连接到第二测量信号接口。

3. SINUMERIK 828D 系统参数配置

（1）设置有效电位　可以设置测量信号输出是高电位有效还是低电位有效，需要通过通用机床数据 MD13200 "测头的极性对换"进行设置实现，具体如下。

1）MD13200[0] $MN_MEAS_PROBE_LOW_ACTIVE = 0，第一测量信号为高电位 24V 有效。

2）MD13200[0] $MN_MEAS_PROBE_LOW_ACTIVE = 1，第一测量信号为低电位有效。

3）MD13200[1] $MN_MEAS_PROBE_LOW_ACTIVE = 0，第二测量信号为高电位 24V 有效。

4）MD13200[1] $MN_MEAS_PROBE_LOW_ACTIVE = 1，第二测量信号为低电位有效。

（2）设置为第 1、2 测头　系统数据默认将工件测头设置为第 1 测头，刀具测头设置为第 2 测头，如果机床的测头连线与此不同，需要修改通道机床数据 MD52740 $MCS_MEA_FUNCTION_MASK，具体如下。

1）bit0=0：工件测头信号为第 1 测量输入口（默认值，指 X122.13）。

2）bit0=1：工件测头信号为第 2 测量输入口（指 X132.13）。

3）bit16=0：刀具测头信号为第 1 测量输入口（指 X122.13）。

4）bit16=1：刀具测头信号为第 2 测量输入口（默认值，指 X132.13）。

MD52740 $MCS_MEA_FUNCTION_MASK 参数设定如图 4-3-7 所示。

（3）设置为输入信号　由于 PPU 上端口 X122/X132 上部分接线端子连接信号可以设置为输入信号，也可以设置为输出信号。对于测头连接，需要将 X122/X132 接口的第 13 口设定为测头信号输入端，在 HMI 上修改控制单元参数并保存。操作步骤如图 4-3-8 所示。

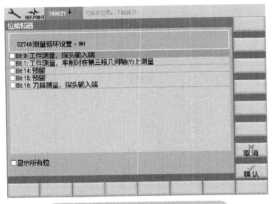

图 4-3-7　MD52740 参数设定

图 4-3-8　进入控制单元机床数据设置界面

控制单元参数 P0728 Bit 11 和 Bit 15 = 0，DI/DO X122.13 和 X132.13 为输入，如图 4-3-9 所示。

（4）设置测头端口地址　按照图 4-3-10 所示步骤进入驱动器数据设置界面。

设置 P488 参数，由于分配测头信号：

1）P0488[0] 测头 1 输入端口：编码器 1 = 3 → X 122.13。

2）P0488[1] 测头 1 输入端口：编码器 2 = 3 → X 122.13。

3）P0488[2] 测头 1 输入端口：编码器 3 = 0 → 无测头。

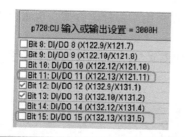

图 4-3-9　将测头信号设置为输入信号

图 4-3-10　进入驱动数据设定界面

4）P0489[0] 测头 2 输入端口：编码器 1 = 6 → X 132.13。

5）P0489[1] 测头 2 输入端口：编码器 2 = 6 → X 132.13。

6）P0489[2] 测头 2 输入端口：编码器 3 = 0 → 无测头。

P0488 驱动数据是指所有参与测量的轴（如 X、Y、Z 轴）驱动数据，数据修改并确认后可以即时生效，不需要 NCK 复位，但需要保存驱动数据。

4. SINUMERIK 828D 系统 PLC 程序编制

测头如果需要控制通信信号的开关（是否通电），可以使用 M 代码来实现。比如使用 M11、M12 控制测头开启和关闭动作，假设输出点为 Q1.1，PLC 参考程序如图 4-3-11 所示。

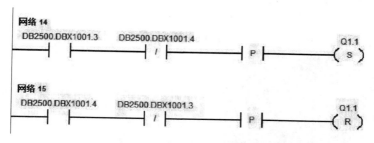

图 4-3-11　测头开关 PLC 控制

5. 检测开关信号

（1）用 DB2700 进行信号检测　进入系统的 PLC 信号状态界面输入信号 DB2700.DBB1，此时分别手动触发测头 1 和测头 2，对应的 PLC 状态点 DB2700.DBX1.0（第一测量信号）和 DB2700.DBX1.1（第二测量信号）将发生信号翻转变化，说明测头部分的连线正常。

（2）用程序进行检测　在 MDA 方式及 AUTO 方式下执行以下程序。

1）G1 G90 X100 F100 MEAS=1；执行此程序段时手动触发测头 1 后，将删除余程直接转到下段程序。

2）Y200 MEAS=2；执行此程序段时手动触发测头 2 后，将删除余程直接转到下段程序 M30。

6. 执行测量循环，完成标定、检测

西门子提供多种手动测量以及自动测量的图形化循环给客户使用。图 4-3-12 所示为工件手动测量方式。

现在以铣床工件测头为例简单演示 828D 图形化测量的步骤。

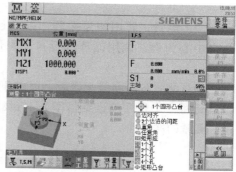

图 4-3-12　工件手动测量方式界面

（1）长度及半径测量标定　长度及半径测量标定可以采用手工标定方式，也可以采用自动标定方式。

1）测头长度及半径手动标定。测头长度手动标定如图4-3-13所示；测头半径手动标定如图4-3-14所示。

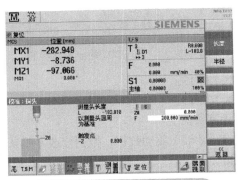

图4-3-13　测头长度手动标定

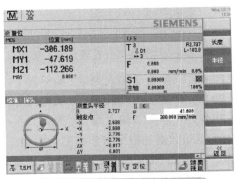

图4-3-14　测头半径手动标定

2）长度及半径自动标定。也可以使用cycle976循环进行自动测头长度和半径的标定，如图4-3-15所示。

a) 长度标定

b) 选择标定

图4-3-15　长度及半径自动标定

（2）测量　调用测量循环，以cycle977测量矩形凸台中心为例，调用循环进行自动测量，如图4-3-16所示。

确认测量程序路线无误后，正式开始测量时必须保证运行每一个程序的进给倍率为100%，以确保测头标定、测量的准确性。

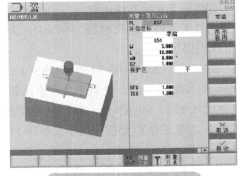

图4-3-16　调用测量循环

拓展项目 4-4　基于智能终端设备的 SINUMERIK 828D 数控系统画面监控实施方案

通过本拓展内容，熟悉利用智能终端设备实现对 SINUMERIK 828D 数控系统画面监控的硬件配置、连接方式、软件参数设置及监控画面操作完整过程。

智能终端设备（智能手机、平板电脑）安装 VNC 协议远程软件（APP）后，终端设备通过远程软件实现与 SINUMERIK 828D 数控系统的联机，可将 SINUMERIK 828D 数控系统显示画面映射到智能终端上，通过智能终端设备屏幕直接进行数控系统画面监控和切换操作。

一、硬件和软件配置

实现数控系统远程监控需要进行硬件和软件配置。

1. 硬件配置

硬件配置如下：

1）SINUMERIK 828D 数控系统。

2）Andiord 智能手机或苹果系统手机。

3）无线路由器一个，将路由器模式设定为 AP 模式或 Router 模式。图 4-4-1 所用路由器为 TP-LINK TL-WR802N 300M 迷你型无线路由器，该路由器出厂默认设置为 AP 模式，即插即用，不许单独设置路由器的工作模式。

2. 软件配置

手机应用软件 PocketCloud，IOS 或安卓系统都可以从应用市场中下载；或下载其他支持 VNC 协议的远程控制软件，这种免费软件很多，如 DesktopVNC、Remote VNC Pro 等。

二、远程监控连接实施方案

1. 数控系统与无线路由器的连接

图 4-4-1　无线路由器

使用网线将 SINUMERIK 828D 数控系统 X127 接口与路由器网口连接，数控系统将自动给智能终端分配一个 192.168.215.X 的 IP 地址；将路由器电源接口与 SINUMERIK 828D 数控系统的 USB 接口连接，为路由器通入工作电源。数控系统与无线路由器连接如图 4-4-2 所示。

2. 手机开启 WLAN

手机开启 WLAN，连接路由器无线信号，如图 4-4-3 所示。

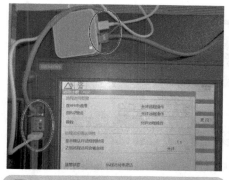

图 4-4-2　数控系统与无线路由器连接

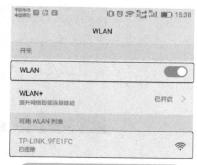

图 4-4-3　手机开启 WLAN

3.数控系统设置远程查看权限

按照图4-4-4所示的操作步骤进入远程诊断界面，设置为允许远程操作，如图4-4-5所示。

图4-4-4 进入远程诊断设置界面　　　　图4-4-5 设置为"允许远程操作"

4.手机端软件参数设置

手机端打开PocketCloud软件，进行参数设定。参数设定步骤及内容如图4-4-6所示，其中第4步中密码设置为"SUNRISE"。

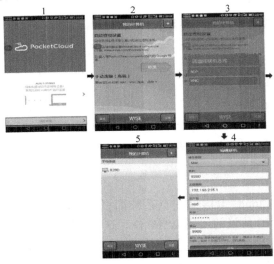

图4-4-6 手机软件参数设置步骤

5.智能终端连接数控系统

按照图4-4-7所示步骤连接数控系统。在手机上单击SINUMERIK 828D数控系统图标，建立与SINUMERIK 828D数控系统的连接。连接成功后，SINUMERIK 828D数控系统画面自动映射到手机上，并可在手机上进行数控系统相关操作。单击屏幕上的"扩展"按钮，调用功能软键盘，按F10键可调用系统调试等菜单。

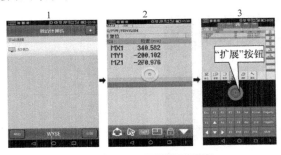

图4-4-7 连接数控系统

附录

素质拓展资源

素质拓展专题	课程主题
专题一 中国装备制造与制造强国战略	主题 1-1 我国制造强国战略
	主题 1-2 中国装备制造业百年发展历程
	主题 1-3 铸造中国装备制造伟大成就
	主题 1-4 解决"卡脖子"问题，树立中国装备制造新坐标
专题二 大国重器，中国装备制造伟大成就	主题 2-1 中国造世界最大数控机床成就国产 C919
	主题 2-2 中国"蛟龙"潜海，三大顶尖技术创造中国深度
	主题 2-3 数控技术助力神州飞天
	主题 2-4 航母起航，中国装备重大突破
专题三 大国工匠，挺起中国制造脊梁	主题 3-1 毫厘挑战，极致细微，助力中国大飞机起航
	主题 3-2 挑战精度极限，让大国利器上天入海
	主题 3-3 攻克瓶颈难关，只为"长征"飞天
	主题 3-4 精准测量十余载，中国航母开启新时代

参考文献

［1］西门子（中国）有限公司 . 828D 简明调试手册［Z］.2019.

［2］西门子（中国）有限公司 . PLC 子程序说明 SINUMERIK 828D［Z］.2019.